LOCUS

LOCUS

LOCUS

LOCUS

# touch

對於變化，我們需要的不是觀察。而是接觸。

a *touch* book
Locus Publishing Company
11F, 25, Sec. 4 Nan-King East Road, Taipei, Taiwan
ISBN 978-986-213-074-2 Chinese Language Edition



August 2008, First Edition
Printed in Taiwan

**華爾街狂人致富投資法**
作者：Jim Cramer
譯者：陳儀
責任編輯：湯皓全　美術編輯：何萍萍
法律顧問：全理法律事務所董安丹律師
出版者：大塊文化出版股份有限公司　www.locuspublishing.com
台北市105南京東路四段25號11樓　讀者服務專線：0800-006689
TEL：(02) 8712-3898　FAX：(02) 8712-3897
郵撥帳號：18955675　戶名：大塊文化出版股份有限公司

總經銷：大和書報圖書股份有限公司　地址：台北縣五股工業區五工五路2號
TEL：(02) 8990-2588（代表號）　FAX：(02) 2290-1658
排版：天翼電腦排版有限公司　製版：源耕印刷事業有限公司
初版一刷：2008年8月

定價：新台幣380元

touch

# 華爾街狂人致富投資法

## Jim Cramer's Real Money

Sane Investing in an Insane World

當代最了不起的股票操作者
Jim Cramer 著
陳儀 譯

# 目錄

# 0

# 前言：投資的藝術

## 幫助普通人變成有錢人

本書揭露「富者恆富」的祕密，

這是我從全球最富有的三十八個家庭

學到的祕密——而我之所以知道這些祕密，

是因爲我爲這些家庭管理資金長達二十年。

我爲我自己和這些投資人賺進了數億美元。

我當然愛死了賺錢的過程，

我很喜歡談論這個過程，

也喜歡把這個過程化爲文字，

但最重要的是，

我更愛親自去參與這個流程。

多年來，投資人一直都努力地「K」各式各樣的投資與操作指南書，寄望能從書裡吸收到一些能讓他們致富的智慧。而多年來，作家們也推出了非常大量的投資書籍，但這些書卻多半建立在一些枯燥乏味的學術理論或毫不足取的分析基礎上，這些書的內容連最客氣的專業監督標準都過不了關。這些書裡沒有能滿足你的東西——我知道你一定很希望能在只投入適量的時間、努力和意願的情況下，用基本常識來賺大錢。

我是個十足的股票癡，但在讀這些又厚又重的投資書籍時，我不是經常無聊到打呵欠，就是一眼馬上看出那又是某個江湖郎中寫的另一本垃圾，而這些郎中不可能幫你賺到任何一毛錢。大多數的投資書籍就像多數基金經理人一樣，可能只會讓你的股市操作變得更糟，與其聽他們的建議或尋求他們的協助，還不如直接投資標準普爾五百指數的一籃子成分股就好。這些書之所以賣得出去，主要是因爲這些書的內容淺顯易懂，讀者容易針對書的內容進行實戰練習，但這些書卻幾乎都是由從未管理過資金，或從未靠自己的力量在股市賺過大錢的人所寫。在這些作者當中，有多少人是白手起家、靠著他們精準掌握飆股或避開地雷股的高超技巧，賺到大把鈔票的？他們寫的書不僅千篇一律、晦澀難懂，而且還把投資過分單純化，甚至還有過度吹噓之嫌。這些作者根本不懂什麼樣的選股技巧才能讓人一生受用無窮，更不知道成敗的關鍵是什麼。

而我所寫的**這本**書和那些書截然不同，這本書不僅道出投資的具體細節，更能掌握投資的心理與人性。這本書是我個人過去所學的精粹，書裡包括我的所有重要規則、每個聰明的投資行動，以及我過去在市場上所學到的每一個賺大錢的優勢。我將透過這本書揭露幫助我致富的所有祕密，以及所有曾差點讓我變得一貧如洗的可怕經驗。我將透過本書揭露「富者恆富」的祕密，這是我從全球最富有的三十八個家庭學到的祕密——而我之所以知道這些祕密，是因爲我爲這些家庭管理資金長達二十年的時間。我爲我自己和這些投資人賺進了數億美元的財富。我當然愛死了賺錢的過程，我很喜歡談論這個過程，也喜歡把這個過程化爲文字，但最重要的是，我更愛親自去參與這個流程。我虧過錢，也賺過錢，在成果最好的那一年裡，我一度虧掉三億美元，但在那一年，我卻也**賺了**四・五億美元，所以在那一年，我最後一共爲這些有錢人淨賺了一・五億美元。

不過，從很多角度來看，我並不認爲這是一本理財書或甚至投資／操作指南書。身爲一個全國廣播聯播網的談話性節目主持人，以及大街網站（TheStreet.com，一個報導財金動態的網路媒體）公司的創辦人，我和無數投資人有過互動，我很清楚的知道，你做錯的時候一定比做對的時候多。我比當今世上所有資金經理人更瞭解你的理財弱點，甚至比這個地球上的所有人——包括你自己——都更瞭解你的理財問題。我知道有哪些問題一直讓你苦思不得其解，我也知道是什麼原因導致你虧錢、讓你追高殺低。最重要的是，我知道你爲什麼會迷失，爲什麼一直不能透過買股票穩定獲利，以及爲什麼老虧本。我知道要怎麼讓你回到正軌，讓你學會一生受用無窮的成功投資訣竅，這些訣竅絕不只會讓你獲得一時的利潤。而我之所以自認能做到上述幾點，是因爲我每天都接到許多投資人打電話到節目裡，或寫電子郵件到大街網站來感謝我，他們感謝我改變他們的人生，讓他們第一次有辦法在市場上賺錢；他們感謝我幫他們擺脫虧錢的噩夢，他們說如果沒有我的指引，他們可能早就放棄。我每天都給他們指導，而我傳授他們的投資方法，全都來自我自己的一套「兵法」，這套「兵法」薈萃了我過去二十五年在**多／空**頭市場中賺大錢的經驗。而這本兵法迄今都只存在我的腦海裡。現在，你手上握著的正是我的這本兵法。

也因如此，我認爲這本書比較像一本理財減肥書。天哪！我竟寫了第一本投資減肥書！我用了幾個創新的方法，設法讓這場「投資遊戲」顯得更生氣盎然，好引起你的興趣。這些方法將會讓你一直對投資保持高度興趣，一旦你有興趣，才會持之以恆地遵守我的致富療法。我花了一輩子的時間想要用最好的方式來解釋投資的流程，我用運動、電影、戰爭和所有我認爲會讓股市看起來更簡單易懂的事物來比擬投資。我不能害你對自己的錢感到沮喪、厭惡或恐懼，因爲一旦如此，你將會投入其他人的懷抱，但偏偏這些人卻居心叵測，他們不像你那麼關心你的錢，只想著要**從**你身上撈錢，而不想**爲**你賺錢。我希望你可以親自掌控自己的財務，希望你能成爲自己的投資大師，也希望你能喜歡這個投資流程，並親自掌控這一切。而爲了讓你能堅持到底，不中途退出這個流程，我甚至可能會讓這個流程顯得有點好玩和投機。

大多數理財書總是既枯燥又苦悶，也完全不知道你的弱點何在。這些書對你根本毫無價值可言，和那些只會一派輕鬆告訴你「不要亂吃，大量運動」就可以減肥的節食書沒有兩樣。這都是不著邊際的廢話，也不可能吸引你的注意。這種廢話不可能讓你變瘦，相對的，類似的理財建議也不可能會讓你賺錢。這種不著邊際的建議只會讓你對投資失去興趣，最後落得把辛苦賺來的錢白白送給那些成天想賺手續費和高額佣金的人。他們的建議將會讓你屈服於空頭市場的淫威之下，最終在市場底部賣出股票——而偏偏底部卻是最好的機會，你將因此而在市場每一次的下跌走勢中戰敗。市場上到處都充斥著這種無用的建議，最後一定會害得你像二〇〇二至二〇〇三年間的眾多破產投資人一樣，不再有錢繼續撥款到個人退休帳戶（IRA）和401(k)（退休金帳戶）。其實即使是最糟糕的市況，都存在大量的機會，但你（和這些破產的投資人）卻無法掌握這些機會。我知道我能給你適當的教導，幫你度過最艱難的時刻，並引導你成功走出迷霧。我一定能幫你走完這個賺大錢的旅程。

我很瞭解你，我知道你想投機，我知道你想賺大錢。但我也知道，如果稍不謹慎，你就會放任虧損愈滾愈大；我更知道如果你繼續用自己的方法投資，終將屈服於理財的垃圾食物——雞蛋水餃股之流。我這套理財療法之所以包含投機方法，理由即是如此。這套理財療法裡的投機方法和阿特金博士（Atkins）減肥療法裡的美味牛肉很類似。我很堅持一個觀念：在擬訂投資計畫時，一定要同時有一點投機的作爲，在你的資產當中，一定要有一部分純以投機爲目的。唯有如此，你才可以眞正做到分散風險，也就是說，你應該持有一些體質強健的績優股，一些來自不同集團的高配息標的，但也要買一些不會造成傷害卻可能讓你一夜致富的樂透彩券。我認爲要做到眞正的平衡、眞正的分散風險，一定要持有一些能讓你一次賺大錢的高風險資產。

請切記，在我們這一生當中，創造最高報酬率的股票如家庭補給站（Home Depot）、Best Buy 和 Comcast 等企業的風險都曾經高得不得了，在某個時點，甚至有些人認爲這些股票危險至極；但在那個時間點，卻應該積極買進這些股票。傳統的投資人認爲買這類股票的風險太大，所以避之唯恐不及，但這些股票卻展現了讓幾千美元資產變成幾百萬美元的實力。另外，在某些時候，例如沈重的賣壓剛結束，或你突然產生一種非採取行動不可的直覺時，可以利用選擇權買權；儘管一般約定俗成的觀念認爲買權的風險過高，但事實上，在這些時機，它卻堪稱最穩健且保守的策略，對於年輕且剛開始介入投資的人而言，尤其如此。即便是年紀大一點但還想多工作幾年，有薪水可作爲後盾的人，也可以從事買權操作。我的言論聽起來可能有點像是異端邪說，我也知道有很多備受推崇的權威人士會瞧不起一些不接受傳統觀念、不把投機與投機所象徵的意義視爲廢物的人。但這些權威人士根本就是活在象牙塔裡，事實上，他們都是局外人，提出這些批判的人不是不太懂眞正的投資流程，就是偏執的把投機視爲洪水猛獸，即使投資一檔成立不滿十年的企業股票能讓他們賺到每股一百美元的利潤，他們也不屑一顧；即使這檔股票（即使不考慮公司的營運成果）的短期展望好到不容忽視，他們也視而不見。對於這些人，我只能說，歡迎賜教，不過，請不要否認有時候最投機的賭注卻能輕鬆賺到最多錢。

另外還有一件事很重要，我將告訴你**不要**買哪些股票，哪些標的將毀掉你的投資組合，什麼樣的股票又是我所謂的「危險股」，這些危險股票一定會毀掉其他股票爲你創造的利潤。我會傳授其他書上所沒有的許多訣竅給你，告訴你如何抱牢飆股並及早出清地雷股。

我將不厭其煩的告訴你許多營業員不願意告訴你，理財顧問祈禱你永遠也不要發現的華爾街祕辛——也就是華爾街運作模式的**眞相**。我會揭露共同基金一直以來隱瞞著你的疑慮和缺點，教你看穿他們績效低落的眞相。我將告訴你如何自信的掌控你最重要的資產——你的錢，而且我會用一種輕鬆且有耐心的方式來達到我的目的，因爲我已經知道如何讓華爾街爲我的餘生賺錢，而不是讓我虧錢。所以，我絕對能勝任你的教練和指揮官，我將鞭策你奮發向上，更將陪伴你一起走向富人的行列。

這本書是用成功減肥書分析減重流程的方式來分析投資流程。我知道要讓你培養出長期賺大錢的習慣，一定要讓你一直覺得有興趣、讓你著迷。一定要維持這些習慣才不會淘汰出局——被這場股票遊戲趕出局。你必須喜歡這本股票投資療法。爲什麼要投資股票？因爲所有學術研究都顯示，在歷史上的每個二十年期間內，表現最優異的資產是能配發優渥股息的績優股票，不是黃金、不是房地產、不是債券，更不是現金。事實上，持有能長期穩定配發高股息的股票，將讓你獲得優於債券（股票以外的主要投資替代方案）的報酬，即使債券也發放利息，但仍不敵發放股息的績優股。雖然**目前**由於眾多固定收益型產品不斷問世，所以企業股息已經遠低於債券利息，但「股票投資優於債券投資」卻依舊是個不爭的事實。當然，這個簡單陳述的問題在於：多數人總喜歡買一些劣質且永遠不發放高股息的股票，或死抱一些曾是高配息績優股，但目前已經變成不配息的爛公司的股票。就我的理財減肥書來說，那類股票就像是一種惡性肥胖，我將在這些股票對你造成致命傷害以前，幫你「處決」它。很多人在二〇〇〇年那一波股票泡沫行情中買了許多這類股票，當然，這就是很多人放棄投資或願意勉爲其難接受共同基金投資的主要原因。要知道，共同基金的費用不但高昂，服務不怎麼樣，績效更不值得一提。如果我能讓你抱牢好股票，你不但能因持有表現優異資產而受惠，又可以免於支付昂貴佣金和費用給券商和基金公司。

我也認爲（我將會讓你認同）你一定能改變方向，一旦有跡象顯示一檔股票將導致你無法達到上述成功境界時，你一定能果斷**賣出**這檔股票。當然，你可能早在雅虎（Yahoo!）公司或 eBay 成立初期就持有它們的股票，但在此同時，你卻可能也買了CMGI（一個直銷公司）或 Webvan，這些公司現在不是已經變成行屍走肉，就是已經消失了。沒有任何投資準則規定就算企業前景開始惡化，還是必須繼續持有這些爛股票。我將告訴你怎麼對一個新興科技股或新興族群進行「總數投注」，我也會教你如何察覺箇中警訊，適時把總數投注裡的爛股票賣掉，再用賣這些爛股的資金去加碼其中的飆股，享受加速增值的利益。

很多人憑直覺就知道投資根本不需要找昂貴的幫手——像券商或共同基金。而當你讀完這本書，我相信你會更有勇氣甩掉他們。透過我的全國聯播網節目「吉姆・克瑞莫的賺錢之道」（*Jim Cramer's RealMoney*），我天天都會和很多非常有常識的人談上話，這些人都希望靠自己的力量做好投資，同時也不贊同採用一些高收費專家所謂的「合理行動方針」。因此，我足夠當你的第二諮詢管道，我會讓你更有信心自行制訂更優異的決策。

但如果讀完這本書後，由於時間和性格限制的問題，你還是覺得需要找理財顧問來幫你，我也會提供一些必要工具，教你如何確保他們順從你的意願，不要讓他們像傷害其他比較不懂華爾街眞相的人一樣，隨便傷害你。

本書主張：如果我能用合法但投機的方式幫你賺錢，何必在意是不是用非學術方法呢？畢竟我們的目標是要在短期內盡可能賺最多的錢。我也承諾，一旦你獲得這些報酬，我一定會讓你保住它。請不要再管這些錢是不是用投機的方式賺來的，打個比方，如果用非傳統節食方式（食譜有牛肉又有起司）可以達到減肥目的，你應該也不會在意這個減肥方式傳不傳統。如果你買的股票當中，有一些不是長期持股，只是爲了獲取當下利潤的熱門股，也請不要擔心。我必須重申，因為我鼓勵賣出，所以這個方法不僅**不**莽撞，也非常穩健，同時能讓你獲得超大的利潤。

雖然我的書讓賺錢流程看起來很吸引人，甚至把投資操作描述得像是一個讓人樂在其中的流程，但這並不代表這個流程是輕鬆且人人皆可為之的。我可以領你進門，但要學會我的方法，卻要花一些時間和努力，最重要的是需要遵守紀律。如果你確實遵守紀律，就會得到回報，甚至獲得超乎你所想像的財富。但如果你不做功課、漫不經心，或不遵守其中任何一個重要規則（規則不少），就不可能嘗到甜美的果實。如果你有確實做功課——乏味的基本功課——就會瞭解有時候必須加碼攤平，而且不見得每次都要停損出場。在買進任何標的以前，一定要先做足功課才行。沒錯，本書並不會教你什麼五階段方法，也沒有速成對策或一些連笨人都懂的方法，更不可能提供一條無痛途徑，讓你輕鬆得到財務自由。我要描述的是一個複雜又嚴酷的減肥方法，如果你想藉由股票投資成為有錢人，並一直保有財富，就一定要遵守這個減肥法。

不過，請不要被「下苦功才能讓資本增加」的概念嚇到，其實只要擁有約當十三歲小孩的智力，就能瞭解本書的內容，而且在選股（與剔除股票）的過程中，也只需要使用到大約十歲小孩就懂得的算術規則。其中有一些是要計算百分比，會用到一些除法和一些乘法，但並不難。我知道如何教導與訓練你履行這套理財減肥法，也知道要怎麼樣才能讓你持之以恆。

我將告訴你所有安全的方式，教會你精選投資機會，順利賺到你想要的財富。我也將告訴你要如何變得極端富有，這些祕密都是我從投資過程中領悟到的，如果你能遵守這套計畫，就會順利達到目標，因為我的成就即是最佳見證。

理財作家和電視記者們最近流行說「投資完全沒有希望，沒有人真的有能力為你賺錢」這種喪氣話，毫無疑問地，這都是因為前一個空頭市場（已經在二〇〇三年結束）的破壞力太過強大的緣故。這種說法根本就是集體投降。現在的他們認為沒有人能打敗市場，所以，乾脆直接買進指數型基金，**隨波逐流**就好。這些犬儒學派人士和負面主義者認為市場上所有資訊都已完全透明，所以不可能選到任何一檔績效特別突出的股票。另外，有些人則主張沒有人擁有能長期超越市場的工具和技巧，所以，乾脆直接放棄，當個和大家都一樣的平凡人就好，無論多數人是賺錢或虧錢。我家的書櫃裡充斥著一堆這種「後泡沫」諷刺言論。雖然這些書籍都有很堅穩的立論基礎，但卻都假設只有最幸運的人才能成為長期的贏家，運氣不好或光靠技巧來從事投資的人則不可能獲勝。

我也可以這麼憤世嫉俗，認同這些負面思維；我也可以相信他們，因為我們可以就此打住，要求你不要再妄想用自己的時間來管理你自己的錢，這麼做沒有意義，把你的錢當作盆栽就好，把它放在角落，給它一點陽光和水，也許它會自己長大……但也許長不大。老天爺！這些唱衰者竟然要你藉由閱讀園藝書來學習理財！這讓我想起二十五年前（那時我剛大學畢業，剛開始用自己的名義投資幾百塊美金到股票，當時手上還有一大疊信用卡帳單要付），在我還沒有賺到幾億美元以前就告訴自己這些話，情況將演變成什麼樣子？如果我當時聽了那些人的話，認定用小錢快速賺大錢是不可能的任務，並因此放棄我的初衷，那麼我又會變成什麼樣子？我會不會也放棄理想，像其他人一樣認定股票市場根本就是浪費時間？我會不會也秉持「永遠都不可能藉由市場致富，那又何需嘗試」的想法？如果我聽了那些人的話，認爲沒有取得知名商學院的學位就不瞭解如何賺大錢，那麼我又將變成什麼樣？如果我聽了那些人的話，認定「常識」對股票操作沒有幫助，那又會是如何？我想，如果我聽信他們的話，我現在所擁有的錢早就被其他人賺走了。

幸好我沒有聽他們的話，我用自己的方式建構了一條屬於我的致富之路，一路上，我深深爲市場所吸引，但卻從未被市場打敗，也未曾因市場的波動而失去熱情。我用的方法不是來自商學院，而是來自實務經驗——這都是一些常識和文科知識，不是微積分或深奧的投資組合理論。有時候我在想，也許我只不過是一個成功穿梭在有錢人聯盟的跑龍套玩家罷了。但即使如此，我至少知道我能教你如何邁開你的腳步，去獲得最後的勝利，當然你必須有意願與智慧能看透這一切。

我在描述我成爲專業投資人的生涯歷程——《一個華爾街迷的告白》（*Confessions of a Street Addict*）一書中，談到了一個深愛市場的人所曾經歷過的眾多試煉與磨難。不過，在那本書裡，我卻沒有透露任何讓我得以在很年輕就退休，並專心致力於閱讀、寫作與談論投資議題（做這些事的目的是要吸引其他人也加入自主掌控資金的行列）的投資祕密。有些買了這本書的人批評我沒有說明我**如何**致富，光是把焦點集中在我自己的傳奇事蹟上。

這一次，那些希望取得我的避險基金（我現在自己管理這個基金，這全是我自己的錢）投資祕訣的人不會再失望了。這一次，我提出了一套由我所開發的投資減肥法，這套方法可以讓你持之以恆地遵行致富的途徑。

這個方法適用於每個人嗎？讓我這麼說好了：這個方法適用於九千二百萬個擁有股票的美國人，當然也適用於五千五百萬個被迫成爲自己的基金經理的美國人，這些人必須管理自己的 401(k)和ＩＲＡ。其中，最重要的當然是我們的社會安全帳戶（我相信很快地我們就必須爲自己的社會安全帳戶負責了）。要實踐這個巨大的任務，你需要一本像這樣的書，才不會被一大堆金融圈人士騙走你的錢，他們早已迫不及待想把魔手伸向你的退休基金了。

當然，並非每個人都適合我所建議的方法，所以，我在寫這本書時，也擬訂了一些備案，意思就是，如果你無法成爲你的最佳經理人，一樣可以找到一個能幫助你的人，當他的最佳客戶和最佳顧客。不過，如果你學會做自己的經理人（我知道你可以的），你將會打敗市面上每一個基金經理人，因爲你將學會各式各樣的進場與出場的工具和規則。你和基金經理人不一樣，一旦成功後，你不需要忙於應付蜂擁而來的新資金，也不須疲於奔命的到處招攬新客戶，這是很多營業員爲求謀生的必要作法。散戶投資人的優勢是不須每天提出報告，不須每天忙著推銷業務，而如果**你**想要的話，隨時都可以獲利了結（應稅）——因此你眞的應該試一試。你可以這樣想：績效完全掌控在你手上，你可以自行決定何時要獲利了結，何時要實現虧損來節稅。你不須把精神耗在募集資金或收取佣金等費時事務上，只要把精神集中在創造財富與保護財產的工作上就好，只是很多知名且頗受外界敬重的大型金融機構通常都不太重視這些工作。這本書適用於所有年齡層與各種資金量的投資人。不管你的資金有多麼少（即使只有二千五百美元）都適用(可以投資交易所指數基金,或只要小額就能投資的共同基金)。我以前剛起步時，也不過只有幾百美元的資金，所以我不認爲金額小就不能投資。很多券商不願意向原始資金不多的客戶伸出援手，我個人並不設限。事實上，我從我的避險基金退休的原因之一，是我以前只爲有錢人工作，無法爲**更**需要我幫助的普通人工作。我的客戶早就很有錢，我的協助不過是讓他們在富比士前四百大有錢人的排名更向前推進而已。我想幫助普通人**成爲**有錢人，這個目標更加崇高。我想給你指導與教育，因爲我們的國家根本就不重視民眾對股票、債券與企業金融等領域的知識教育。我們不該假設我們都已擁有某種程度的理財知識，因爲我們至多只學會如何平衡支票簿而已，但即使連這部分的理財知識，我們都不是很熱中。

我的任務很簡單：讓這場遊戲顯得更有說服力，讓你可以遵守我所知道的法則。這套法則讓我從一個一年只賺一萬五千美元的窮作家，變成一個永遠都不需要再工作的人。而我之所以想幫助你，一切都只因爲我發現「幫助他人做好投資」這項挑戰，是我人生在世的重要使命之一。所以，所有迫切想獲得高額報酬但又不想承擔高風險的人，請準備好做一些理財練習，開始接受這套絕對會令你滿意的投資減肥法吧！

# 1

# 留在戰場上

## 在市場的某處，一定存在一個多頭市場

不要被淘汰出局，繼續留在場上。

爲什麼我知道這個道理？

答案是：這是我的親身經驗。

我曾賺很多錢，而我之所以賺大錢，

是因爲我不因時機艱難而退縮、厭煩或絕望。

我不會爲了想繼續留在戰場上

而做一些不法、愚蠢或不道德的事情，

因爲我很清楚，一旦戰局不可避免逆轉，

我一定有辦法在市場上快速抓住我應得的利潤。

我的皮夾裡放著每個人都會帶的東西，包括證照、幾張信用卡、老婆和小孩的照片以及一些現金。不過如果往皮夾更深的夾層看，裡頭有兩樣別人不會有的東西：一個是我的第一張薪資存根，這張存根既破損又褪色，那是我一九七七年九月在《塔拉哈西民主報》（*Tallahassee Democrat*）工作所得到的第一份薪資。另一樣東西是一個投資組合表的碎紙片，那是我一生當中最低潮的一天——一九九八年十月八日當天的投資組合碎片。

不論走到哪裡，我都會帶著這些「護身符」，因爲我用這兩樣東西來提醒我當初介入股票的初衷，以及我無論如何都必須留在股票市場上的理由，因爲投資股票所能得到的機會，實在大到讓我**不得不**參與其中。我工作第一週所賺得的薪資是一百七十八．八二美元，當時我是《塔拉哈西民主報》的一般性任務記者。帶著這張薪資存根的目的是要提醒我：死薪水永遠都不可能讓我擁有美好的生活，而即使我把這些薪水全存下來，**也**不夠滿足晚年吃穿用度的需要。更何況這個破損又老舊的存根上面顯示，我的薪資裡有三十美元是來自加班津貼，而且聯邦政府也從我的薪資裡剝削了一大筆錢。這張存根讓我得以眞誠面對自己，並時時牢記自己來自何方、爲何我從不想回鍋，以及不管工作多努力，死薪水都不足以致富等殘酷現實。唯有投資才能致富。如果投資得當，你的報酬應該幾乎都會超過正常工作的薪資。

我皮夾裡另一張髒污的長方形紙片是放在我妻子的照片右上角，上面寫著一系列沒人懂得的數字：一九〇、二五九、八六五；二八一、一七五、五四四和九〇、九一五、六七四。

最後一個數字後面還加了一個黑色的負號。這是我的避險基金表現最悲慘的那一天內，整個投資組合的縮水金額。那一天是一九九八年十月八日，光是那一天，我的投資組合少掉了九〇、九一五、六七四美元，沒錯，我所「管理」的投資組合原本價值二・八一億美元，但在那一天之內，資產卻縮水了超過九千萬美元。當時我是作多的，但市場卻如直線般下跌，當然，我手上的一系列股票不但沒有讓我賺錢，還導致我所管理的資金幾乎「虧掉」一半。當時除了我太太以外的**每個人**——包括我的投資人、我的員工、媒體、一般大眾等，全都認爲我大勢已去。我太太是我在工作上多年的親密戰友，她很清楚，絕對不能小看我。那時，證券商產業的所有人似乎好像齊聲對我說：「克瑞莫，你撐不下去的，你的時代已經過去了。」

不過，就在那一天的短短兩個月前，我才剛榮登《錢》(*Money*)雜誌的封面，封面上的我被譽爲當代最了不起的操作者。但此刻，我卻在擔心自己是不是能撐得過這個年。此時距離年底不過兩個月，如果我還想在這一行混下去（我一直認爲我生來就是要從事這個行業），我必須想辦法賺回那九千萬美元。通常大多數遇到這麼龐大虧損的避險基金都難以回天。

我使用了本書將討論的方法和戰術，有條不紊地賺回我那一年到當天爲止所虧掉的錢，到了十二月，我已恢復到年度小賺的局面。年底結帳時，我的報酬率是二％，也就是說，在兩個月不到的時間內，我賺回了一・一億美元，約當平均每天賺一百四十萬美元。不過，我後來並沒有收取二百萬美元的基金管理費，因爲我先前的作爲幾乎搞砸整個基金，所以我覺得我實在沒有資格收任何一毛錢。到現在，我還是覺得我沒有理由因那次的成功收復失土而收取那筆管理費，因爲當初我不但沒有恪遵我的紀律和原則，更放任自己不適度分散風險、缺乏彈性，而這兩者對資本的殺傷力實在是太大。我的作法簡直就像自己挖了一個坑洞讓自己掉下去一樣，眞的是自食惡果。

這張意味我曾幾乎一敗塗地的小紙片一再提醒我，**無論如何**一定要繼續投資與操作股票，因爲如果不能長期留在在戰場上繼續奮鬥，代價將非常可觀。這張紙也提醒我，這個產業將讓我們變得謙卑，更告訴我及時調整方向是多麼重要，因爲在災難臨頭的那一年，我其實非常懶散，而且對市場的轉變視而不見。如果當初我沒有即時彈性調整策略，絕對不可能有復原的一天。

在發生那個巨大災難的次年，我賺了超過一億美元，隔一年，我又賺了一．五億美元，當然，也是採用本書即將介紹的投資規則和方法。在賺一億美元的那一年，我有如獲得神助一般——整個市場表現相當優異，幾乎是輕鬆地直線向上竄升。但到二〇〇〇年，也就是我獲利最多的那一年（那一年賺一．五億美元），市場雖然一度攻抵最高點，但又隨即崩盤。不過，我的成果卻還是非常亮麗，因爲即使市場不上漲，一樣能賺錢。在我獲利最多的那一年，幾乎所有共同基金都虧本，不過，這並不是因爲我的選股能力超凡。事實上，如果確實遵守紀律，只要利用常識，並盡可能善加利用現成的謀略和工具，無論如何都會賺錢。就像我在每天的廣播節目結束時都會說的一句話：「在市場的某處，一定存在一個多頭市場」，而你則可以從這個多頭市場中獲利。

不過，要找到這個多頭市場，前提是：一定要留在戰場上。畢竟當所有人都失敗時，「留在戰場上」這句眞言的意義才會受到重視。這句話可以讓你避免選擇可能導致自己被淘汰出局的股票；它可以讓你免於針對一些不值得一試的機會進行投機操作。它可以讓你免於借很多錢——也就是過度融資——妄想股票將神奇似地反彈。這句話將讓你免於沈溺在毫無價值可言的雞蛋水餃股，有了這句話，你也不會妄想從科技股上快速賺大錢。這句話將阻止你盲目攤平一些爛股票，因爲股票絕對不像你的父母親——當你在購物中心走失時，會自動來找你。所以，最根本的教誨就是：不要被淘汰出局，繼續留在場上。爲什麼我知道這個道理？答案是：這是我的親身經驗。我曾賺很多錢，而我之所以賺大錢，是因爲我不因時機艱難而退縮、厭煩或絕望。我不會爲了想繼續留在戰場上而做一些不法、愚蠢或不道德的事情，因爲我很清楚，一旦戰局不可避免逆轉，我一定有辦法在市場上快速抓住我應得的利潤。不管就理論或實務來說，「留在戰場上」都是很重要的，因爲我們都知道，長期來說，股票的績效超過所有其他類別的資產。但是，多數人卻無法從股票上賺錢，原因是他們留在戰場上的時間不夠久，所以當然無法賺錢。這些人因故覺得乏味、厭煩、沮喪、受挫或漫不經心，並因此而退縮，因爲他們被「**成功**投資」（而非「投資」）所必須經歷的緊張、震撼與被迫看清自身斤兩的過程給嚇壞了。

我的方法正是爲了讓你避免退縮與退出而設計。關鍵還是在於「留在戰場上」這句話。這句話代表一切，如果無法留在戰場上，那麼你就輸了，我也早輸了，但我可不會讓這種事情發生。

不過，在忘情吹捧這套讓我賺錢的系統和方法論的價值以前，我必須先給予這套系統的出處一些讚賞，這套系統出自我太太凱倫（Karen）之手，由於她在資金管理和喊單方面的（向眾多券商和操作者）方法及專業度非常令人折服，所以華爾街賦予她「操作女神」（Trading Goddess）的封號。在認識我以前，凱倫是一個專業的機構操作者，是她帶領我邁向更高層次的。我負責鑑別價值低估與價值高估的股票，而她則擬訂了一套規則（本書將討論所有這些規則），讓我得以在黑暗時刻看清楚正確的道路。有了這套規則，即使我手上未能持有很棒的股票組合，我的績效還是得以領先群倫。她就像個賭神，用幾個押注動作和敏銳的感覺就可以把一手好牌變成更棒的牌。事實上，在我的投資組合價值縮水九千萬美元的那一天，她被迫再度回到辦公室，重新對我灌輸已被我遺忘了三年的規則和紀律；那時，她早就退休三年了。她重新把這些規則和紀律灌輸到我的腦海裡，現在，我無論如何都不會忘記這些規則與紀律。

克瑞莫太太的規則——也就是操作女神的規則佔了本書非常多的篇幅。凱倫和我一樣，並沒有受過正規的商學院或會計訓練。她和我一樣，原本都是領死薪水的白領階級。直到某一天，她突然發現了眞正屬於她的天職，那就是：靠著自己的摸索，一步一腳印地在股票市場上賺錢。她和我不同的是，她對商業運作模式的基本知識一無所知，也不知道怎麼閱讀資產負債表，更不知道利率對股票價格有著決定性的影響。她一向認爲這些研判技巧的價值被高估了。她認爲「遵守紀律」和「抱持懷疑態度」比上述知識更重要，也就是說，她比較重視遵守執行停損、放手讓飆股繼續漲的紀律，以及看穿華爾街衆多假象的懷疑態度。她非常瞭解股票不過就是代表企業股份的一張紙罷了，除此之外無他。關於這層認知，在我所認識的人當中，沒有人能像她看得那麼透徹。她認爲你可以認定股票會漲／會跌，或會漲到多高水準，可是一旦情況不是朝你推斷的方向發展，唯一能幫得上忙的只有「紀律」二字。此外，她很清楚「人生不如意事十常八九」的道理，多數情況的發展總和我們的推想背道而馳。沒錯，我們所操作的這些紙張（股票）和發行這些股票的主體（企業）之間確實存在某種關聯，但彼此的關聯性其實很鬆散。她認爲每個人都必須要認清一個事實：市場上包括媒體圈到華爾街老手都過度重視這個關聯性，而這個關聯性經常會因謠言、較強大的市場力量和短暫的供需失衡而遭到淡化，因此，一旦出現這種脫節現象，皆可視爲有效獲利的機會。有時候，股票價格會被拉抬到不合理的高點，就像一九八八年到一九八九年的日本或二〇〇〇年的美國一樣；但有時候股價也會被摜壓到不合理的低點，如同一九八二年九月（但那時卻是大多頭的起點）、一九八七年十月股票的崩盤，以及二〇〇二年十月（最近幾年最重要的股市低點，從那時開始，美國的財富又因股票的增值而逐漸增加）。凱倫教導我如何掌握這些高點和低點，而我知道我也能把這些卓越的技巧傳授給你。我花了很多時間把這些掌握頭部和底部的技巧全部寫在這本書裡，相信即使我不在你身邊指導，你一樣能學會這些技巧。

操作女神也讓我瞭解了「投資」與「操作」的差別，讓我知道如何不要搞混這兩者。凱倫過去曾是個機會主義者，而我迄今也是。如果市場動盪不安，有必要針對市場的變化進行調整時，我們絕不會受任何特定的投資哲學所束縛，唯有如此才能全身而退，不會在賺錢時機來臨以前就先被淘汰出局。很多人打電話或寫電子郵件來問我，究竟我是「投資者」或「操作者」，我對這些問題的回答都一模一樣：這是個愚蠢又錯誤的二分法。

爲了讓大家停止再問這個問題，我必須先告訴你爲何區分操作者／投資人是沒有意義的。投資和專業足球賽不同，在足球賽裡，你不是扮演攻方，就是扮演守方；我們必須事先就不同攻守位置設定一些專門技術，足球賽裡沒有所謂的專才。但是管理自己的資金卻像曲棍球賽，每個人都有機會防守，也有機會進攻得分，而且每個人都理當積極去掌握每個攻守機會。有時候，股票會長時間維持劇烈波動的走勢，就像一九九九年到二〇〇〇年間的情況，此時你必須有能力掌握這些走勢才行。如果你認定這些走勢過於「操作導向」，或者堅持只能買進「物超所值」的股票而放棄這些機會，那麼，你可能會錯失一些龐大的潛在利潤；相對地，如果你一直堅持己見，冥頑不靈的堅持繼續死抱一些已經大漲過的「超漲」股票，那麼原本即將到手的利潤也終將付諸流水。這兩種看似「堅強」的表現其實根本就是「軟弱」，而這種缺乏彈性的軟弱將導致你在金融／商業循環的不同位置產生嚴重的虧損。

外界對我有諸多批評，主要是因爲我在一九九九年十二月和二〇〇〇年一至二月所抱持的明顯偏多態度（被批評是因爲我後來急轉彎）。那是前一個多頭市場（有些人堅持稱之爲泡沫）的頭部區。不過，在那短短的期間裡，市場飆股的漲幅不僅空前，也可能絕後。在那樣的市場，我唯一的目標就是賺走這些操作利潤，接下來就回家休息，正像我在二〇〇〇年三月十五日在RealMoney.com上的一篇文章寫的「及時收手」一樣，那天是那斯達克指數實際頭部過後的第四天。我並不會因某些人沒有及時退出市場而覺得有罪惡感，相反地，我很自豪，因爲在經過史上最強勁的一波上漲走勢後，我察覺到二〇〇〇年春天時，市場已經朝更負向轉變，所以必須及時調整方向；不管你先前的看法或信念如何，都必須轉向。保持彈性才是保守、穩健、有常識，更重要的是，唯有如此才能保住到手的利潤。華爾街人士經常胡謅一些「長期投資」或「只投資價值面低估的股票（股價相對業務成長性或帳面價值低）」等廢話，這種態度過於輕率。你一定要願意改變自己的心態和方向，才能適當因應變局。在投資戒律裡，沒有一條是規定「即使犯錯也不能改變心意」。業務總難免有起有落，市場也一樣有興衰浮沈。對這些變局視而不見的人一定會虧錢，甚至可能會被這場戰爭淘汰。不過，無論如何，絕對不能退出戰局。舉個例子，當世界通訊（WorldCom）的業務好時，你當然應該喜歡它，但當該公司的業務惡化時，當然要唾棄它，這無所謂急轉彎的問題。即便外界經常大力抨擊我的投資操作老是急轉彎（例如我持有世界通訊長達五年多，但在八十幾美元把它的股票全部出清），但怎麼批評也改變不了這個眞理。如果我當初沒有急轉彎，沒有一腳把世界通訊的股票踹向西天，我可能會虧掉我在這檔股票上賺的所有錢，甚至虧更多。所以你必須隨市場的動向起舞，當企業的營運情況趨於動盪或逐漸褪色時，就必須機動地採取因應對策。

我們都喜歡說自己是保守型投資人，不過操作女神抱持一個最可愛且最恆久不變的特殊觀點，她教我要認清一個事實：買進股票（而不是持有現金）是一種保守的策略，但持有股票（而非賣出股票）卻是風險最高的策略。我們將在另外一節探討短期和長期作戰工具，並探討如何利用市場下跌走勢賺錢，因爲那樣可能是最保守的投資風格。

最重要的是，操作女神教我對股價波動方向的看法不能流於情緒化，同時必須以常識性觀點來推斷未來方向。雖然我們可以用運動來比擬投資事業，但卻不能像偏愛地主隊一樣，過度偏愛並永不放棄某些股票。投資無所謂地主隊問題，雖然在政治領域裡，教條是有用的，但教條卻是股票殺手。此外，雖然宗教很重要，但如果是有關金錢問題，最好是把希望和祈禱的習慣放到一邊，因爲這些對投資都是無用的。而雖然科學在人生的許多領域締造了可觀的進展，但股票市場絕非科學。股票市場只是集合了許多價格決策的場所，這些決策多半和股票供給及需求水準有關，而影響供需的則是兩種獸性心理因素——貪婪與恐懼。所有想量化、衡量與利用數學公式來駕馭股票市場的人，最後一定會被市場生吞活剝。最血淋淋的例子是那一群志同道合的諾貝爾獎得主，他們共同成立了長期資本管理公司（Long-Term Capital Management），那是一個低能又行事莽撞的避險基金。他們在一九九八年虧損數十億美元，之後宣告「不治身亡」，該基金就是妄想將市場科學化的血淋淋例子。市場上充斥著各種決定市場運作的動力和情緒，這些動力和情緒並不會輕易受到學術邏輯所左右。通常，要釐清市場如何衡量各種事物，最好的方式就是跳脫資產負債表和損益表，因為如果你一直被侷限在財務報表的數字上，極可能會被市場情緒所蒙蔽。可是，如果我們不花那麼多時間去爭辯股票價值面（本益比或股價淨值比，先別急，我稍後會用你能瞭解的方式來解釋這些名詞）應該是多少的問題，市場將完全且徹底充斥一堆無人瞭解的胡扯言論。不過，我將教你如何看透我們眼前的市場、如何瞭解根本型態，也將告訴你何時應該避免買進股票或何時應該放空股票，更重要的，我要告訴你什麼時候不能聽信那些德高望重的權威人士所說的「不要進場，市場太危險了」等言論。我也會在本書另一個章節討論我以前曾鑄下的大錯，這些錯誤單純到可笑，也更顯出我的不足，看過我的例子後，你們應該永遠都不會犯相同的錯誤。我常喜歡說：「我犯過書上所寫的每個錯誤，所以你不能重蹈我的覆轍。」我就是你的圖書館，我已經有過失敗的經驗，我也將告訴你這些慘痛經驗的後果，在瞭解這些後果以後，你應該設法盡力避開這些錯誤。我將用一種絕對會讓你刻骨銘心的方式來詳述這些錯誤，當你即將犯下代價這麼高的類似錯誤時，你一定會想起這些錯誤所造成的後果，這樣一來，在虧損大幅侵蝕你的投資組合以前，你就會及時踩煞車，防止情況進一步惡化。

沒錯，股票不過就是幾張紙，但我卻能教會你用不帶丁點兒情緒的精準方法來買賣股票，這些方法也適用於所有類型的市場。請摒棄約定俗成的教條，耐心培養紀律，並睜開你的雙眼，讓我們一起看清楚市場的本質（讓人破產的眞相），拆穿華爾街的一派胡言，並找出很多人急於探究的股票漲跌原因！

# 2

# 正確的開始是成功的一半

## 錯誤的三個規則 vs.正確的三個觀念

如果我從不投機，
我現在可能只是個律師，
也許正在某個地方的午夜裡，
校對著一些乏味的單據；
當別人在賺錢時，
我卻必須可憐又拚命設法撐著不要睡著。
要做到分散投資，
一定要做某種程度的投機，
投機是箇中的關鍵要素。

目前市場投資資訊的氾濫已達前所未見的程度。每天都有一大堆人忙著指點我們應該怎麼做。市場上到處都有專家急著想告訴我們要如何跨出第一步，還有在買進與賣出投資標的以前需要知道些什麼。不過，他們都假設多數人都已具備某種程度的知識，但其實我們根本什麼都不懂。遺憾的是，很多新手投資人因不懂基本知識而犯下許許多多外行人的錯誤，並因此一蹶不振。這些錯誤導致投資生手覺得這場遊戲欺騙了他們，有些人則因此誤以為自己永遠不可能成為投資常勝軍。你們很多人應該都是在那個一帆風順的時代進入這個市場，那個時代的經濟景氣強勁、利率維持低檔且股票幾乎天天都上漲。對你們這些人來說，做功課簡直像在詛咒獲利一樣，因為把時間投注在做功課上，將會無法掌握最具獲利性的短期機會。這些人完全不重視功課的重要性，以前如此，即使現在也一樣。直到現在，人們才終於感覺到原來股票市場是那麼深不可測。不過，其實我認為恰恰相反：股票並非深不可測，只需要瞭解一些基本知識就好。只不過在一九九〇年代末期那個人人忙於買賣股票的年代，並沒有人在傳授這些基本知識，美國任何層級的學校都沒有教導這些基本知識。

我知道很多初出茅廬的人常會感到沮喪萬分，因為這些人經常寄電子郵件給我，或者打電話到我的廣播節目——「吉姆．克瑞莫的賺錢之道」裡，他們問我在剛「出道」時，是否也經常虧錢。事實上，數百萬甚至數千萬個在一九九〇年代末期到二〇〇〇年那個歷經繁榮、泡沫化與泡沫破滅時代才開始股票投資的人，都已認定股票投資是一種吸血鬼遊戲，所以，你可能也和他們一樣，早把投資事務轉移給專業人士來打理。

不過，這是一個沒有任何標準的專業行業。媒體總喜歡推銷某些經理人，完全不管他們是否有取得合格證書（尤其如果他的口才很好）。這些媒體完全不會讓你知道市場上多數的「專家」，都只不過是一些外行人，這些人的資金管理經驗並不怎麼多，但推銷經驗倒是挺豐富的。散戶投資人在那一波泡沫行情裡買了一些爛網路股而受到嚴重打擊，而這些打擊讓他們飽受驚嚇，最後只好把資金轉交給共同基金界的江湖郎中管理，但這些郎中最後又把散戶投資人「出賣」給財力雄厚的的避險基金。共同基金界的這些作爲讓所有人憎恨不已，並因此對該產業感到絕望。以上種種亂象導致散戶投資人對各種類型的理財方式全部感到絕望，他們認爲無論什麼方法都不可能達到理財的目標。這些散戶好像夏天一過就馬上被剪光毛的綿羊一樣，被剝削得一毛不剩，這是我極不樂見的。

首先，讓我們先釐清外界對投資行業的幾個誤解。我以前向來認爲買進與加碼股票看起來很簡單。不過當我眞正開始介入，才瞭解到佣金、市場不斷變化的本質以及券商產業的變幻無常有多麼危險。進入市場後，我才瞭解到，我似乎永遠都不可能完全知道要買進與賣出什麼標的、何時買或何時賣才是正確的。沒有人敢百分之百自認完全瞭解「出手之道」，這件事情確實讓人很氣餒。

當然，在剛展開投資旅程時，我也一樣虧錢，而且還虧不少。幾乎是買什麼賠什麼，虧損情形相當嚇人。我也經歷過非常大幅度的上漲與下跌行情，而這些走勢讓我的心理愈來愈脆弱。我經常很灰心，想乾脆回到以前領死薪水的日子，學著滿足於這種收入算了。不過，我卻也堅信只要有人能爲我描繪市場的眞實面貌、有人能對我解釋圈套何在，並告訴我眞正的規則（不是我在書上讀到、電視上聽到或在評論市場的文章裡見到的規則），那麼我還是有機會成爲股票高手。我認爲我過去所知道的那些知識是「錯誤的基本知識」，而這些錯誤的知識也是導致我推崇（而非憎惡）投機的部分原因。

我開始買股票以後，之所以會輸得那麼慘，原因之一是我和每個買股票的人一樣，都相信所有約定俗成的股票觀念。事實上，我把我過去所認同的這些愚蠢信念歸納爲以下三個（錯誤）規則：

一、買進並長期持有，因爲這才是能賺最多錢的方法。
二、進出頻繁的操作是不對的，唯有繼續抱股才是正道。
三、投機是邪惡之首。

我是個已達到成功投資境界的反偶像崇拜者，所以理所當然地，我寫這本書的第一要務就是要打破偶像，推翻這三個「特殊的習慣」。在投資領域裡，這三個習慣就像千年禍害一樣，除非我們粉碎這些偶像（習慣），否則根本無法向前邁進一步。所以，現在就讓我們開始粉碎這些偶像吧。

首先，買進且長期持有的概念聽起來很不錯，因爲這個概念假設投資既輕鬆又完美，畢竟每個人應該都期待可以既輕鬆投資，又獲得完美成果。有什麼東西比一個以耐心與信念爲基礎的哲學更好呢？可惜，我們不可能對一張紙（千萬別忘了，股票不過就是一張紙）有那麼崇高的信念。至於耐心雖是一種美德，但當你明知一個好公司的營運已經惡化，可是爲了編織「穩健投資」的假象，所以還是繼續持有這檔股票，此時，美德反將變成惡習。我敢大聲的說，一個不適度進行修正的「買進並長期持有」股票投資計畫，絕對會導致你手中的那一籃雞蛋（指財富）整個被打爛，破爛的情況將比麥當勞廚師做新鮮滿福堡時所打的蛋更慘。「買進並長期持有策略」嚴重扭曲了我所主張的「長期」觀念（「一定要留在戰場上」）。由於以每個二十年期間來說，所有資產類別的報酬率都不超過股票，所以，自然而然的，你就會假設買進股票並繼續持有，你的績效就能打敗其他所有資產。不過，當這個議題最重要的學術代表人物傑若米・席格（Jeremy Siegel，華頓學院的教授）聽到他的學術成果被解讀爲「買進與長期持有股票的建議」時，他的臉色馬上明顯發白。席格教授的學術成果是說，如果你買進並長期持有**績優且長期穩定配發股息的股票**，就可以獲得整個循環的利益。事實上，「股息」正是讓股票績效優於債券的主要因素。如果沒有股息收入，股票的績效就沒能超越債券。

席格認為，如果你只是盲目買進並長期持有一些爛股票，遲早要到救濟院求助。

也因如此，我在「吉姆・克瑞莫的賺錢之道」節目裡，把「買進並長期持有」這個座右銘修改為「買進並勤做功課」，後者是更難信守的教條，它的意思是，在你買進一檔股票以後，眞正的挑戰才要開始。如果你買進並長期持有桑賓（Sunbeam）、恩隆（Enron）、世界通訊、圓頂石油公司（Dome Petroleum）和朗訊（Lucent）等曾紅極一時的股票，注定會遭遇某種災難。我將利用一整章的篇幅來告訴你有哪些功課要做，這些「功課」（費力的基礎工作）將讓你在這些股票的危害與衰敗發生前及時逃脫。再重申一次：不能相信買進且長期持有，而要信守買進且勤做功課！如果你想眞正在市場上賺大錢，一定要好好做功課，反覆確認自己手上的持股是不是一些能穩定配發股息的績優股。

第二，散戶從開始進入市場後，「進出頻繁的操作勢將招致不幸」的觀念就一直烙印在他們的腦海裡，但就我所知，固執遵守這個觀點反而將導致你虧大錢，虧損的程度將遠超過所有其他策略。操作的意思是指快速或短線買進或賣出股票。如果你想恪遵穩健原則，並在市場把股票帶向不合理極端（不管是在任何一個世代，股票過度超漲到極端的情況都屢見不鮮）時即時鎖住利潤，就一定要「操作」。如果你只為了不想繳稅或討厭付佣金而選擇堅決不賣出股票，那麼我覺得你應該去檢查一下你的頭，看看是不是燒壞了。在我介入這個行業時，**不**賣股票還算說得過去，因為當時光是操作幾百股的股票，就要花上幾百美元的佣金，如果再加上買賣價差（也就是內盤價〔bid〕與外盤價〔ask〕之間的差價），除非是流通性最好或成交量最大的股票，否則幾乎很難賺到錢。具體一點來說，〇・二五美元的內／外盤價差、二百美元的佣金，再加上高得嚇死人的資本利得所得稅，確實有可能讓一筆原本獲利頗高的交易變成小虧的局面。不過，當時是當時，現在是現在，目前整個遊戲規則已經完全不同了。由於目前經常稅稅率比以前低很多，所以現在的資本利得稅簡直低到不可思議，甚至連短期資本利得稅都很低。在交易佣金方面，以前動輒要幾百美元佣金的交易，現在透過任何一個折扣券商，都只要付大約七美元的佣金即可。而自從採用十進制（股票交易計價單位降到以一美分為升降單位）後，幾乎所有股票的流通性都已大幅提高。你不會再因為買賣交易而損失〇・二五美元或甚至〇・五美元的買賣價差，現在買賣價差已經降到幾分錢，你的獲利不會受到嚴重的侵蝕，所以，再也不應該把它用來作為不獲利了結的藉口。事實上，如果你不及時獲利了結（以免煮熟的鴨子又飛了），那麼你就是個傻瓜，尤其是遇到最近這種超額利潤時。不過，現在的投資人依舊停留在以前的印象當中，認為短線操作是不好的，因為他們根本不知道目前這些費用與成本佔股票買賣利潤的百分比已降到很低了。

最後，反對投機的態度主要是來自一些迷思。我身邊沒有任何一個人認為投機是致富的好工具。不過，我清楚知道，我過去曾獲得的最大利潤和勝利都是來自純粹的投機行為。我所謂的投機是指善加利用經過精算過的賭注，把有限的資金轉化為一筆大利潤。我認為投機不但健康且非常棒，不過，關鍵是要做到眞正的分散投資。你必須做到分散投資，這樣一旦情況轉趨不利，你也有辦法繼續留在戰場上，不被淘汰（我將在稍後說明爲何分散投資是這個行業中唯一的「免費午餐」）。不過，不投機的分散投資不僅單調乏味，也將導致你對投資逐漸失去興趣（這很不可原諒），同時逐漸無法集中注意力。投機不僅是穩健的作法（對年輕人而言尤其如此），也是**必要的**作法，因爲唯有如此，你才不需要老指望靠那可惡的死薪水來致富。我眞心相信，如果我從不投機，我現在可能只是個律師，也許正在某個地方的午夜裡，校對著一些乏味的單據，當別人在賺錢時，我卻必須可憐又拚命設法撐著不要睡著。要做到分散投資，一定要做某種程度的投機，投機是箇中的關鍵要素。

我每個星期都會在我的廣播節目中，玩一個名爲「我是否有做到分散投資」的遊戲。我要求人們對我念出他們的前五大持股。念完後，他們必須問我一個問題：「我有分散投資嗎？」我很重視分散投資概念，所以，我喜歡問投資人爲什麼不「賭」一檔可以讓他們在短期內賺大錢的股票。也就是說，我希望投資人的投資組合裡能有一點投機成分在（即使是較年長者）——不過只要一、兩檔股票，投機百分比也不要過高，這麼做是爲了讓你一直保持興趣。由於投機可能產生潛在虧損，所以，如果你需要退休基金，我希望你投機操作佔投資組合的比率不要超過五分之一。不過無論如何，你必須把「冒險」列爲作戰工具之一。我知道這種鼓勵投機的觀點和你過去所見所聞完全相反，但這個方法確實讓我在市場賺到大錢，也是我能打敗市場的重要原因。我開始管理我的避險基金以前，原本只不過擔任高盛公司（Goldman Sachs）的專業人員，也算是個股票迷，但我當時就已經能打敗市場了。當然，一個只爲投機而存在的投資組合就好比只有培根和起司的減肥餐一樣，遲早害死你。適度投機就像是在漫長的健康療法過程中，爲了不放棄繼續減肥而偶爾享受某些會增肥的食物一樣，那反而是有益的。不過，當前的主流觀點不是主張買進並長期持有（要你買進且持有你認爲未來將會不錯的標的——甚至不怎麼樣的標的），就是要你把所有資金全部轉移給不會那麼重視你的錢的人管理，但這些人根本不關心資金保本或資金增值的議題，既不會幫你防守，也不幫你攻擊。

請你要知道，我喜愛投資，我喜愛買股票和做功課。我手上也有幾檔已經抱了好幾年的優質股票，但我還是養成做功課的習慣。而且，每次有適合投機的機會，我一定會投機一下，有時候是利用選擇權（稍後再解釋），有時候則是買進一些我認爲將蛻變爲大公司的新興企業股票，或者介入一些將來可能被更大財團收購的小公司，在這些小公司營運成長性緩慢的期間就先行介入等待。

我知道認同股票價格完美假說的學術派人士和市場專家，絕不相信能在短期內成功做到以小搏大，以小錢賺大錢。他們認爲這種情境不存在，即使存在，也只是僥倖和運氣。由於他們不相信有這種好機會存在，加上你也從未能掌握到這種機會，所以一般人早已傾向於認定世界上沒有快速致富這種好事。

我要舉一個例子，那是我年輕時偶遇的一個選股情境。有些人可能會說那根本就是投機行爲，但我卻認爲這是一個合理的機會，這個例子或許可以讓你瞭解爲何我認同「聰明投機」這檔事。這是我還年輕時所出現的一次機會，當時我根本沒有多少錢，但那正是進行投機的最好時機，因爲如果事與願違，至少我還有一輩子的時間可以把錢再賺回來。

在哈佛法學院念書期間，我利用空閒的時間爲亞倫·德修茲（Alan Dershowitz）工作，那時他正就一個重大犯罪事件 Claus von Bulow 一案（至少我個人認爲那是個犯罪事件，某富豪被控殺害妻子的案件。譯注：後被改編爲電影「親愛的，是誰讓我沈睡了」），設法爲當事人在法庭上脫罪。這個工作的待遇還不錯，時薪超過八美元。雖然當時的我明顯感到法律課程非常枯燥（直到今日，我依舊認爲那些課程簡直就像酷刑），但我還是每天按表操課。當時，我每個小時都會透過設在教室外的電話亭（這些電話亭通常是供那些得了思鄉病的孩子在被責罵時，或考試考不好時，打電話給媽媽訴苦用的）來瞭解市場情況。在那一年（一九八四年）春天，原油探勘業逐漸轉趨熱門，某個公司剛向蓋提石油（Getty Petroleum）提出一個購併提議價格。在這之前，我曾利用一些「買進選擇權」投機操作賺了一點錢：一九八三年時，石油產業才剛上演過康納柯石油公司（Conoco）股權爭奪戰，之後不久，又有公司提議收購辛克萊爾加油站（Sinclair Oil），當時我用了非常小額的資金，換取在特定水準買進股票的權利，一旦股價超過這個水準，我就會獲利。我的部位不大，大約只價值幾百美元，這些都是我爲德修茲教授打工存下來的錢。我的部位主要集中在這兩檔石油類股，我非常看好這個族群。在同一段時間，我也幫我的朋友馬提・培瑞茲（Marty Peretz）管理一筆資金，他是藉由我的答錄機找上我的。當時我雖然還在求學，但選股能力似乎不錯，所以我開始利用答錄機來推薦股票，每個星期推薦一檔。一直到我念法學院三年級時，我才知道這種兜售情報的行爲觸犯了一九四〇年所通過的投資顧問法（Investment Advisor Act），不過，由於我當時還沒上過那堂課，所以誰知道呢？馬提原本是要找我幫他即將發行的一本書《新共和》（*New Republic*，這本書是由他編輯，是我們共同的朋友吉姆・史都華〔Jim Stewart〕所寫，他是一個很了不起的作家，不過由於我一直不回他電話，所以他覺得很洩氣）寫一篇正面的評論。經過三個星期，他跟我說，我幫他賺到很多錢，任何三十歲且曾買賣股票的人都沒賺過這麼多錢。他在Coffee Connection店裡當場交給我一張五十萬美元的支票，而我則開始幫他操作，投資內容和我那筆小錢完全同步。我告訴馬提，我認爲下一個大機會是海灣石油（Gulf Oil），看起來實在很有賺頭。我買了少量的海灣石油買權（買權是指當股票達到特定水準，就有權用特定價格買進股票，並藉此賺錢）。我先前就已研判買權對小額投資人來說是最理想的投機工具，因爲下檔風險有限，但上檔獲利空間卻相當大（前提是你必須善加掌控風險。本書後續章節將會討論買權的運作方式，並說明如何成爲這種操作的高手）。

有一天，我還在課堂上時，雪佛龍（Chevron）公司宣布將出價收購海灣石油。我聽到這個消息時，高興得不得了，因爲我終於賺到人生第一筆大錢了。原本我正因幫馬提操作虧錢而覺得沮喪，不過海灣石油這筆交易把全部虧損都賺了回來，而且扣掉虧損還有獲利。我當時很想就此把錢還給他，操作自己的錢就好，因爲我實在不喜歡承擔爲人管理資金的責任，當時如此，現在亦然！不過馬提並不願意收回資金。幸好現在，我們已經翻本了，我對自己也比較有信心了。

那一年春天，我正好選了反托拉斯法大師菲爾・亞瑞達（Phil Areeda）教授的反托拉斯課程。大多數的法學院人士（教授）都是不值得一提的污點，不過他卻是個眞正的大師。我到現在還會想起他的課，我很少這麼認眞上課的，因爲他實在是個很棒的老師。我們當時在研究一個有關標準石油（Standard Oil）的單元和反托拉斯法的來源。我通常會坐在最後面，不發一語。如果有老師點到我，我通常會放棄回答，唯恐我的回答會讓我顯得像個白癡。不過這一堂課我卻會侃侃而談，我心裡認爲這個亞瑞達確實有點料，他知道自己在說些什麼。大多數教授都是一些左派又武斷的吹牛專家，但亞瑞達的的確確是個專家。

在雪佛蘭那個買進聲明發布後不久，海灣公司做出了一些反制動作，於是這個石油巨擘的股票開始大跌。有一天下課時，我向我的營業員（富達〔Fidelity〕證券的喬・麥卡錫〔Joe McCarthy〕）探詢股票情況，竟聽到了一個讓我心煩意亂的消息：由於傳聞政府一定會阻撓這個合併案，所以海灣石油的股價已經幾乎跌回我們當初買進買權時的水準。我當時心煩到幾乎要發狂，甚至沒注意到已經開始上課，結果，我晚了幾分鐘才潛回教室。

我顯然是遲到了，而亞瑞達最痛恨人家遲到，他實在太紳士了，而我則不那麼有文化，以致不覺得上課遲到有什麼大礙。在那一堂課結束後，我走到他面前，爲我的怠惰向他致歉。亞瑞達知道我是幾個完全不關心法學院課程的學生之一，不過他知道我對商業有興趣。於是，我投機了一下，我告訴他：「教授，我遲到是因爲我持有海灣石油的股票，而我的營業員說這個交易不可能成功。」

他深深的看進我的眼睛，說了一句我永遠都忘不了的話：「這是已經成定局的交易。」我訝異的看著他，就像一個人突然發現他在後院撿到的一片玻璃其實是眞鑽一樣。我告訴他，我押了不少錢在這筆交易上，我想知道法官會不會阻擋這個交易。

他回答：「不可能。」他認識這些人，而他也知道雷根（Reagan）政府不會阻擋。

我又問了他一次。

他說他沒有時間可以再耗下去，並說如果我有確實做功課（顯然我並沒有），就會知道這個決策早已十拿九穩。離開教室後，我把我和馬提的全部身家都押在海灣石油上——我把我存在銀行的每一分錢都押進去，那大約是二千美元。

不久之後，法官核准了這筆交易，而我當然也因此爲馬提和我自己賺了一大筆錢（我爲自己賺的錢足夠付清法學院和學校的學費，於是，我從此徹底從法學院解脫。那時我原本還欠學校一大筆錢）。當時，我那一筆二千美元變成二萬五千美元——於是，一個原本負債累累、必須當好幾年「苦力」才能還清債務的窮學生，突然在畢業之前成爲自由身——我從事投機操作，而且我成功了！

你應該很想知道，如果你打電話到我的廣播節目，或者私下與我見面尋求建議時，我會不會爲這個「投機」觀點背書呢？如果你還很年輕，能承擔得起輸掉一切，但又能賺得回一切的話，我就會爲這個觀點背書。但如果你的年紀較長，用來進行投機的資產百分比也像我當時那麼高（幾乎是全部身家），那麼我就不贊同你效法當時的我。我當然希望你可以投機，但隨著年紀漸長，餘生就愈短，要利用薪水來賺回投機虧掉的錢，機率就愈低。所以，年紀愈長的人當然應該學會退一步，承擔較低的風險。不過，如果你的投機部位佔總資產的百分比很低，而且你剛好又掌握到像我對海灣石油的那種預感，那麼當然要適時投機一下了。這種經過明智思考的押注行爲是最好的投資，因爲風險（下跌空間）有限，但報酬（上漲空間）卻非常龐大。我當然知道你不可能每次都可以獲得像哈佛反托拉斯法教授那種高人的高見，不過，在投資行業裡，這種難得的好機會雖然不見得很多，但卻每天都會出現。

爲什麼多數投資人那麼排斥短線操作思維？我們爲什麼會被洗腦到認爲應該永遠秉持「買進且長期持有」觀念？我認爲和這個主題有關的文獻必須負起最大的責任，這些文獻誤解了「投機」、「買進且長期持有」以及「操作」的眞諦。所有投資文獻都像一言堂一樣，拒絕承認最偉大的投資（無論是短線或長線投資）都不是科學或數學，而是**賭博**！我認爲投資像賭博的原因是：每個人都在「賭」股票的走向——包括長期與短期方向。我們之所以賭，是因爲希望自己手上的一丁點兒錢可以變成一筆大錢。我們賭自己有能力評估金融商品的價值，能分出哪些是飆股，哪些是還算不錯，哪些股票虛有其表，以及哪些股票會是輸家。我們希望「贏」多於「輸」，因爲如果贏多於輸，我們就會變成有錢人。如果你承認投資就好比賭博，那麼你就必須密切觀察騎師（企業經理人）、賽馬（公司）以及場地（股票市場）的情況，觀察一段時間以後，你就稍微能掌握自己即將面臨什麼情況，並知道該採用哪些規則，不該採用哪些規則。

基於以上觀點，我到現在還是喜歡向那些想學習如何打敗市場的人推薦一本書，這本書是除了本書以外，唯一能就此改變你的投資觀念的書。它不是由傳奇操作者傑西・利佛摩（Jesse Livermore，不過他是以筆名艾德・利菲瑞〔Ed Lefèvre〕出這本書）所著的《股市作手回憶錄》（*Reminiscences of a Stock Operator*）一書，儘管我知道這是很了不起的一本書。這本書也不是價值型投資人班雅明・葛拉漢（Benjamin Graham）或彼得・林區（Peter Lynch）等大師所寫的書，那些書當然也很棒，它也不是比爾・歐尼爾（Bill O'Neill）所寫的書。不過，我對這本書的喜愛程度勝過前述這些投資大師的所寫的書。

事實上，那並不是一本股票書，它是由安迪・貝爾（Andy Beyer）所著的《選擇贏家》（*Picking Winners*），安迪是美國最了不起的賽馬專欄作家，他到最近還在爲《華盛頓郵報》（*Washington Post*）的一個專欄執筆。沒錯，那是一本和障礙賽馬有關的書。原因是賭馬和賭股票實在很相似，所以，他所建議的下注規則可以同時運用到這兩者。貝爾在障礙賽馬方面是個專家，而我則是「障礙股票賽」方面的專家。除了成爲好投機者的基本觀念以外，貝爾所傳授的其他觀念也很重要，而我也將提供幾個方法給你，讓你能輕鬆駕馭這些觀念。這些觀念看似簡單，但就股票實務運用來說，卻必須經常練習、勤做功課，才能眞正學會如何運用這些觀念，時時牢記這些觀念。

一、從錯誤中學習，就不會再犯同樣的錯。

二、只下注到多數優秀玩家不賭的場地，這樣才能大撈一筆（相似地，就股票投資來說，要投資到研究與資訊流通情況較不完美的股票，這種股票是多數人所不瞭解的）。

三、只在擁有百分之百信心時才押注，其他就留給其他人玩，你並不一定每次都要玩。當然，就投資來說，你並不需要一有機會就投資。

現在，讓我們來分析要如何把這三個規則運用到股票上。首先，外行人必須多花時間做功課（我將詳細告訴你有哪些功課），並學著多認識你所持有的股票。把這項任務當作你的正式工作。投資可以是一種嗜好，不過操作就不能是嗜好。即使我太太那麼了不起的操作者都一樣，她曾嘗試做個兼職的操作者，不過卻慘遭滑鐵盧，儘管她的投資技巧依舊一流，卻仍難免遭遇這個窘境。

第二點，雖然你不可能成爲每件事情的專家，但卻可以非常深入瞭解某幾檔股票，並熟練地利用這些股票來賺錢。我將告訴你如何找到這些股票，不過在找到這些股票以後，你還是必須勤做功課才能成事。

最重要的是，你必須承認一定要擁有一種與眾不同的優勢才能成功。我將利用日常生活中的常識性方法，告訴你一些可用的方案，讓你順利獲得投資優勢。

要達到上述境界，必須先對股票有一些基本的瞭解，也必須知道股票爲何漲、爲何跌，在瞭解股票的運作模式後，我才會對你傳授相關的規則、向你說明可能會犯哪些錯誤、哪些方法最能幫你找出最好的股票，最後，我還要傳授一些以小搏大的投機方式，包括基本和尖端的投機方法。不過在此之前，你必須先瞭解股票的運作方式。在瞭解以上所有要件以後，你才能開始依據貝爾所提出的幾個規則來「投注」，包括短期與長期投資。也唯有如此，你才能利用他的障礙賽馬智慧來獲取利益。

在投資行業裡，每個持有與操作股票的人都喜歡做很多假設。我們假設你瞭解股票是什麼，股票代表什麼，以及股票與資本結構之間的關係。這些都是不用心的假設。我深知這一切，因爲我經常看到很多人誤以爲股票是有形、可觸摸到的事物，而這種誤解導致人們過於篤定，以致未對可能在一瞬間「背叛」你的股票抱持應有的懷疑態度。所以，讓我們先花一點點時間來解釋股票的來源，以及股票在投資領域所扮演的角色。已經投資多年的人還是必須注意，因爲你可能也做了某些不正確的假設。

首先，所有企業都需要錢，尤其是想持續成長的企業。企業可以用幾種方式取得資金，例如向銀行貸款，就像我們向銀行申請房屋貸款一樣。這些貸款的擔保品可能是公司預期將收到的現金流入（例如應收款），或者是公司所持有的其他財產。另外，企業也可以發行公司債，也就是債券，這種債券將長期支付利息，而當債券到期，企業就會償還本金給債權人。

如果企業的所有權人或部分所有權人願意向公司以外的來源尋求資金奧援，也可以發行相關企業主體的普通股。一個企業的資本結構可能由公開發行的股份和公開發行的債券所組成。

我們都假設企業所發行的普通股代表對企業的實際所有權。我們總是自豪地談論自己持有一個企業的多少股份，所以堪稱該企業某種程度的「所有權人」。不過，這就好比俱樂部會員對外宣稱自己是俱樂部會所的所有權人一樣可笑。所以，我要做的第一件事就是要讓你對這個「頭銜」有所覺悟。當你持有某個企業的股票，而且該公司的資本結構中沒有其他組成要素（也就是沒有負債）的話，那麼，你的確擁有該公司的一部分權益。不過，在參加股東年度大會時，除了能得到丹麥乾酪和柳橙汁招待以外，持有股票並不會讓你擁有任何權力。如果這個企業有負債，那就更糟了，債權人比你更有優先權，他們的權力大於你。我通常稱呼這些人爲債券惡霸。只要公司營運表現良好，債券惡霸就會好好約束自己，放手讓股東來經營公司。但如果公司虧大錢，嚴重到連債券利息都付不出來時，債券惡霸就會接手公司。我之所以強調這一點，主要是在二〇〇〇年到二〇〇三年間，很多普通股股東都被「殲滅」，企業變成由債券持有人接手。那些企業的普通股股東根本就搞不清楚自己究竟是挨了誰的刀，還以爲擁有公司的是自己。所以，請記住一件事，除非企業的營運良好，否則你所擁有的一切都可能落空。當公司的情況惡化，除了印上「普通股」三個字的那幾張紙以外，你並沒有擁有什麼東西，更糟的是，你甚至看都沒看過這張紙，因爲現在幾乎所有股票都是採用電子方式持有，沒有印行票證。

股票的可取之處在於它「最糟」只可能變成零價值，別笑，我就曾經買過一些很爛的股票，而我很慶幸這些股票跌到〇元就打住。就理論上來說，每一股的普通股都有一點價值，因爲它代表對公司的一部分股份。不過如果你拿著股票到公司，要用你的所有權向公司換回現金，公司一定會告訴你：「股份既已發行，恕不收回」。企業並不是專門銷售股票的百貨公司，所以，如果你要把股票換回鈔票，一定要把股票賣給其他人。事實上，企業在任何時間都能發行更多股份來稀釋你對公司的所有權。另外，如果企業想減少流通在外股數的話，也可以在公開市場上買回股票。

那麼，如果企業不願意回收股票，人們爲什麼願意持有股票呢？持有股票有何價值呢？我認識很多操作股票多年的人，他們從未思考過這個問題，不過，我們確實很難理解一個不可能被企業回收的電子股份科目爲什麼會有價值，這個信念確實很難釐清。

答案其實是雙面的：整個公司擁有一個企業價值，這個價值可被購買、可出售，企業也可以利用公司的保留盈餘來讓這個價值繼續成長，另外，如果企業的營運蒸蒸日上，股票可以讓你得到收入（也就是我們所知的股息）。如果你持有一檔有發放股息的股票，你就可以得到收入，同時獲得股票增值的利益。不過，大多數企業並不見得一開始就有能力發股息，很多企業根本也沒有發放股息的打算，因爲他們想要把盈餘再投資到營運擴展上，讓企業進一步成長，不打算把資金退還給股東。

爲什麼我們有機會參與公開發行公司的福利？爲什麼企業要公開發行——也就是賣股票給投資人？股票是由什麼組成？決定股票價格的因素又是哪些？讓我們用一個我個人非常熟悉的例子來說明這些問題，這可以說是投資流程裡很典型的案例，只不過每個企業的情況多少都有點差異。讓我們來看看大街網站（TheStreet.com）公司的情況，它是一個公開發行公司，我個人持有該公司的很多股票。馬提和我在一九九六年成立這個企業，我們每個月投入十萬美元到該公司。一直到一九九七年以前，這個公司並沒有任何收入進帳，不過，一九九七年以後，網路廣告量像火箭般一飛沖天，於是，我們開始需要錢來進行擴張與付薪水。我們所需要的資金遠超過我和馬提所能負擔的範圍。坦白說，雖然我們營收（或稱銷售額）快速增加，但虧損數字卻還是快速上升，根本沒有獲利，所謂獲利就是「營收」減掉「費用」和「銷貨成本」。不過，我們有兩種收入，一種是訂戶收入，一種是廣告收入，而且我們還有品牌，品牌總是有一種無形的價值。當我和馬提「燒光」所有我們願意投資的錢以後，我們不得不向其他個人募集資金，這些人就是所謂的創業投資者。他們拿錢給我們的理由並非因他們是好哥兒們（這差太遠了），而是由於他們希望當這個公司被賣給其他公司或辦理公開發行時，可以回收遠比原始投資金額多的錢。我們是爲了成立這個企業而介入，但他們是爲了獲得利益才介入。大街網站是很典型的新興成長型企業的例子。

在我們「燒光」創業投資者的錢以後，只好又向其他幾個企業募集資金，那主要是新聞集團公司（News Corporation）和紐約時報公司（New Yoork Times Company）。他們投入一些資金到我們公司，附帶條件是：將來當我們發行股票時，他們有權拿到股票。其實我們當時也可以找銀行「要錢」，不過，我並不認爲有任何銀行會願意借錢給我們，因爲我們實在虧太多錢了。不過，由於當時股票市場的魅力非凡，所以我們委託銀行業者——高盛公司來幫我們向大眾募集資金。我們深知大眾將會買我們公司的股票，理由和他們買其他很多企業的股票相同：希望本公司有一天可以轉虧爲盈，或者被其他公司收購，讓他們回收高於原始投入金額的錢。高盛公司的重要任務之一是透過承銷計畫——也就是首次公開發行（IPO, initial public offering）計畫，來爲我們募集資金。每個人都認爲自己想都不用想就瞭解這種承銷流程，不過，身爲一個曾在中間商端到賣出端都辦過IPO的人，我可以告訴你，IPO的眞相其實會讓你大吃一驚。除非你是個連續創業家（serial entrepreneur），否則你可能一輩子只會參與一次這種公開發行流程（不幸的人才會參與這種流程）。

我的個性其實是無可救藥的天眞。一直到經歷過整個流程，我才領悟到眞正的運作方式：企業經營階層（這些企業通常對華爾街的豺狼虎豹一無所知）和銀行的企業融資部門開會，這個部門會先草擬好發行股票的文件，同時規劃好整筆交易的架構，接下來由承銷團部門爲商品訂價。投資銀行業者會告訴你，流通在外股數應該要是多少，其中有多少股數是要提供公開認購。這些承銷團人員將告訴你，這些股票最可能以什麼價格發行。我們的承銷團人員告訴我們，他們看過一個和我們公司各方面都很雷同的企業，並說根據我們的營業額（我們沒有盈餘），外加紐約時報公司和新聞集團公司所投入的資金，我們公司應該值一·五億美元。這個數字並非完全武斷，因爲紐約時報公司和新聞集團早已用相似的方法衡量過我們公司的價值，儘管以當時這個公司的虧本情況來看，似乎不容易理解爲何它還有任何價值可言。接下來，這個投資銀行很武斷地告訴我們，公司的所有權應該分成二千五百萬股。其中，一千九百萬股歸原始投資人，六百萬股則要賣給大眾。我之所以會寫出這些數字，是因為一個企業究竟要發行多少股數，當中其實沒有什麼大不了的學問。高盛公司也可以要我們發行一億股，其中二千四百萬股賣給大眾，它也可以要我們發行二億股，其中四千八百萬股賣給大眾，反正就是這麼一回事。總股數只有在計算每股盈餘時重要而已。當然，那時的大街網站要談每股盈餘還早得很，不過，如果把我們一整年的虧損除以即將發行的總股數，也能算出每股盈虧，這樣就可以比較大街網站和其他公司每股盈虧的差異了。

我最初是擁有這家公司五十％的股權，另外一半是由馬提·培瑞茲所有。當我們引進創業投資者的資金時，我們的五十％股權就被稀釋到各剩三十％。每次引進新資金，我們對這個公司的所有權就降低一些。在我們和高盛公司接觸時，我對該公司的股權已經被稀釋到剩下大約十六％，因為每個新買家都有權得到股份，公司還必須發行股份給員工，當作薪資以外的報酬。也許你會認為和當初成立時的股權比較起來，十六％顯得太低，但其實後來整個「餅」已經比開業時大很多，所以我對這個持股百分比還算相當滿意。

接下來，高盛公司舉辦了所謂的巡迴說明會（road show），公司的經營階層必須飛到許多不同城市來炒熱外界對我們的需求。其實在展開巡迴說明會之前，外界對我們的需求就已經很熱，所以那次巡迴說明會根本就是浪費時間，應該透過網路辦就好。不過理論上來說，你必須親自向外界解釋公司的業務和未來計畫。就現實面來說，這個商品——也就是我們公司正要發行的股票——是個「搶手」商品，意思就是每個人都搶著要這個鬼東西，所以，如果可以透過 eBay 來賣這些股票，那就更好了，只可惜不能這麼做。

在這段期間，公司裡的人員必須撰寫公開說明書，也就是銷售文件，讓外界知道公司的營運情況、財務情況、公司內部人員的背景，接下來再告訴你一大堆理由（或者應該說風險），讓你知道爲何要當來買我們公司股票的傻瓜。這種經營事業的方式很有趣，不過我從一開始就說，華爾街到處都充斥著古怪又違反直覺的事物，這些事物將讓你感到頭昏腦脹，讓你需要別人的協助——當然是要付費的協助。大多數人一拿到公開說明書，馬上就會把它丟到一邊去，但其實公開說明書裡蘊藏了超級多的企業資訊。當然，你不需要保留這本冊子，因爲現在這些文件都可以透過網路取得，只要輕敲一下滑鼠鍵，就可以找到你要的東西。

在公司最高經理人坐飛機跑了十幾個城市以後，銀行業者重新爲我們的「商品」訂價，他們把承銷過程中逐漸被炒熱的需求列入訂價的考量，這是另一個讓我大開眼界的流程。雖然我們在展開循環說明會時，約略知道公司將以一股十美元發行，但後來訂價一共提高七次，最後訂在每股十九美元。不過直到後來，我才發現原本高盛就計畫把價格訂在十九美元，他們認爲這個價格對每個人（包括買家和賣股票的公司）都是最好的。我們這些內部人不能在十八個月內賣出股票，十八個月之後，也只能少量慢慢賣出股票，才不會因股票供應量大增而毀掉這個承銷案。在那時，我們只能買股票，不能賣股票。當時，我們只能賣出被視爲是

「次級」的股票，不能賣「初級」股票，初級股票必須留在公司裡。

由於當時首次公開承銷系統不夠滿足市場上的所有訂單，所以，我們公司最後以每股十九美元賣了六百三十五萬股的股票。然而，當股票正式掛牌，由於市場對這檔股票的需求量遠遠超過供應量，所以我們竟以六十三美元開盤，和十九美元的承銷價相距甚遠。由於券商依法不能發行比原始承諾更多的股票，所以，在股票掛牌當天，很多不夠明智的大眾愚蠢地以「市價單」買進股票，最後，成交價比他們原先預期將成交的價格高二十、三十甚至四十美元，一切都只因爲他們使用了可怕的市價單系統。這件事的教訓是：如果你能用限價單時，千萬不要用市價單，我稍後會解釋箇中的理由。以每股十九美元從高盛公司的承銷案中買到股票的人，多數都在股價不合理膨脹時賣出持股，也就是說，他們落袋的利潤是每股六十三美元減去十九美元（他們的成本）。這對高盛的客戶來說，實在是一大筆意外之財，但對我們公司來說，卻少賺很多錢。不過，這個行業沒有重來的可能，即便如此，回想當時，我們應該以更高價賣出更多股票的，因爲我們公司還得把承銷金額的六%支付給高盛公司。

當這件交易一完成，公司主體和那些股票似乎就已經完全脫離關係，而且公司內部人諸如那一群創業投資者、原本有持股的企業集團和像馬提與我這樣的創辦人，馬上就能自由地買賣那些公開掛牌的籌碼；只不過，內部人出售持股時，還是必須慢慢賣，因爲相關法規規定內部人一次不能賣出太多股票，這些規定的目的當然是爲了防止對市場造成壓倒性的影響。現在，透過大眾的公開交易（本公司是在那斯達克掛牌），這件商品（公司的股票）每天都會重新定價。在那斯達克掛牌的企業不見得一定有賺錢，不過，如果企業要在紐約證交所掛牌，至少過去一年必須是有盈餘的。雖然這這兩個交易所對股票交易方式的規定有些差異（紐約證交所是使用一般所熟知的專家系統，以人工來撮合供給和需求；而那斯達克是採用電腦撮合的方式，不需要人力介入其中），但這些差異對一般人來說，其實根本沒有實質的影響，只有交易量達到幾千甚至幾萬股的人才會受到影響，所以我們不需要討論這兩套交易系統的優缺點。我們可以說，一旦這個交易到達公開掛牌的階段後，就是由大眾來決定價格。以我們這些在大街網站公司的人來說，最痛苦的事莫過於眼睜睜看著股票在開盤當天衝到六十三美元，幾年後卻一路下跌到一美元（雖然目前股價已經又反彈回比較合理的價格）。所以，下次再有呆頭學者說股票定價系統是「完美的」（意指價格已完全反應所有要素）時，千萬別忘了上述幾個價位。因爲在短短兩年的期間內，我們「優秀」的市場對大街網站的評價曾高達十二億美元，也曾低到二千萬美元。這兩者之間的差異大到足以讓敏銳的人賺大錢，但過於天眞的人則將中箭落馬！

# 3

# 股票的評價方式

## 判斷一個企業的價值

我們是要尋找市場上的「不完美」情況。
這個定價有沒有可能是錯誤的？
實際價格可不可能應該低於或高於目前價格？
股票市場和超級市場不一樣，
超級市場有掃瞄器和收銀員
可以確認產品的售價是否正確，
但股票市場卻經常出現定價錯誤的問題。

現在你已經瞭解企業股票公開掛牌的流程，接下來就要釐清該如何評估企業的價值。唯有知道如何判斷一個企業的價值，才會知道哪些企業值得買進。投資的基本知識就是要判斷哪些股票值得買、哪些應該賣出，以及應該使用哪些方式來買賣股票。如果能正確且明智的執行這些投資基本要務，終有致富的一天。相反的，如果用不明智的方法來進行——也就是大多數人所採用的方式，那麼除非你超級幸運，否則很可能變得一貧如洗。這本書的目的就是要讓你盡可能不要心存僥倖，不要空想，腳踏實地用明智的方式來投資。

每天總會有人問我，他們手中的持股究竟價值多少。這些人幾乎都是這樣說的：「我在十美元買了大街網站的股票，但現在只剩下四美元。我應該怎麼辦？」聽到這類問題，我通常會立刻告訴他們，我不管一檔股票過去的成交價是多少，我一點都不在意過去，也不關心你是在什麼價位買進這檔股票，我唯一關心的是這檔股票接下來將會有什麼發展。我一個星期必須在廣播裡說十幾次同樣的話，因爲多數人根本就無法體會這個簡單的概念：要判斷一檔股票未來會漲會跌，最重要的就是要看它的未來。

投資人在談論股票時，總喜歡東扯西扯一些不重要的因素。當初你買這檔股票時，也許買得很不錯，也許買得很爛。但無論如何，這都不該影響你的決策。另外，投資人喜歡對我描述他們買股票的心路歷程和理由。但我也不關心這些細節，因爲無論如何，這些過程和考量都已經是過去式，你不能老想著自己在什麼價格買進股票，又虧了多少。

這些無意義的藉口實在讓我覺得很受不了，所以，我只在星期五的廣播節目裡開放個人對個股提出問題，那個單元的名稱是「閃電巡視」（The Lightning Round）。我禁止打電話進來的人提到個股名稱，我會先判斷這檔股票未來將有什麼發展，接下來完全根據這個推斷，告訴他們股票將漲或跌，該買或賣。理由很簡單，持有股票的目的就是要「賭」它的未來，而不是過去。你必須接受這個概念，否則就不要自己買股票。

我並不是一開始就認同這個概念，我想你應該也猜得到，我曾經幾乎完全被「基礎」的概念給綁死；所謂「基礎」是華爾街和國稅局所使用的一個術語，意思就是指買進股票的價格（成本）。舉個例子，如果我以三十四美元買進美泰克公司（Maytag）的股票，而此時股價是二十八美元，那麼，我在做決策時，就會被這六美元的未實現虧損所干擾，因爲我和所有人一樣都痛恨實現損失。很明顯的，你早已處於「虧損狀態」（我習慣這麼說），所有人都看得出你已經虧損，只有你還固執的抱著一線希望（偏偏「希望」在這個過程中根本起不了任何作用）。

事實上，我以前曾經放任這個「基礎」因素嚴重干擾我對美泰克公司的前景的判斷，導致我未能清楚思考是否應該直接放棄這些部位或加碼攤平。當時的我通常是這麼想的：「我已經在美泰克的股票上虧了六美元，也許我應該加碼攤平，也許我的部位應該再提高一點，因爲我已經虧錢。」或者：「即使我目前好像看錯了，但如果我買更多，也許就是對的。」

在我初出茅廬的那個階段，腦袋裡充斥了這種邏輯。

這種完全不理會美泰克公司未來是否一片光明的事實證據，一心只在意「基礎」的豬頭想法讓我太太氣瘋了。操作女神很清楚，「未來」才是最重要的，而她也知道我對此完全視而不見，因為當我在檢討這些作多（持有）部位時，我只會一心想著我虧了六美元。在那一段美好的時光裡，我們一起在曼哈頓市中心的比佛街五十六號大樓裡從事投資操作。當時我們的辦公室位於德爾蒙尼可（Delmonico's）牛排館的樓上（市中心的餐館），通常她每天都會要求我離開辦公桌好幾次，一同到一個剛好位於那個餐館廚房正上方的空房間裡。那個房間總是瀰漫著煎牛排的氣味，即使這些氣味時時刻刻侵襲著我們的衣服和鼻孔，不過，她還是能緩慢且有條不紊地和我逐一討論每一檔部位。她會逐一念出持股部位表上的每一檔股票名稱，念完一檔，就問我對那一檔股票的想法，並以一到五的評分，要求我為每一檔股票進行評比。一代表我現在想加碼的標的，而五代表我應該快速出清的股票。

這些討論其實很折磨人，因為每當有一檔股票的情況明顯轉弱，我就會聽到一種討人厭的挖苦語調。她總是嚴格執行她的方法，相信我，我們在那些時刻的對話絕不像夫妻間親密的打情罵俏，而像是紀律訓練營的對話。她每念出一個部位的名稱，我就會試著想清楚該如何處置每一個部位，不過，我依舊會受到「基礎」的蒙蔽。無論如何，我就是無法忘卻我的帳面損失，我的判斷力還是會受到這些爛部位所產生的未實現損失所干擾。

接下來有一天，我們又離開辦公桌，走到那個「牛排房」（我是這麼稱呼它的）。她和往常一樣，拿出投資部位表，不過，上面沒有列出「基礎」數字（我當初買這些股票所付出的價格），這些數字被她用立可白塗掉了。沒錯，她隨手抓了一瓶立可白，塗掉我當初買這些股票所支付的價格數字。接下來，她說：「來吧，現在你應該可以清醒一點了！」

沒錯！當我們討論到美泰克公司的部位時，我終於可以好好衡量什麼因素對該公司的未來最重要，我不再把焦點放在「這些部位讓我虧掉六美元」的事實。不再需要面對「過去」以後，我立刻就承認惠而浦（Whirlpool）和奇異（GE）公司已對美泰克公司造成嚴重威脅，所以，我們必須面對這個現實，並賣出這一檔股票。

從那次以後，她都會用立可白塗掉持股部位表上每一檔股票的「基礎」。神奇的是，我們的績效竟馬上大幅上升。所以，這就是我要教你的第一課：如果談到買賣股票，請不要在意你的買進價格，重要的是這個企業未來將走向何方。就買賣股票來說，「未來」才是最重要的。

除了老是「緬懷過去」以外，投資人都太過在意價格，也就是每股應付的金額。大多數的新手以及很多在股市全盛時期（泡沫時期，當時一切都看似一帆風順）才開始介入市場的人，根本都不瞭解「價格」究竟代表什麼，所以，在探討一檔股票究竟買得太高或買得太低的問題以前，我要先解釋「價格」的觀念。

在看股票報價或閱讀早報上的股票收盤價時，你看到的是這項商品（沒錯，股票只是一種商品）的最後換手價格，這不代表你能在這個價格買進股票。股票交易有分「內盤價」（bid）和外盤價（offer），你可以敲內盤價，就是賣在這個價格，而如果你接受外盤價，就是在這個價格買進。不識此道的人才會用「買」和「賣」，華爾街從不這樣做，我們的說法是「外盤買進」或「內盤賣出」，理由是我們堅持一定要完成買／賣工作。「買進」和「賣出」的用語不夠精確，對大多數專業人士來說，這些用語其實很沒有組織；只不過，這種用語對只買少量股票（通常是指低於一百股）的人來說，還算是可以的。但如果你要買的股票超過一百股，你一定要知道「買」一百股北電（Nortel）」這種喊單方法可能決定你的「生死」，原因是：「買」、「賣」代表「以市價買進」和「以市價賣出」，只有外行人和傻瓜才會下市價單。我們現有的股票買賣系統非常荒謬，它的設計是為了讓你被得到這筆市價單的機構剝削，相信我。如果你下了一筆一般性的市價單，這筆訂單將會和你進行交易的這套系統或券商內的另一個顧客撮合在一起，最後成交價往往讓你非常驚訝，而且通常都是對你非常不利的價格，尤其如果你買的股票的流通性不佳，或不容易找到很多買方和賣方時，成交價格更會讓你為之氣結。我剛開始介入這個行業時，是利用電話亭或者偷溜出教室下單的方式操作，我都是利用市價單來完成，不過，成交價格確實很少讓我滿意，所以我一直都有被剝削的感覺。一直到我成為專家以後，才發現我根本就是有計畫的被剝削，不過是被我自己剝削，因為我竟然愚蠢地相信這個系統的設計是為了幫助小散戶。事實正好相反，市價單是為了傷害你而設計的一種特許證，它是券商爲了較大客戶的利益或券商本身想在內部「找到交易的雙方」，好讓它賺到買賣雙方的全部佣金而設計，因爲這樣一來，券商就不需要和其他券商對拆這些佣金。

既是如此，你應該怎麼做呢？

這就是我要教你的第二課：買賣股票時，只能使用限價單，尤其如果是介入你不熟悉的情境，或者是買賣新股或剛發行的股票——如大街網站掛牌當天的情況。你必須先決定自己願意付多少價格買一檔股票，接下來，用這個價格下單。千萬不能使用市價單。你必須判斷自己的想法是否正確，什麼價格算貴，什麼價格又算便宜，而且要堅持。這一點很重要，一定要做到，千萬不要讓自己被這個系統所傷害。當市場行情變化極端快速時，這種「限價單」尤其重要，因爲此時可能會有一些消息會影響到你要買的股票，導致這檔股票價格快速波動。你必須自行決定相關的參數。假設我要買北電的股票，而市場上的外盤價（我能買得到的價格）是三・五美元，但突然有消息出現，假設該公司得到南方貝爾（BellSouth）的一個新合約，那麼消息就會快速推升北電的股價。遇到這種情況，我會用這種方式下單：「以三・五五美元進北電二千股」，這樣一來，就限定了這檔股票的最高買進價，不會被敲竹槓。

相似的，如果我想賣出北電的股票，而市場上的內盤價（也就是我能賣得到的價格）是三・四八美元，此時，消息傳出北電可能因思科（Cisco）的介入而流失一些重要業務，而我知道這個消息將導致北電的股票重挫，於是，我將會這樣下單：「出二千股北電，最低不低於三・四五美元」。這樣一來，設定價格的是我，我限制了我要賣的價格。

藉此，我就可以用我想要的價格買進股票，如果這個買進價不正確，至少是我自己的錯，而非系統的錯，一切操之在我。不過，不會有人教你不要用市價單，因爲這麼做除了對你有好處以外，對其他人完全沒有好處。券商希望你能交易，這樣他們好賺你的佣金；如果你採用限價單，就有可能不會成交，那麼，他們就賺不到佣金了（如果股票一直沒有到達你的目標價，這筆交易就不會執行）。券商想在他們的內部找到一筆能和你的訂單配對的訂單，好賺取雙向的佣金。而市價單正可以讓他們達到這個目的，只不過，你可能會不滿意你的成交價格。所以，千萬不要使用市價單！這是我的切膚之痛，而在我所傳授的眾多技巧裡，就算你只學會這一點，就已經贏在起跑點了。

現在，關於這個價格——也就是最後的銷售金額，你瞭解這個價格的意思嗎？如果你到梅西（Macy's）百貨，裡面有賣兩件針織毛衣，一件是Polo公司製造的喀什米爾毛衣，另一件是梅西百貨的自有品牌，材質是聚酯纖維羼棉，但怪的是這兩件毛衣的售價均爲一百美元，這時你應該一看就知道這兩件毛衣當中，至少其中一件的定價是有問題的。Polo牌喀什米爾毛衣的定價應該是四百美元，而聚酯纖維羼棉的梅西自有品牌毛衣的定價應該是四十九美元。自然而然的，我們都會在腦海裡盤算這些事情。我們知道什麼價格是物超所值，也知道什麼價格根本就是剝削。對於百貨公司的毛衣這類東西，我們算得上老練的購物高手。唉！

如果我們在買進像股票這種高價位商品時能這麼精明就好了！事實上，那斯達克和紐約證交所就好比股票的「購物中心」，而我每天都在裡面選購股票。

在選購股票時，我們無法瞄準所謂的「物超所值」和「吃人」產品的主要原因是，我們買股票時並未眞正付錢出去。股票價格不過是企業透過股票分割和股權調整等動作所創造出來的一些比率罷了，即使專業人士都會被這些比率搞得昏頭轉向，更別說是小散戶了。當你以四百美元買進一件喀什米爾材質的毛衣時，你絕對很清楚這件毛衣的價值遠超過標價四十九美元的聚酯纖維羼棉材質毛衣。不過在股市裡——而且只有在股市才如此——一檔四十九美元的股票卻可能比四百美元的股票貴！

我們必須瞭解這些比率是怎麼計算出來的，這樣你才能像在亞博森（Albertsons）超市、沃爾瑪（Wal-Mart）百貨或梅西百貨購物一樣，輕鬆鎖定眞正物超所值的商品，避開價格不合理的商品。不要因爲「比率」這個名詞而產生混淆感。我昨天晚上複習了我在五年級學到的「比率」。要計算比率，只要使用到極簡單的除法。我們的學校教育對這部分的教學還算滿成功的，只不過出社會後，這些學問卻不受重視。請相信我一定會成功帶領你突破這個問題的限制，所以放下抗拒的心，讓我們一起開始吧。

我要繼續以美泰克公司爲例，來說明股票實際潛在價值與武斷的每股價格之間有何關係。每個人都知道美泰克公司是洗衣機和乾衣機製造商，該公司的最大競爭者是惠而浦，而我們將就這兩個公司進行比較。最近美泰克的成交價是每股二十七美元，惠而浦則是每股六十七美元。這兩個企業的成交價大約相等嗎？當然，一個新手會回答「否」，因爲其中一個公司的股票比另一個公司的股票貴四十美元，想當然耳，前者一定比較貴。不過，華爾街人士對這個問題則會回答「是」，他們認爲二十七美元的美泰克和六十七美元的惠而浦是等價（華爾街一直都在做很多事來迷惑數以千百萬計的股民）。事實上，沒錯，這兩個企業的股票確實幾乎是等價，棋逢敵手。不過，你必須先瞭解本益比（price-to-earnings）的觀念，才能瞭解二十七美元和六十七美元之間的差異，瞭解這個比率後，你才會知道爲什麼六十七美元不比二十七美元貴。

我們不關心每股成交價格是多少，舉個例子，如果惠而浦公司明天宣布要進行一拆二的股票分割，那麼如果你明天買惠而浦的股票，成交價就大約是每股三十三美元，這樣一來，惠而浦的股價已經不是比美泰克貴四十美元了，此時你會說，它比美泰克貴六美元。再舉另一個例子，如果美泰克要進行一個二合一的股票反向分割（reverse split），它的股價會變成五十四美元，這樣一來，你也會覺得這兩個公司的股價差不多。企業可以隨心所欲改變股價，所以股價其實不過是一個指標，無法讓人瞭解一個公司的相對價值（請一定要記得，股票分割雖然有點令人振奮，但你的權益卻沒有增加，我對股票分割的看法是這樣子的：股票分割就像是把一支鉛筆折成兩半，這分割後，你的確是擁有兩支鉛筆，但裡面的鉛並沒有增加，這就是股票分割的本質！）。

眞正重要的並非你付出多少價格，也不是你每天在報紙股票專欄的股票代號旁所看到的收盤價；眞正重要的是每一檔股票的本益比。你必須把股票價格（在報紙上的股票名稱旁邊）除以（別怕，一點都不難，只要在兩個數字中間畫條線）該企業前一年度的每股盈餘金額，就可以算出本益比。美泰克公司去年賺了二・一八美元，只要在雅虎網站的報價網頁（Quote.Yahoo.com）上，輸入美泰克公司的代號「MYG」，就可以找到每股盈餘數字了。利用這個方法可以找到美泰克公司每年的每股盈餘（當然，你也可以回到遠古時代，回到那個沒有免費網路企業財務資訊的時代，自己計算這個數字：將公司年度盈餘除以該公司的普通股股數。我們已經在大街網站發行股票的例子裡討論過這個算法）。

現在，把二十七美元除以二・一八美元，等於大約十二（四捨五入進位到整數），這個數字就是你一定要知道的魔術數字——美泰克的成交價是盈餘的十二倍。也就是說，你買進一股美泰克的代價約當該公司前一年每股盈餘的十二倍。這就是眞正的價格。把這個倍數(M)——十二乘以二・一八美元(E)，代表每股盈餘），就等於每股價格(P)。所以，價格公式爲：E×M＝P。

你必須牢牢記住這個等式，才能瞭解我們計算價格的方法：先取得盈餘數字，接下來想清楚自己願意用盈餘的幾倍來買這些股票，再接下來，只要將盈餘乘以這個倍數，就等於價格。這個公式也能幫我們計算出未來的可能價格。如果我們知道未來的預估盈餘數字(E)，接下來，衡量我們願意付出幾倍(M)的盈餘來買這檔股票，這樣就能算出一個未來價格，也可以衡量目前股價高於或低於未來價格有多大幅度。有了這個倍數（本益比）後，我們就能針對許多不同公司的股票進行「立足點平等」的比較。

用另一種方式來說，如果我們已知道價格，手上也有未來的盈餘估計值，就能衡量爲取得一檔股票所付出的倍數是太高或太低（相較於同類股票而言）。而盈餘估計值的改變（舉個例子，成長加速）或經濟情勢的轉變（例如利率降低，就像美國即將發生的情況），都可能影響我們願意付出的倍數——M。

恭喜！你現在已經知道怎麼衡量一檔股票目前的價值與未來的可能價值了。

專家絕對不會說：「由於目前美泰克的成交價是二十七美元，所以很物超所值。」他們會說：「以目前成交價計算，美泰克的本益比大約是十二倍，而該公司的業務穩定成長，所以值得更高本益比。」另外，專業人士也可能這樣說：「美泰克過去的營運記錄不穩定，所以該公司股票的十二倍本益比顯得有點貴。」人們在比較本質相似的股票時，多少會有一些主觀看法。

相對的，惠而浦去年的每股盈餘是六美元，目前股價是六十七美元。該公司本益比是多少？這個魔術數字是多少？把六十七美元除以六美元，大約是十一倍（我們還是採用四捨五入到整數爲止的數字,因爲這個數字不要求那麼精確)。所以惠而浦的本益比是十一倍。現在,我們就得到一個可以比較這兩個企業的依據,一個可以用來解釋各個公司股票的相對價值的標準。所以,美泰克的本益比是十二倍,惠而浦則是十一倍。

接下來就好玩了。如果以價格作爲比較基準,惠而浦的股價是六十七美元,看起來比美泰克的股價足足貴上大約四十美元,但如果就相同標準來比較,也就是看這兩檔股票的本益比,惠而浦只有十一倍,美泰克大約是十二倍。沒錯,即使報價差異甚大,但其實股價二十七美元的美泰克甚至比六十七美元的惠而浦貴,幾乎貴十%。

這時,華爾街的專業人士會這樣說:「美泰克比惠而浦貴一個倍數」,這其實只是把美泰克的十二倍本益比減去惠而浦的十一倍本益比,兩者的本益比差一個倍數。你知道爲什麼二十七美元的股票會比六十七美元的股票貴嗎?原因有很多。其中一個原因是美泰克的家電用品可能比惠而浦的產品好一點。第二個原因可能是美泰克的品牌聲譽比惠而浦好。第三個原因可能是美泰克的經營階層比惠而浦的好。以上種種原因都有影響。不過,一檔股票比另一檔股票貴的眞正原因,在於前者的成長性高於後者。所有導致本益比改變的原因,都比不上華爾街那種「成長重於一切」的定見,也就是說,美泰克本益比較惠而浦高一個倍數的主要原因,其實是由於前者的成長性超過後者。華爾街人士極端重視企業未來盈餘動能的成長性,企業盈餘成長性是我們判斷要以什麼價格買股票的主要依據。儘管你有看過或聽過其他原因，不過，其他原因的重要性都不及企業盈餘成長率。成長是股票投資的重點與根本，就像嬰兒和母乳的關係一樣。其他因素的重要性全都無法凌駕在成長率之上。如果你瞭解市場這種追求成長性（或更重要的——尋找盈餘成長率變化與市場預期情況有**歧異**的企業）的態度，就能確實掌握到股票的大漲行情。那是因爲股票價格會隨著發行企業的盈餘成長率變化而波動。如果你能預測或預見發行企業的成長性變化，就能洞燭機先，在股價開始大漲**以前**，先行建立適當的部位。影響企業成長率變化的因素包括經營階層變動、產品開發循環、競爭情勢的轉變或總體經濟情勢的因素，如稅率或利率降低等。我一生都在追求這些蛛絲馬跡，而我的經驗證明，這些轉變是可預測、可發現的，而且我確實能早群眾一步發現這些變化。

華爾街怎麼衡量成長？要衡量未來的成長率，必須先觀察企業的盈餘模式，尤其是每股盈餘（EPS）。如果你找出企業年報，或者透過網路下載年報，就會發現美泰克的盈餘成長率超過惠而浦。事實上，如果你稍加計算，或者直接上雅虎財經網、大街網站或其他任何網站搜尋「報價」資訊，也能取得企業長期成長記錄的資料。舉個例子，你可以從年報看出美泰克的年度盈餘成長率是九%，但惠而浦的年度盈餘成長率卻只有五%。美泰克的業務成長性確實比惠而浦高，所以，美泰克本益比比惠而浦高（十二倍相對十一倍）的原因，正是在於前者的成長性較好。華爾街人士願意爲高成長率的企業付出較高代價，而對於成長率較低的企業，則給予折價。雖然我所衡量的本益比是以過去的成長率計算出來的，不過華爾街人士認爲，企業過去的成長率可以用來作爲預測未來成長性的參考；除非企業進行購併、經營階層更迭，或發現能讓業務加速成長的新產品或不同產品，否則華爾街都會用過去的數字來衡量企業的成長性。過去的成長性雖不見得能作爲預測未來成長性的準確依據，但終究是預測企業未來成長性的絕佳起點。

對很多人來說，這種只重視成長性的方法似乎不光有違常理，甚至有點蠢。我們購買其他商品時，通常不會以這些商品的「成長率」來衡量其價值。在其他行業，「成長速率」的重要性並不高。舉個例子，買車時，除非是賽車選手，否則車速並不是最重要的考量；另外，挑房子也不會考慮成長，我們只會考量外觀和便利性。再來，我們在選伴侶或朋友時，也不會考慮他們會不會再長高。華爾街的一切總是那麼違反常人的直覺，這是另一個例證。華爾街將「成長」作爲股市的重要指標，除此之外，只有大學籃球教練在考慮要網羅哪個高中的運動員時，才會考量「成長」要素。

不過，賭博的世界裡卻存在一個和股票市場這種爲追求成長而付出某種倍數代價的概念。雖然「倍數」這個用語非常怪異，但它實際上代表的就是華爾街人眼中的賠率。我們將賠率視爲下賭注的第二本質。每一個曾經賭過超級盃（Super Bowl，最友善的賭法）的人都知道，在對最受歡迎的隊伍押注時，不能傻愣愣的直接投注，還必須觀察另一隊的情況。每一支隊伍的「成交」情況都不一樣，成交情況和他們過去的記錄有關，而記錄的好壞就會反映在下注的價格上。當然，一定有一隊比較受歡迎，另一隊處於劣勢，所以通常都必須讓分或取分。「倍數」是華爾街表達贏家與輸家的差異的一種方式：在華爾街，如果要買成長股，就必須支付比較高的價格，這就像在足球賽的賭局裡，你必須讓分給弱隊一樣。以運動來說，最受歡迎的隊伍之所以受歡迎，可能是因爲它有比較好的教練、有比較好的選手，或者有比較多贏球的記錄。在商業上，一個企業之所以受歡迎，是因爲它能維持長期穩定成長的記錄，這種公司受歡迎，而比較便宜的企業當然就處於劣勢。這和下賭注是一樣的，你必須多付一點賭金才能押注在華爾街的績優公司。不受歡迎的爛公司將傾向於「便宜者愈便宜」，就像處於劣勢的隊伍傾向於每次都輸球一樣。你可以把倍數較低的公司視爲一種讓分盤，較弱的股票必須有折價才會吸引人來下注。不過，唯有股票的價格過度便宜，「強隊」與「弱隊」之間的賠率才是誤謬的，也唯有此時，投資劣勢的一方才會有利可圖。

現在，讓我們更進一步判斷如何釐清股票市場裡的賠率是否正確，也就是說，釐清市場裡的下注者（包括買方和賣方）是否因對某個企業的看法可能錯誤，而製造了一個獲利契機。我們都知道，談到運動賭注，賠率一直都是不完美的。而股票有何不同？讓我們來思考看看，比美泰克公司便宜的惠而浦是不是眞的太便宜了，所以值得買進。記住，到目前爲止，我們只釐清了這兩者當中何者的倍數比較高：我們知道由於美泰克的成長率比較高，所以它的本益比比惠而浦高一個倍數。

換句話說，我們是要尋找市場上的「不完美」情況。這個定價有沒有可能是錯誤的？實際價格可不可能應該低於或高於目前價格？股票市場和超級市場不一樣，超級市場有掃瞄器和收銀員可以確認產品的售價是否正確，但股票市場卻經常出現定價錯誤的問題。股票投資和運動賭博一樣，一直以來，我們都努力想釐淸賠率是否有問題（若賠率有問題，將導致我們支付過高或過低的價格），如果定價眞的錯誤，一定要利用錯誤的定價來獲取利益。再回到先前的討論：美泰克公司的本益比是十二倍，但經過我們的計算，該公司的成長率比惠而浦（本益比十一倍）高一倍。我個人認爲以同一產業來說，成長率高一倍的公司的本益比應該也比另一公司的本益比高一倍才對，不應該像現在的美泰克，它的本益比只比惠而浦高九％而已。理由很簡單，因爲成長性確實太重要了。所以，就現實面來說，即使處於同一產業，美泰克的本益比雖是十二倍，但它卻比本益比十一倍的惠而浦便宜，因爲美泰克的經營績效比較好，成長率也比較高。美泰克的本益比雖然是十二倍，但其實是物美價廉，惠而浦的價格則已充分反映其眞實價值（也就是完美定價的意思）。所以，惠而浦的股票比較不可能會讓你有出奇制勝的機會。此時，市場上的賠率似乎明顯錯誤，因此，買進美泰克股票做長期投資，應該有機會獲勝，至少該公司的股價比其競爭者便宜。如果有人打電話到我的廣播節目問我應該買美泰克或惠而浦，我的最初反應將是選擇美泰克。換句話說，如果沒有其他因素，我就會選擇美泰克。

美泰克公司和惠而浦公司彼此競爭是人盡皆知的，而它們的賠率（定價）錯誤的原因有無數種。只是大多數投資人卻不知道要尋找賠率最嚴重誤謬的戰局，通常這種情況容易出現在一些新興企業，這些企業比較少分析師研究，當然也比較不那麼有名。大多數的投資人忽略了安迪·貝爾「尋找不會吸引最優秀賭客的冷門場地」的建議，大多數投資人都會一窩蜂擠到最大的賽場裡，買進像是微軟（Microsoft）、英特爾（Intel）或ＩＢＭ等企業。這些股票就好比賽馬界的肯塔基賽馬場和貝爾蒙特賽事（Belmont Stakes）一樣，最有名，也最常被報導。但在這些場地裡，賠率幾乎都是完美的，很難從中賺大錢（意思就是，市場對這些股票的定價通常都已趨於完美，因此不會有賺錢的機會）。除非你願意離開這些主要的玩家，到比較冷門的場子，否則不會出現有缺陷的賠率。就股市來說，所謂冷門場子是指一些市值低於二十億美元，尤其是介於一億到四億美元間的企業。很多「鑑賞家」認為這些股票比較「投機」，這些鑑賞家就是你常在電視節目上看到的名嘴，或一些枯燥理財書的作家。事實勝於雄辯，事實上，以風險報酬概況來說，最可怕的投機行為應該是買大型且知名的股票。一旦投資這些股票，就算你努力做功課，也無法獲得優勢，因為幾乎所有企業消息都已反映在股價上了。這就是我為何苦口婆心的希望你把焦點集中在一些比較不那麼為人所熟知的情況——也就是小型、新興成長企業的市場。雖然聚焦在這類股票將導致你不得不接受一個風險（鮮為人知也是一種風險），但報酬卻遠高於投資基礎雄厚的企業，因為那些大企業的股價都已經處在完美線上了。在肯塔基賽馬場押注在最受歡迎的馬，也許會讓你贏得勝利，但為得到這些報酬所承擔的風險實在過高。換句話說，安迪・貝爾的《選擇贏家》一書所秉持的邏輯是：冷門的場子才能讓人賺到超額利潤，因為這些場子的賠率通常是誤謬的，這和華爾街一樣，很多不知名、沒有分析師研究的企業的本益比經常是不合理的。

當然，評估企業股票價值時，除了要考量股票所屬企業的成長率以外，還必須考慮其他細部因素。舉個例子，有一些人可能很重視收益率的問題。由於目前股息的稅率已經低得有點不可思議（只要繳十五%給政府，你自己保留八十五%），所以，在比較股票的投資價值時，也應該考量股息收益率的高低。惠而浦公司每一季發放四十三美分的股息，而美泰克公司每季發放十八美分。就華爾街的觀點來說，這兩個公司的股息是**相同**的，相信你一定又被弄糊塗了。其實只要用四年級的除法技巧，再加上一些乘法技巧，就可搞清楚這個概念。如果一年收到四次股息，那麼美泰克一整年的股息將是七十二美分（一年發放四次，每次十八美分），惠而浦的年度股息則是一・七二美元（每次四十三美分，發放四次）。接下來，把七十二美分除以美泰克的最新成交價二十七美元，再把一・七二美元除以惠而浦最新收盤價六十七美元，答案都等於二・五%。雖然看起來惠而浦公司所發放的股息比較高，但其實這兩個企業的股息幾乎相同。所以，股息的絕對金額並不重要，重要的是股息收益率，也就是股息除以股價，唯有比較股息收益率，才算是立足點平等的比較方式。

所以，就股息的觀點來看，這兩檔股票是相同的，不分軒輊，只不過，我還是必須強調，美泰克公司的盈餘成長率比惠而浦高一倍，所以前者未來的股息增加速度可能會比較快一點。

在投資以上任何一個公司的股票以前，也應該檢視它們的資產負債表。舉個例子，如果兩個企業當中，一個企業的負債很高，另一個公司完全沒有負債，那麼我會比較偏好沒有負債的公司，因爲一旦經濟情勢趨緩，高負債對股票持有人的殺傷力將會很大。不過，如果是一個高度成長又很有機會經由舉債方式爭取到一項重要投資的企業，那麼情況又另當別論，此時，不應該讓公司的負債問題限制了你自己的資金的競爭力。這個觀點讓我回想起先前所討論的一個例子：若同時考量本益比與成長率議題，究竟美泰克或惠而浦何者較值得投資？由於股息相等且資產負債表結構大致相當，我還是會偏好買進「比較貴」的股票——美泰克，因爲它只貴一點點（本益比十二倍，只比惠而浦貴一個倍數），但成長率卻大約是惠而浦的一倍高，所以美泰克公司的股票當然比惠而浦更有說服力。

以華爾街的很多專家來說（無論是買方或賣方的分析師），他們在比較不同股票的投資價值時，都只做到計算本益比和成長率的分析，他們根據這些比率來制訂買／賣決策。他們會先找出美泰克公司的成長率，接下來和標準普爾五百指數所有成分企業的平均成長率（實質的賠率基準）做比較；接下來，再算出美泰克公司的本益比，和標準普爾五百指數成分股的平均本益比做比較。他們計算本益比的流程和我們先前所討論的美泰克本益比計算流程一樣。他們會計算所有股票的平均本益比，並把這個平均本益比數字用來作爲一個標竿。最近標準普爾五百指數成分股的平均本益比是盈餘的二十二倍，所以美泰克公司的本益比顯然比所有企業的平均值低很多。不過，美泰克的成長率卻比所有企業的平均值低，因爲標準普爾五百成分股的平均年度成長率大約是九％。所以，雖然就本益比的層面而言，美泰克看起來比標準普爾五百成分股的平均值便宜，但它其實本該這麼便宜。大多數華爾街人士都認爲美泰克的價格相對標準普爾指數是「合理」的（並未偏低），因爲該公司的成長率不夠吸引人。所以，即使美泰克的股價和惠而浦比較起來顯得物超所值，但和其他所有股票比較起來，美泰克就不是那麼值得買進了。如果該公司的本益比低於指數成分股的平均本益比，成長率又高於成分股的平均成長率，那麼該公司的股票當然絕對非常物超所值；相反的，如果該公司的本益比高於指數成分股的平均本益比，但成長率又低於成分股的平均成長率，那麼該公司的股票當然絕對過於昂貴，不值得買進。這種計算方式將會讓你受益良多，我個人認爲藉由這種方式所獲得的利益，將遠超過華爾街人士平日所賺的錢。

你應該會經常聽到電視上的名嘴說：「美泰克很貴」，這種說法幾乎完全是以我們剛剛所討論的計算方式爲基礎。這個精簡說法的眞正意思應該是：「如果你計算美泰克公司的成長率和本益比，再把它的成長率和本益比與標準普爾五百成分股的平均成長率和本益比做比較，就會發現美泰克的股價並不是很有吸引力」。如果以運動和賭博來比喻的話，美泰克的「賠率」是正確的，也就是說，美泰克目前的股價並非物超所值，所以不值得一「賭」。

在華爾街的世界裡，以上概念都合情合理，不過，這在現實的商業世界合理嗎？這可又是另一碼子事了。在現實世界當中，如果伊萊克斯（Electrolux）認定美泰克公司有價值，決定將美泰克納入它的業務版圖，那麼該公司的每股股價就有可能值四十美元。另外，如果奇異公司認爲絕不能袖手旁觀，讓伊萊克斯搶先一步吃走美泰克的話，美泰克的股價甚至有可能上看五十美元。在現實的商業世界裡，股票不僅僅是幾張紙而已，這些股票代表的是有現金又有獲利的公司，這些公司可以被用來強化其他企業的盈餘。華爾街人士和主街（Main Street）人士評估企業價值的標準不同，華爾街的人比較重視成長，但主街則比較重視企業價值和買進「整個企業」的費用。華爾街習慣受到一些簡單計算式的束縛，諸如企業成長率和股價等。而由於他們喜歡把某個企業的成長率和本益比拿來和標準普爾五百指數成分股的平均本益比成長率做比較，所以才會有所謂「超漲」、「超跌」或「合理價值」等胡言亂語出現。

再回到梅西百貨賣的那兩件毛衣上。華爾街人士醉心於尋找訂價錯誤的異常現象——也就是那件和聚酯纖維羼棉材質毛衣標價相同的喀什米爾毛衣。可惜市場（就像購物中心）上的大型股卻不可能存在這種讓人明顯撿到便宜的好機會。對大部分市場參與者來說，大多數商品的價值看起來都很合理，因爲那件喀什米爾毛衣一定會被數以百萬甚至千萬計的買家發現，而且馬上會被買走，即使它原本只是被埋在一堆聚酯纖維與棉製毛衣裡，一樣很快就會被發現。

所以很可惜，儘管這種計算方式很明智且合理，但卻無法讓你致富。因爲市場上有太多比你聰明又比你更有知識的人，他們早就注意到這些資訊，並快速做好比較。所以，雖然瞭解股票價值面的計算方式是有利的，但如果想致富，千萬不要受限於此。事實上，應該反其道而行：我們必須發掘這個嚴謹的投資算術方法每天所創造的異常情況，因爲就投資來說，我們不想只當個平凡人，而希望在賺錢這件事情上打敗其他人。

在我個人的生涯當中，曾經有一個階段夢想成爲藝術家。我記得在哈佛求學時曾經鑽研過藝術，那時還選過一堂現代藝術課程，那堂課的名稱非常詩情畫意，叫作「污漬與圓點」。那一科的教授主張現代藝術不應該受到油畫布的平面所限制，像布拉克（Braque）和畢卡索（Picasso）等畫家都痛恨被限制在畫布裡，他們一直企圖讓創作更接近眞實的人生，而眞實人生很少是二維的。他們讓油畫布上的事物變得栩栩如生。

我認爲現代藝術和選股的流程其實很相像，這是我一直能在華爾街人士眼中的超漲股中選出眞飆股的原因之一（至少我這麼認爲）。雖然我接受 E×M=P 這個簡單公式，但卻不願意被這個觀念綁死。我希望能突破盈餘和本益比藩籬，用其他方式來思考，不要光用簡單的盈餘分析來分辨哪一個企業的成長率值得我投資。

我個人管理了一個公開的投資組合，它的名稱是ActionAlertsPLUS.com，我和美國國內其他所有評論家都不同，因爲我並不介意事先公開我的策略，我不怕你會跑在我前面；而且我是說到做到的人，我說要買什麼，就會買什麼，不會說一套做一套，這是我和名嘴型記者不同的地方，因爲他們總是信誓旦旦地表示自己絕對不「沾染」股票，但若果眞如此，也只是顯出他們根本沒有能力釐清整個投資流程的眞實情況，只不過是「誠實」展現他們的無知罷了。坦白說，我寧願比他們更聰明且更有智慧的在事前坦率公開投資部位，也不願脫離整個投資流程。如果不實地演練，絕對不會成爲高手，因爲練習的機會不夠。你必須努力搜尋，找出優異的股票，否則就不應該發表一大堆高談闊論，老想著要指導別人怎麼做。我知道對某些人來說，這種公開讚揚自己的持股的作法有貪瀆之嫌，即使我坦言我確實持有這些股票也一樣。但請想想我這樣做的邏輯：我之所以擁護我所持有的股票，是因爲我認爲它們可以讓我賺錢，也會爲你賺錢。同樣地，我會抨擊我沒買的股票，因爲我認爲這些股票超漲，如果你買這些股票，可能會虧錢。我總是試著在廣播和電視上解釋這個概念，不過，有些人卻誤解我的動機，認爲我在騙人，他們認爲我要找一些替死鬼來接手我倒出的股票，以從中獲利。我想，如果人生眞的有那麼簡單，而我又有那麼大的影響力就好了。我在華爾街尋找物超所值股票的方式，和你在購物中心尋找物超所值商品的方式一樣，只不過，當我在華爾街買到物超所值股票時，我會「好康逗相報」，希望大家都能從中受益（關於這部分我已經建立一個特殊的規定，如果我透過廣播或電視提及任何一檔股票並促使該股大幅上漲，我規定自己不能在這之後的五天內採取任何動作，也就是說，五天內不能賣出持股來圖利自己。事實上，通常我在買進一檔股票後，至少會持有一個月以上才反手賣出）。我認爲我只是個單純的賠率精算師（oddsmaker），我不過是嘗試去判斷市場上的賠率何時趨於荒謬且錯誤罷了。

最近，我的ActionAlertsPLUS.com帳戶選到一支大飆股，那是AT&T（美國電話電報）無線電話公司，如果你是我這個網站的訂戶，可能也有分享到這個飆股所帶來的甜美果實，說不定你的買進價格還低於我的呢（你之所以會買到比我更好的價格，是因爲我會在進場前先發出電子郵件，把我的操作計畫傳達給訂戶，並讓訂戶優先進場）！AT&T無線電話公司在大約一個星期左右的時間內上漲了一倍，所有確實閱讀我的電子郵件的人都有機會賺到這筆利潤。我並不受到二維思考所束縛，但華爾街那些高薪分析師的思考模式卻都侷限在二維思考裡。我不會受到以本益比衡量的「成長率」所限制，但華爾街人士卻會。在操作股票時，我會謹記股票所代表的那個企業，我心裡很清楚，只要這些企業有償付能力，這些「紙張」就有索賠權。我瞭解不僅是股票能交易，企業有時候也可以交易。股票是在華爾街交易，但企業則是在主街交易。有些企業的規模過於龐大，所以只會在華爾街交易，像是收購型的公司埃克森石油（Exxon）、微軟、英特爾、輝瑞（Pfizer）或奇異公司等。這些企業的市場價值（簡稱市值）過高，所以沒有任何企業購併得起它們。因此，你只能透過股票交易的方式來「買／賣」這些企業，而外界也只能用傳統的方式來爲這些企業評價。你一定要能分辨出輝瑞或奇異公司的賠率過低或過高，才能判斷是否要繼續持有它們的股票。對於這種大到無法被收購的公司的股票來說，這是最好的分析方式。當然，這些知名企業的價格通常都已經「完美」反應所有已知要素，所以一定要在市況非常好的情況下，這類股票的走勢才會比其他股票強，主要原因就是它們的規模太大、知名度又太高。我將在稍後章節討論影響這些股票的漲跌要素。

不過，即使是產業當中排名第二或第三的企業，只要所有條件都齊備，都可能成爲被購併的標的，也就是說，這種企業的控制權也會被交易。這種收購事件將可以讓你瞬間獲得龐大的財富。

當我發出「買進AT&T無線電話公司」的訊息時，該公司是美國第三大無線電話公司。當時，它還沒被Cingular公司（南方貝爾和SBC通訊公司共同出資成立，這兩家公司都屬於當時全美前幾大的有線電話公司）收購。在AT&T無線電話公司被收購以前，該公司的股價從三十二美元跌到六美元。我很討厭三十幾美元的股票，所有分析師都喜歡這類股票，因爲他們認爲這些企業的未來成長性非常可觀，但我卻認爲無線電話產業裡的其他企業將會侵蝕AT&T無線電話公司的市場。

當AT&T無線電話公司的成長性不如預期時（一部分是由於經營不善，不過有一部分則是因爲分析師原本的預測值並不正確），股價即一路下挫。股價從三十幾美元跌到二十幾美元、十幾美元，最後跌到個位數。當這檔股票的價格跌破十美元時，分析師們才開始接二連三的計算AT&T無線電話公司盈餘成長率相對本益比的情況，用的是我們先前計算美泰克相關數字的方法。他們判斷該公司相對其競爭者和標準普爾五百成分股的成長性及本益比而言，確實顯得昂貴。當時的七大分析師都受限於這個「成長率」魔咒，他們把AT&T無線電話公司視爲一堆股票（也就是一堆紙），而不是一個永續經營的企業。

雖然我也很重視立足點平等的比較，我也關心AT&T無線電話公司相對標準普爾五百指數成分股和產業內其他股票的成長率和本益比的比較，就像我重視美泰克和惠而浦的本益比差異一樣，但如果談到這些紙張背後所代表的企業體，我並不喜歡受制於這種二維思考法。即使當時這個公司的股票在市場上依舊是人人喊「出」，但我卻漸漸喜歡上AT&T無線電話公司，因爲我和華爾街那些違反直覺的思想家不同，我眞心認爲隨著該公司股價的重挫，整個公司已經愈來愈便宜。請不要以爲我是憤世嫉俗或尖酸刻薄才這麼說。當股價下跌，一個企業體的事業本就會變得愈來愈便宜，此時千萬不能忘記這些企業體的實際業務是什麼。當一檔股票價格下跌，華爾街人士就會唾棄它，因爲華爾街只用本益比和盈餘成長率來評斷一檔股票的價值，但我卻不一樣，我喜歡股票下跌，因爲我知道股票所代表的企業可能不會像股價那樣快速崩潰。這和在購物中心是一樣的道理，我總試著去尋找一些折扣低到不能再低的商品。另外，這也有點像買房子，我和一些有錢人的觀點不同，我總是比較喜歡需要整修的舊房子（fixer-upper），儘管也許有些人會認爲這些房子看起來很不順眼，而且毫無價值。我喜歡搜尋一些股價受創甚深，但公司實際業務看起來並沒有受到那麼嚴重打擊的股票，也就是說，我要找的是嚴重受創的股票，而非嚴重受創的公司，也就是說，我不要嚴重受創的公司，但我喜歡股價嚴重受創的公司。我們可以在一些基礎雄厚的企業裡找到這種極端異常的好機會，也就是說，檯面上一些有名氣但已逐漸江河日下的企業裡，最可能找到「賠率」嚴重誤謬的機會。

我之所以買進AT&T無線電話公司（股票中的「須整修舊屋」），大致上是以我的常識分析爲基礎，你也可以做這種分析，只不過華爾街並不做這種分析。我的十歲和十三歲女兒和我本人都非常喜歡福斯（Fox）電視網的「美國偶像」節目（American Idol，一個大型歌唱競賽節目），我們認爲這些天賦異稟的年輕小孩子敢在一群極其嚴格的評判面前賣力演出，實在都很了不起，而且我們最後還可以用自己的選票來決定誰是贏家。可惜，每次打電話進電視台投票給喜愛的人選時，電話總是在忙線中。平常我每天早上都會開「巴士」送我女兒去上學，沿路順便接送其他小孩。從這段接送小孩的時間裡，可以知道很多我原本應該知道，但卻又沒有機會知道的事，因爲我以前凌晨三點四十五就必須到避險基金公司上班，唯有這樣才能操作歐洲市場。我聽到他們一直在討論他們成功投了票、電話有接通等等話題，但我卻偏偏都打不通，所以我就問了其中一個女孩子，爲什麼她有辦法那麼不厭其煩地撥電話，不因經常忙線的訊號而感到氣餒（我就是因爲這樣才感到氣餒的）。於是，她告訴我，她是用簡訊來投票。我說我也要用簡訊投票，而她告訴我必須申請一支AT&T無線電話，才能用簡訊投票。

沒錯，就是這樣，好康的來了。那一天，我在上班時打開AT&T無線電話公司的檔案，我發現該公司原本就已經很龐大的用戶數最近突然大幅竄升，其中有一部分原因就是由於該公司配合這個「偶像」節目做促銷。我剛剛提到的「檔案」其實只是該公司最新一季的報告、在Factiva找到的近期新聞剪報，和在第一聲公司（FirstCall）找到的華爾街研究報告等。這些都是公開資訊，以前只有最有錢的人和最大型的共同基金及避險基金有辦法在第一時間取得這些資訊，現在就不一樣了。於是，我當下決定要買AT&T無線電話公司的股票，不過，我看得出來這些分析師根本不知道爲什麼該公司最近銷售數字那麼強勁，因爲沒有任何一個分析師提及該公司最近通話頻率大增的原因——福斯電視網促銷專案。我認爲當美國這個最受歡迎的電視節目的這一季單元結束時，這些通話將會停止或消失。所以，我一直等到這一季的節目結束，並耐心看著該公司的營運數字逐漸下降、用戶數陡降（這些數字都是因爲這個電視節目而受到過度膨脹，而且絕大多數的分析師應該都不會看這個節目）。我注意到該公司營運下降，不過還是按兵不動，因爲我知道二〇〇三年十一月時，美國聯邦通訊委員會（FCC）將強制電信業者接受「門號可攜」規定。這個規定通過後，將來就算換電信業者，也不需要換門號。果然，當十一月和十二月到來，市場上對AT&T無線電話公司的抱怨如排山倒海般湧來，因爲其他電信業者的表現比它好多了。

我到很多AT&T無線電話公司和威訊（Verizon）無線電話公司的分店去探訪，雖然聽到很多人抱怨前者並讚賞後者，但我卻沒有受到影響。那種實地探訪的研究型態雖然不太正規，但卻會讓你的決心更堅定，這樣才能確認你是否確實朝正確的方向前進。我目前還是繼續採用這種實地觀察的方式，你也可以做得到，當然必須要有時間和意願。這件事並不是「非做不可」，不過非常有助於釐清你的思路。

當然，華爾街也有在注意該公司的發展，由於當時該公司少掉了「偶像」節目的加持，營收數字當然隨之降低；當營收降低的消息浮上檯面，加上該公司在門號可攜規定開放期間的服務很糟，導致分析師令人作嘔的一個接一個忙著把這檔股票的評等從「持有」調降到「賣出」。

但是我認爲該公司的品牌和連鎖通路在業界的代表性並不會像股票那樣，下降得那麼嚴重，公司經營階層遲早會振作起來，體察到公司已無法和其他業者競爭。其實，企業經營階層成天都在算計應該繼續經營下去，或者乾脆把公司換成現金──也就是以高於市價的價格，將公司賣給其他公司。他們也想致富（無論長線或短線），而如果股價因公司業務不振而遲遲無法上漲，他們也可以選擇把股票賣掉，一走了之。當市場上的七大分析師同步將該公司股票的評等調降為「賣出」後，股價從九美元跌到六美元，那時，我提出「加碼買進」的建議。當股票跌到六美元時，我又建議加倍買進，因為這個連鎖企業的業務受損害程度不可能像股票那麼嚴重。沒有任何一個經營階層希望被看作是笨蛋，他們當然知道自己的任務是要為股東賺錢，只不過，唯有誠實的經營階層才會承認為股東賺錢的唯一方式，就是「把公司賣掉」。還好，反正經營階層一直都有賣掉公司的誘因，這一點倒是有點幫助：只要閱讀AT&T無線電話公司的股東會委託書（公司董事的投票文件）就能瞭解這一點──經營階層們擁有很大量的選擇權。請牢記安迪・貝爾的第三個規則：只投資在你百分之百有信心的情況。

但華爾街人士所未能理解的是，企業股價除了受本益比和盈餘成長率等因素所影響外，股票背後還存在一個活生生的企業主體、一套實際的業務，這個主體及其業務都可以被賣給市場上出價最高者。商業史上，在一個只有五到六個競爭者的產業裡，前兩大龍頭之一都曾屈服於另一龍頭（企圖成為產業最大業者，以便利用龐大的經濟規模獲益，這些經濟規模利益包括廣告和科技支出等，而這些支出佔企業營運費用的大宗）的收購計畫。

果不其然，我才等了幾個星期，另一個業者就提出第一次的購併意願探詢，接下來，對方一次又一次的出價。當然，最後的發展人人皆知，當每個分析師都齊聲建議賣出這檔股票時，卻有許多買家願意用十出頭的價格買這個公司——而且當時其他競爭者都加入購併的戰局。

結果終於揭曉，最後收購價敲定在十五美元，沒錯，就是這個價格，我從六美元就掌握到這檔股票，而到購併大戰結束時，收購價格敲定爲十五美元。其他分析師們完全落空，最後只能往自己臉上砸雞蛋。

由於我們拒絕被侷限在油畫布的二維思考模式，所以獲得了甜美的果實。由此也可見華爾街人士有多麼愚蠢。即使是這檔股票最優秀的分析師——摩根史坦利公司（Morgan Staanley）的那個傢伙都擔心「門號可攜服務」的開放，可能衝擊到AT&T無線電話公司的營運，並因此把這檔股票的目標價調降到七美元，但到收購案結束後，他又被迫把目標價調高到十四美元，你說，這有多蠢？

如果你和摩根史坦利那個傢伙一樣，一直被侷限在股票評價的兩個要素上（本益比與盈餘成長率），那麼你一定不可能看透這個企業主體未來遠景可能好轉的現實。華爾街分析師只重視盈餘成長率，但主街的商人卻重視企業主體本身的營運，更關心納入這個企業主體的營運將使他們自己的盈餘增加多少。這就是商人們願意藉由買進一個「須整修舊屋」來提高自身股票價值的原因。

沒有任何魔法能幫你找到訂價不完美和物超所值的標的，其實只要利用上街購物的原則便可。另外，在進場前記得先比較華爾街和主街對企業股票價格的認定標準。

# 4

# 投資基礎概念

## 應該買什麼、賣什麼

實質上來說，做功課的理由有兩個，
一個是為攻擊，一個是為防禦。
攻擊部分是為找出有能力創造
高於市場預期的盈餘成長率，
但股價卻低於當下市場本益比的企業。
也就是說，你必須在其他人未察覺的情況下，
設法先發掘企業尚未被察覺的價值。

現在，你已經知道如何買股票，也知道華爾街和主街如何評估「商品」的價值。不過，究竟應該買什麼、賣什麼？應該持有什麼股票？是否應該持有股票？要持有多少股票？要投入多少資金？要爲什麼目的而投資——退休、玩樂或子女大學基金？投資組合又應該怎麼建立？

首先，我要強調，我很討厭那種一體適用於所有問題的答案。每個人都不同，每個人的需求和收入都不一樣，擔心與憂慮的事情也都不同。舉個例子，我很樂意在廣播節目上回答股票相對價值的問題，也喜歡透過廣播傳授我先前所討論的美泰克與惠而浦價格計算方法。不過，如果沒有先擬訂好投資策略，計算這些數字都沒有意義。

我們從事投資（且繼續投資）的最重要理由，是因爲我們平日的薪水不夠支應未來的人生，所以必須存錢，否則一旦年紀大不能再工作，就會失去收入，也因此沒錢過日子。不過，存錢的另一個目的是因爲我們知道如果收入提高，就可以享受更多樂趣、捐更多錢或買一些原本負擔不起的東西。存錢可以買房子或車子等高單價產品。另外，存下來的錢也可以給家人，給孩子們，也可以支付教育費用。

我之所以特別把這些重要的需求列出來，是由於我用來滿足每一種需求的方法都不一樣。如果是爲了退休而存錢（這可以說是第一要務），就絲毫不能馬虎，只許成功不許失敗。相較於其他需要，退休需求的標準必須高一點，承擔的風險則應該低一點，因爲一旦我們無法再工作，手頭就必須有錢才行。為滿足其他需求的儲蓄，則可以不用採取像退休資金那麼保守的策略，因為這些儲蓄都純粹是為了讓自己可以多一些錢（除了薪資以外）可花用，如此而已。

所以，讓我們把這些資金需求區分為兩種，一種是必要需求（只限退休需求），另一種是裁決型需求（可滿足，可不滿足）。適用於前者的策略對後者來說也許其蠢無比。更進一步來說，我們將隨著年歲漸長而做不同的事、不同的選擇。年輕時你可以承擔比年老時更高的風險，因為你有更多時間藉由平日的薪資賺回虧掉的錢。另外，你也有比較多時間可以利用股票的大循環來獲利取益——根據統計，在每二十年的期間內，有發放股息的績優股的報酬率超過其他所有資產類別的報酬。

先來討論退休需求。每個人都應該盡早開始存錢，以因應退休後的資金需求，我父親很早就對我灌輸這個正確的觀念。而為了讓你對這個任務的重要性感同身受，我要說一個故事。

我的人生曾經有過幾次大波折，其中最嚴重的一次是在我大學畢業後兩年，還在洛杉磯當一個小記者的時候。我被一個人「洗劫」（他從未落網），所以，在一九七八年到一九七九年間，我不幸得住在我的車子裡。當時雖然我幾乎沒有錢吃飯，也沒錢支付責任險保險費給Allstate 公司（碰撞險早就取消），不過，我還是順利存下了一千五百美元的退休基金。這就是及早開始存錢的重要性，我把這筆錢投資到富達，而經過神奇的複利效果，現在，這一千五百美元所「滾」的錢，已經足夠多數人過好幾年的退休生活了。所以，不管是在任何情況下，股票就是能為你創造優渥的利潤。

我總是告訴別人，愈年輕的人就愈應該承擔愈高的資金投機風險，因為即使你被淘汰出場，還是有接近一生的時間能藉由工作賺回這些錢。所以，我特別建議三十歲以前的人應採用最積極的投資策略，透過共同基金或自行選擇個股的方式逐步加碼高成長的股票（當然，最好是自己選股），同時投資特定百分比的資金到投機目的上。而一旦進入三十歲的門檻後，我傾向於稍微踩一下煞車，略微降低風險水準，投資到一些有發放股息或未來即將發放股息的股票上，並降低投機的比例。另外，我建議四十幾歲的人把債券納入投資組合。債券的收入成長率並不高，傾向於保本性質，不過投資債券卻可以讓你在需要用錢時拿回原本的本金，同時還能賺一點蠅頭小利。接下來，我會按照每個人需要用錢的時機，略微修改投資比重。如果你希望在六十歲退休，我建議在四十歲以後開始把一半以上的資金投入固定收益型商品。如果你計畫六十歲以後繼續工作，就可以不用投入那麼多資金到保本型的投資商品。到五十歲以後，應該多投入一些資金到固定收益型商品，最到，到六十幾歲時，除非你還繼續工作，否則應該把絕大多數的資金都放在固定收益型產品，因為此時你已經沒有太多時間等待資本增值，而且潛在報酬的規模可能不值得你承擔那些風險。

我剛剛提到我住在車子裡但卻還是繼續為退休存錢的故事，因為是我非常保守，尤其是最近幾年年紀漸長的關係。有很多人打電話到我的廣播節目，他們說他們因爲沒有及早存錢，所以現在希望多冒一些風險，採取比較積極的投資策略。另外，也有一些六十幾歲的人把絕大多數的資產都投入股票，希望取得我的認同。不過我絕不同意這麼做。理由是：我非常清楚股票是脆弱的，而且我的判斷也可能會出錯。讓我們回頭看看二〇〇〇年春天的情況。當時我感覺股票已經超漲，但如果我同意這些聽衆採取一系列不保守又不穩健的行動，繼續持有股票——尤其是那個年代的熱門股，而且如果這些聽衆又沒有及時賣出股票，那麼我就等於害他們被市場淘汰。沒有人知道何時會再發生二〇〇〇年春天的走勢，所以不能爲了要從股票上賺更多錢而動搖到你的判斷。長期投資以享受企業營運成長與股息收入的策略，只適合退休投資規劃。如果你需要用錢的時間愈逼近，就必須愈謹愼，這樣才不會在正好即將需要用錢之際，因股市的快速崩跌而賠上一生的積蓄。

不過，第二種需求——裁決型資金（和退休規劃無關，這是用來給自己「加薪」，以滿足其他需求的資金）的金額低多了。所以，這部分資產可以冒比較大的險。由於裁決型投資所冒的風險比較高，所以報酬也可能特別大。你可以（甚至一定要）把這類資金中的某部分拿去從事投機操作，尤其如果你只有二十幾歲，可以把這部分資金的五十%投入投機用途，接下來，每年長十歲，投機比重就降低十個百分點。不過，投機操作佔這類資金的比重不宜低於十%，因爲即使損失掉這些錢，也不會傷害到你的根本。這是唯一可以用來冒險的資金，你應該利用這筆資金去從事一些高風險但優質的操作，以獲取超額利潤，並設法從中致富。關於這部分資金，愛冒多少險就冒多少險，只要遵守後續章節所提出的規則，我就會認同你的投機作法。你可以把這些錢投資在風險最高的投機活動，但一定要先做足功課才行。我希望你利用這筆資金去投資一些小型的投機股，當然，必須遵照我的良性投機規則。我希望你能透過這部分資金賺取最肥美的報酬；不過，一般理財書籍都會告訴你，這種作法對理財有害無利。這些書籍的觀點完全錯誤，就像那些瞧不起阿特金博士減肥法的醫生，錯得離譜！我希望你趁年輕的時候多投資一些投機資產，因爲愈年輕才愈有投機的本錢！

把這兩種不同資金需求視爲同一種需求的人實在讓我很受不了（因爲兩者適用的投資規則不同）。誤把這兩種需求視爲同一種需求，將會導致你在退休投資計畫承擔過多風險，但裁決型投資又過於保守。所以，我希望你可以從本章的內容學會用兩種截然不同的心態來思考這兩種潛在財富的處理方式，同時，針對不同屬性的資金採取不同的投資行動。想利用退休資金來進行投機的人不可能獲得我的認同，尤其是年紀較長者；相對地，不利用裁決型資金進行投機（當然必須遵照我的投機規則）的人，也一樣犯了嚴重錯誤。事實上，我的這個觀點不過是基本常識。我讀過的每一本理財書全都不贊同投機，但我的想法完全相反。我希望你把投機當作一種正常的理財行爲，不過請務必遵守我的投機規則，因爲我的規則將讓投機變成一頭被馴服的猛獸，讓你獲取優渥的利潤，同時在它摧毀你辛苦累積的資金以前，適時停損出場。

## 克瑞莫的時間與意願法則

你應該自行管理你的401(k)帳戶嗎？你應該自己管理這些裁決型資金，或者交由其他人管理？

美國聯邦政府一直都把退休儲蓄列為優先施政目標，所以它推出了很多種讓人頭昏眼花的退休計畫專案，像是IRA和401(k)等計畫，讓人民可以自行掌控社會安全帳戶以外的儲蓄，更重要的是這些帳戶都是延稅的。由於這些專案具備延稅本質，所以重要性特別高。如果你還沒有IRA或401(k)帳戶，無論如何都應該盡快設立一個，善加利用這項能享受延稅投資複利效果的公民權力。不過，在設立這些帳戶時，必須考慮其中的投資選擇是否充足，該帳戶收取的手續費也不能過高。

自行掌控一部分儲蓄固然很好，但如果政府不給我們必要指示，告訴我們應該如何掌控這些儲蓄，沒有提出規則讓我們依循，且不提供適當訓練，後果將會很恐怖。透過IRA和401(k)的革新，政府讓我們有機會擔任自己的投資組合經理，不過我們卻從未受過「如何成為投資組合經理人」的教育訓練。我們花很多時間教導國中和高中孩子們許許多多不重要的知識，但卻完全沒教育他們如何「照料」自己的投資組合。看著我的孩子們閱讀與學習埃特魯斯坎語（Etruscans）、直角三角形斜邊或行星序列等，但卻完全未學習任何和股票、債券與投資組合有關的知識，實在讓我啞然失色，心急如焚。更糟的是，政府裡那些公務人員要我們仰賴金融服務產業的從業人員來幫我們做投資，但這些人最終卻反而害得我們受傷慘重。事實上，我認爲金融服務產業裡有很多人總是盡力設法讓我們摸不著頭緒，導致我們無法成爲有效率的客戶或投資組合經理，這樣人們就會愈依賴他們，他們就會賺更多錢。我每天都反覆對大眾灌輸這些觀念，我希望你可以讓我擔任你的教練，讓我告訴你如何成爲自己的投資組合經理，就算我沒辦法把你訓練成自己的投資組合經理，至少能把你訓練成一個更好的客戶。無論如何，爲了你自己，就算不成爲一個好的投資組合經理，也要成爲一個明智的客戶，你沒有別的選擇。現在，就讓我們來看你是屬於哪一種。

我習慣針對裁決型資金和退休資金分別建立一個投資組合，前者是一個分散投資的股票組合，當中也包含一些投機操作；後者則比較嚴謹，關於這部分，年輕時應該投資普通股，但隨著年紀漸長，則漸漸增加固定收益型商品的比重。

決定你是否有能力建立投資組合的因素是什麼？當有人打電話來請求我在管理或建立投資組合方面爲他提供協助時，我都會告訴他，除非他願意告訴我，他是否有時間且有意願自行用分散投資的方式管理自己的資金，否則我不會幫任何忙。我必須知道這兩者（時間與意願）的原因是，並非每個人都適合擔任投資組合經理，有些人也許是因爲沒有時間做功課，有些則是缺乏意願學習如何衡量不同企業的價值(因此無法找到適合投資的物超所值機會)。沒有時間或意願的人注定需要專業人士的幫忙。所以讓我們先探討和建立分散投資的投資組合有關的兩大重要變數——「時間」與「意願」,看看你適不適合做自己的投資組合經理人。

談到時間,我是指針對你的投資組合做功課的時間。我稍後將詳細介紹這些重要功課的內容。無論如何,我認爲至少每星期要花一個小時的時間來研究一檔股票,才能對該股票的情況瞭若指掌(我發現要充分掌握每一檔股票的所有公開資訊,就是需要這麼多時間,這是一個很簡略的估計,不過我計算過很多次,不管是知名或不知名的企業,都需要這樣的研究時間)。

而談到意願,我是指做功課的欲望。我認爲投資的基本原理非常簡單——你已經學會最困難的本益比計算方法——所以我有信心,你如果已經進展到本書的這個章節,一定有足夠的聰明才智可以應付這些功課。

有意願的人才可能繼續走下去,我經常說,投入股票的時間至少必須和投入你所支持的運動地主隊的時間一樣多,這樣才能持續掌握這些股票的情況。不過有時問題並不在時間,而是在於做這件事的欲望。如果你沒有這種自發性意願,就不可能每個星期花一個小時在每一檔持股上。所以,你必須想清楚自己對這件工作的熱愛程度是不是強到足以讓你堅持下去(如果你既沒有時間,也沒有意願,那麼你一定需要幫忙。我將在後續章節解釋如何取得協助，不要因為這樣就覺得厭煩或退縮。做好投資的方法有很多種！）。

現在，你也許有時間和意願，一個星期花幾個小時來分析你的投資標的。如果只持有一檔或兩檔股票就能致富，那當然沒什麼問題。不過，由於必須做到分散投資（第三個要點），所以如果一個星期只花兩個小時，應該無法建立好投資組合。分散投資是投資組合管理的基礎，我在每週三「吉姆・克瑞莫的賺錢之道」廣播節目裡，都會玩一個名為「我有分散投資嗎？」的遊戲，只要撥一—八〇〇—八六二—八六八六的電話號碼，我會要求你說出你的前五大持股。接下來，由你提出「我有分散投資嗎？」的問題，如果你真的做到分散投資，我會播放「哈利路亞」的音樂或一些有趣且紅極一時的音樂旋律，但如果你沒有做到分散投資，我則會播放一些用在**危險情境**的警報器音效。

我玩這個簡單遊戲的原因，在於「分散投資」是這整個行業唯一的免費午餐。記住，持有股票的過程很容易出錯，千萬不要忘記，基本上這些股票不過是幾張紙。如果我們在錯誤的市場買進錯誤的股票，這些紙很快就會快速貶值，變成衛生紙。

所以一定要分散投資。當市場上漲且所有產業都表現熱絡時，分散投資的作法會顯得有點尾大不掉，庸人自擾。畢竟晴天時誰會需要雨傘或雨衣？但是，一旦下雨或下暴風雨，或者遭遇二〇〇〇年到二〇〇三年間的颶風時，「分散投資」就會像防護罩一樣保衛著你的虛擬磚房（財富），不致因這些不利因素而瓦解。

分散投資也是一種武器，因爲如果我們不謹愼，企業的違法與犯罪行爲就會吞噬我們的投資，而分散投資就是對抗這種風險的武器。你知道「我有分散投資嗎？」遊戲的由來嗎？你知道爲什麼長久以來我依舊堅持每星期三都要玩這個遊戲嗎？記不記得恩隆「慘劇」發生後那些站在國會議堂上作證的人？他們表示自己把全部資產都投資在恩隆股票上，所有財富因此隨之化爲烏有，有些人甚至投資了幾百萬美元。他們去作證那一天，我正好在廣播節目裡談到，我非常同情這些經由401(k)和IRA帳戶持有恩隆股票，並因此而損失數十萬甚至數百萬美元的人。當時我太太——操作女神——恰巧聽到我的節目。她打電話進來狠狠訓了我一頓。她向我做了一番剖析。她說我怎麼可以同情那些原本坐擁幾百萬美元但又放任自己把錢「吐」還給市場的人？怎麼可以同情那些愚蠢到不做好分散投資，而且貪婪到不想把資產分散到不同投資標的的人？她認爲我的言論將會鼓勵其他人也採取相同的行爲。她認爲高級知識分子的怠惰和不瞭解分散投資的價值，讓那些人受到慘痛教訓，而我則應該以這些教訓爲例，讓投資大眾知道要避開這種心碎局面並不難。她非常不能諒解我一直強調沒及早抓到恩隆弊案是政府的錯。她說，我們之所以要分散投資，就是假設政府會搞砸而且不會保護人民。分散投資假設就算企業高級主管不掠奪他們自己的企業，至少也不會讓我們太好過。當她訓完以後，我想，老天，我最好安撫一下操作女神，因此我想辦法在節目上快速炒熱分散投資這個議題。於是，我們現在每週三都會玩這個「我有分散投資嗎？」遊戲。雖然這個遊戲看起來有點假，但其實效果不錯。

分散投資不僅是對抗企業高階詭計的最重要武器，也是用來避免因某單一企業或某單一產業狀況惡化而受傷害的唯一武器。我們承擔不起把過多資金投入任何一個領域的風險，因爲這樣一來，我們的財富可能因那個領域而化爲烏有。

我知道這聽起來有違一般人的直覺，爲什麼不把所有錢都投入最熱門的產業？爲什麼有人要把錢投入冷門且無法創造利益的地方？

不過，歷史已經告訴我們這種想法有多麼錯誤。我剛進入這個行業時，會引起我的注意的投資組合，一定是全部持有原油與天然氣企業的投資組合，因爲當時是一九八二年，想當初，每桶原油價格一度上看一百美元。但如果我當時沒有適度分散投資，把一部分資金投入比較不那麼熱門的領域，不久之後，我的投資組合有可能會受傷慘重，因爲後來原油價格一度下跌到逼近一桶十美元。同樣的，在一九八〇年代中期，最熱門的莫過於食品類股。當時，食品業的大幅重整加上食品業開始積極邁向全球化，使得該產業成爲熱門產業。通用食品（General Foods）、貝納斯克可口公司（Kraft）和貝氏堡公司（Pillsbury）等股票都大漲。這些股票並沒有因日本人大舉入侵美國製造業而受到衝擊。當時沒有人要吃三菱番茄醬，於是，這些食品股變成唯一安全的選擇，因爲這些企業不受日本人大舉破壞美國製造業基礎的影響。天啊！當時人們的投資組合眞像是塞夫威（Safeway）或亞博森超市的第二到第七走道（專賣食品的走道），這些投資組合以爲食品產業將永遠維持成長。當然，到一九九〇年代，食品股開始停滯。現在，如果以複利的方式計算報酬率，過去二十年來，這些股票的表現已經是落後的了。由於這些食品企業的成長率非常低，所以現在幾乎不適合投資。目前唯有涉及購併議題的食品股才值得投資，但這卻不是一個理想的投資策略，因爲過去十到二十年間，曾妄想藉由康寶濃湯（Campbell）或漢斯（Heinz）公司收購案獲利的人都受傷慘重，但投資其他股票的人不但獲得優渥的資本利得，也收到豐厚的股息。

當然，過去十年來，每個人都只想投資科技股，不過，只投資一九九〇年代最優秀的電子四強或五強的投資組合，目前也都明顯縮水。持有這些股票就好比眼睜睜看著油漆剝落一般。另外，從科技股避走製藥類股的人也可能慘遭淘汰，因爲美國後來允許自加拿大進口藥品。每一個時代的每一類股都可能會面臨被滅絕的命運。所以，我們必須把資金分散到不同的領域。

雖然「不要投資過多比重到熱門產業」的觀點有違一般人的直覺，不過這是因爲我們實在太瞭解「集中投資」的風險。舉個例子，我們會接受一個只有上等腰肉牛排、丁骨牛排、雞肉和上腰肉的減肥餐嗎？我們會喜歡一份由麵包、蛋糕、義大利麵和橘子所組成的減肥餐嗎？當然不會。我們都知道這些食物有多不健康。股票投資也是一樣的道理，我們永遠都需要一組考量「平衡投資」的股票。

不過，很多人並不眞正理解分散投資觀念。很多人打電話給我，告訴我：「吉姆，我持有思科、戴爾（Dell）、英特爾、微軟和易安信公司（EMC）的股票，我是否有做到分散投資？」我會反問他們，是不是認眞的，而他們也會認眞的回答我，他們認爲自己有做到分散投資，因爲他們持有一檔網路股、一檔個人電腦製造商、一個半導體公司、一個軟體公司和一個儲存媒體公司。天！這些股票之間的關係就好像膝蓋骨、脛骨、踝關節骨和足骨，饒了我吧！這些股票的波動都是同向的！

如果你只持有一種股票——科技股，那麼當某一天那斯達克（裡面有很多科技股）上漲二%，你會覺得自己健步如飛；但如果那斯達克下跌，情況就不一樣了，你將會覺得舉步維艱，不再健步如飛。如果你不瞭解這些公司之間的差異、不知道這些公司的業務，那麼你就沒有時間和意願做好必要的功課，此時你必須把資金移轉給「專業人士」代管。我把專業人士這四個字用引號標注起來，原因是我認爲「專業人士」在這個領域的修爲不見得比你厲害。事實上，他們外行的成立與管理基金，對外宣稱基金有分散投資，但事實上分散投資的程度不會比我剛剛提到的那個科技股投資組合好多少。他們到處宣揚分散投資的抗跌力量，但事實上他們並非眞正分散投資，其實他們持股的波動都高度相關，這些股票的關係就好像用超級膠一樣，全都黏在一起。他們當然知道自己有這個瑕疵，但是，如果能創造一到兩季的優異績效，他們的行銷部門就有足夠的空間和時間，趁著基金的狀況還不錯時，騙你去投資他們的基金。請注意，投資組合經理人的薪酬是以基金規模爲基礎，而不是以基金損益爲基礎。

要持有多少股票才算是分散投資呢？我認爲至少要持有五檔股票才能達到眞正分散風險的目的，免於受到不良事件的衝擊。如果能持有十檔以上股票，那就最好了，這樣已算達到眞正分散投資，不過，如果要做到這般境界，還是必須符合我先前詳述的時間與意願條件。更重要的是，如果你的持股超過十五檔，就好像在管理你自己的共同基金，很多打電話到電台或寄電子郵件到大街網站給我的人，都持有這麼多股票。如果你的投資組合也有那麼多股票，而且你堅持要持有十五檔以上股票，那最好把錢交給共同基金界。不過，除非你選擇消極管理型基金（例如指數型基金，這種基金的經理人不能依照自己的決定來操作基金。這類基金的費用比較低，但其實高收費基金經理人的操作方式也和指數型基金差異不大），否則成本、手續費等都會非常高。

以退休資金來說，我不建議投資投機股，但對於裁決型資金而言，五檔股票裡可以有一檔投機股。如果是二十幾歲或三十出頭的人，投機股甚至可以有二到三檔，因爲即使投資失敗，你還有很多時間可以把錢賺回來。

## 要有多少錢才能開始？

投資組合最好至少要有五檔股票才能享受分散投資的利益，但如果你的錢低於二千五百美元，要如何建立一個分散投資的股票投資組合？如果總金額只有二千五百美元，每檔股票可分配的資金就只有五百美元，在這種情況下，根本不可能買到任何價格高於十美元的好股票。這樣可就不妙了。我可不能接受你投資五檔高度投機的低價股。資金這麼少，但卻又要買足股票，唯一的方法就是投資指數型基金，像是蜘蛛基金（表徵標準普爾五百指數的基金）等交易所指數基金，或是一般的共同基金。如果你的錢眞的那麼少，那麼你最好直接跳到第七章，我會在那一章分析適合你的方法。當然，即使你的錢不到二千五百美元，一樣可以持有股票，只不過這樣無法做到分散投資，無論如何我還是必須強調，一個適當的投資組合至少必須持有四檔績優股和一檔投機股（總有一天，當你的可投資金額達到二千五百美元後，就可以建立屬於你自己的投資組合）。

但如果你的資金超過二千五百美元，就可以輕鬆建立一個分散的投資組合，並利用這種投資組合獲取優渥的長期利潤。我認爲五百美元已經足以投資任何一檔股票（一共投資五檔，總投資金額二千五百美元），當然，以後你必須再投入新資金到這些部位上。

接下來的問題是，要如何建立投資組合？你必須找出上漲潛力較大且穩定性較高的股票。當然，我會告訴你要做哪些功課才能找到這類股票，並從這些股票獲利。記住，獲利的關鍵是買進與勤做功課，而不是買進並長期持有。此外，你必須買在正確的價格，當然，我也會詳細說明如何買在正確的價格，如何才能正確的買進股票，並在情況出現不利變化時適時賣出。你必須能時時掌握投資組合的情況，並正確予以修訂，同時選擇適當的新部位，這些都是整個流程的根本，而我也熱愛向他人傳授這些技巧。我承諾我一定會讓你學會我的方法，你也一定會和我一樣樂在其中。所以不要因爲現在覺得自己沒有時間和意願而失去希望。我相信我的方法很有趣，也一定會讓人折服，應該會讓你捨得放棄一場運動賽事或電視節目、電影的時間，專注在致富（爲自己加薪）的議題上。相信我，世界上沒有什麼比這件事更值得去做。

最近有一些學術研究顯示，共同基金可能過於分散投資。密西根大學的兩位教授最近接受《紐約時報》訪問，他們研究了一些投資分散度比一般基金更高的基金，結果發現這些基金的績效比持股較集中的基金的績效差。於是，這兩位教授否定了「分散投資較爲理想」的舊觀點。事實上，沒錯，如果你是個積極的專業基金經理人，就有可能流於過度分散投資。不過如果是管理自己的基金，這個問題就不是很重要的考量。我們必須多持有幾檔股票，才能達到分散投資的目標，因爲這樣可以避免只持有一檔會傷害到整個投資組合的爛股票。當然，我們也不希望過度分散投資，把自己的投資組合搞得像共同基金。所以，即使你對股票興致勃勃，投資組合最多也只能持有十到十二檔股票，因爲過度「分散投資」幾乎絕對不會有好結果。

## 有哪些「功課」要做？

我說過，我們不再認同「買進並長期持有」那一套，我們現在相信的是「買進且勤做功課」法，而功課究竟代表什麼意思？對於「每星期花一個小時在一檔持股上」的主張，人們最常問的問題就是「有哪些功課要做？」這個問題。要尋找什麼標的？需要瞭解哪些要素？可以找到哪些訊息？有可能做好功課嗎？做功課就保證會成功嗎？

首先，公平揭露規則（Regulation FD，一個對一般人有利、但對我這種全職專業人員不利的規定）通過後，一切訊息都轉趨透明化，非企業內部的每個人都能取得一個企業的所有資訊。另外，坦白說，要做出正確的決定，這些資訊都是必要的。當然，你不可能取得所有你想要的資訊，不過這些公開資訊就已經很足夠了。

我剛進入這個行業時，每次都要花極多的時間才能找到企業的最新資訊。我以前都要到曼哈頓市中心的圖書館去閱讀過時的企業季度財報微縮影片，其實這些季報都已公告兩季之久。當時，除非有錢到足以成爲主要金融機構的客戶，否則根本無法取得企業的研究報告。儘管我非常想致富，但我所面臨的卻是一種很惡性的兩難情境：只有有錢人才知道哪些企業值得買！

但現在一切都已經轉變。投資人可以經由證管會（SEC）的網站，即時免費下載企業的每一季季報。另外，幾乎每一個研究機構都會把他們的研究報告張貼在網路上，有時候是貼在他們的網站，有時候則是經由Multex網站，它是路透社（Reuters）旗下的一個公司。現在你隨時都能取得公開的文件和研究資料，所以，再也沒有任何藉口了。

以前我一天起碼要閱讀高達二十份的地方報紙，才有辦法持續掌握持股的最新發展。我每天都必須仔細閱讀每一個商業版，看看上面是否有出現我的持股訊息。但現在只要上谷歌（Google）、雅虎或Factiva網站，就可以馬上免費或以極低的代價取得所有相關的文章。另外，只要上美國所有地方性報紙的網站就可以找到企業的資料；以前除非訂閱這些報紙，否則根本無法取得這些資料。而這項資料堪稱最重要的資料，因爲最好的投資機會就是地方性企業。要投資地方性企業（或至少類似地方性投資）最好是看地方性的報紙怎麼報導這些公司，地方性報紙可以創造最高的資訊優勢。

我剛進入這一行時，是爲有錢人的家庭和小型機構管理資金。在以前，如果你付出的佣金也和我一樣多，可能也可以參加一些企業經營說明會，從這些說明會當中，將可以獲得許多不爲人知的重要見解。不過，現在這種不對外公開的會議已經不再合法，所有討論企業重要議題的會議都必須進行網路廣播，這當然也是免費的。所以，你不可能知道一些我所不知道的事，一旦有這種情況就是違法。

此外，我以前經常打電話給企業經營團隊，和高階主管討論他們公司的營運情況。我想你應該從沒做過這種事；我現在依然可以打電話到這些公司，只不過經營階層不能再接我的電話，否則就會被罰款或被起訴，因爲向我透露一些未對大眾揭露的事是違法的。也就是說，不能有差別待遇，讓某些人擁有一些其他人所不知道的內線。

最後，以前企業在提報營運成果時，都習慣會對某些挑選過的機構和股東舉辦電話會議，向他們簡報公司過去一季的業務情況與預測未來的營運。現在他們還是會舉辦這種電話會議，不過任何人都有權參加這個會議，換言之，企業再也不能舉辦以前那種密室會議了。

這當然是好的發展，但其實有一點不好，因爲這樣一來，你就必須親自研讀每一份報告——從季報到年報；另外，你也必須自行閱讀每一篇重要的文章，聽取每一場電話會議，並仔細閱讀分析師的報告。這些是最基本的功課。這些電話會議可能長達一個半小時，但會議中卻能找到最棒的資訊。買進股票**以前**，請一定要先聽取這些會議內容，只不過，我從未聽到有任何散戶會在買進股票以前，先聽兩、三場這種電話會議。像我個人絕不會在聽取會議內容以前買進股票，因爲這些會議的內容實在太重要了。

我知道這些要求對你來說也許太高，但請想想，如果是買車或買房子，你應該會先做許多研究再出手，股票也是很重要的投資。以上所有功課都可以透過網路完成，所以你已經沒有藉口推託了。

你要尋找什麼訊息？從電話會議中，你能體察到一些你原本不知道的蛛絲馬跡嗎？透過企業的電話會議，你將瞭解企業的營運情況，並從中瞭解公司的體質。當企業提報財報時，你必須從中尋找一些線索，釐清公司以銷售額（也就是營收）為基準的成長情形和公司的獲利能力——也就是每股盈餘。如果你所投資的企業是一個成立不久的公司，那麼就必須察看它的營收是否快速成長；如果是老牌公司，則應觀察它是否能順利把營收成長轉化為盈餘，並進一步將盈餘轉化為股息。老牌企業必須盡可能多創造一些現金（現金流量）來回饋股東。有些企業是以買回股票的方式，有些則是發放股息。由於目前股息所得稅很低，所以你特別應該尋找目前或將來會配發優渥股息的股票。

要如何分辨一個企業的營運好轉程度或盈餘成長速度是否超過預期？營收成長率固然重要，但有一個稱為「毛利率」的東西也很重要，毛利率是指每一筆銷售額可以創造的利潤。我知道你可能難以理解這個話題，所以我要教你用一個最簡單的方法來看待它——就把它想成超市購物的經驗。如果你買了一罐標價一．四美元的全白青花鮪魚罐頭，而店家當初買這個罐頭的成本是一．四美元，那麼這個店家根本不賺錢。如果它是用一美元買進這個罐頭，再以一．四美元賣出，那麼店家的獲利就很可觀了。但如果這個超市為了把這個商品賣給你而花了很多錢在人力、廠房、設備和廣告費用，那麼它還是有可能虧本，因為如果沒有賣出足夠的數量，它就不賺錢。如果一個企業擁有制訂產品價格的主控權，它的利潤率就會比較高。但又是什麼因素決定企業定價能力呢？答案是競爭情況、商品製造或採購成本，以及一般營運費用等。

有些企業的競爭者少，所以屬高利潤率行業。舉個例子，除了蘋果電腦（Apple Computer）以外，微軟的視窗作業系統並沒有太多競爭者，所以每一套視窗產品都讓微軟賺進大把銀子。事實上，由於它的獲利過高，所以政府已經宣示該公司爲獨佔企業，而且試著要分解這個企業的業務。另外，英特爾的每顆微處理器也都能爲該公司賺進許多利潤，每一顆奔騰（Pentium）晶片的銷售額中，有六十%是獲利。當然，這都是因爲競爭者稀少的緣故。另外，基本上，公用事業並沒有眞正的競爭，不過成長性也比較差。有線電視公司原本就具獨佔性，但這種獨佔性將因各種不同的節目傳送方法（例如衛星小耳朵）而消失，一旦獨佔性因上述因素消失，毛利率和獲利能力都會受到衝擊。然而，有些行業如超級市場的競爭壓力非常沈重，利潤率也很低。其他行業如基本原料行業在產品供給量不足時，利潤率就非常豐厚，因爲此時整個行業沒有足夠的廠房可以生產足夠的產品；但當整個產業建造過多廠房時，企業的利潤率將會明顯降低。另外，其他行業如製藥業在新藥專利保護期間的十七年內的利潤相當可觀，可是一旦專利期間結束，這項產品對公司就幾乎沒有任何價值了。有些行業在全球經濟景氣擴張時，利潤率相當豐厚，這些就是所謂的「景氣循環」行業。有些行業如農業、道路建築業、國防支出業或飛機建造業，在它們自己的產業循環好轉時，利潤率就會明顯好轉。另外，有些產業無論全球經濟景氣榮枯都有利可圖，那就是所謂的「防禦型」成長股，這些產業的營運和經濟循環無關。舉個例子，不管經濟榮枯，人們都會使用多芬香皂、喝可口可樂，另外，除非負擔不起藥品的費用，否則也不可能生病不吃藥，而且大多數已開發國家都不會讓「沒錢吃藥」的情況發生。從以上內容可見，選擇「防禦型」或「景氣循環型」股票的決策，將對投資成果的良窳產生關鍵性影響，如果你掌握到正確的換股時機，適時在防禦型成長股和景氣循環股之間進行換股，績效將會非常優異。

每一種行業都會有一個或一系列指標可用來衡量產業表現情況。舉個例子，以有線電視產業來說，衡量指標是每個訂戶所代表的企業價值。旅館業的指標是每個房間的平均營業收入，航空業的指標是每個座位的平均營業收入，而如果要衡量零售業的營運情況，最好的指標應該是同店銷售額，這個指標是比較同一家商店去年與今年的業務情形，餐廳也適用相同的指標。以上這些指標都是衡量成長率的好方法，因爲總營收可能因新店開張，有新增營業收入而獲得提升。以科技業來說，衡量指標是每項已售出產品的毛利率，而金融業則是淨利差，淨利差是指銀行、保險公司或存放款公司的資產當中，每一塊錢賺多少錢。

如果你計畫購買某個行業的股票，必須先找出眞正重要的指標，只要多讀一些研究報告，應該就會知道哪些指標對哪些產業是重要的。這樣，你就會知道如何衡量標的公司。如果你未能瞭解一個行業的衡量指標所代表的意義，代表你沒有做足功課，當然不應該貿然進場買股票。此時，你應該回頭多做一點功課，直到瞭解爲止。如果你還是不懂，不是你不夠瞭解整個研究過程，就是你選擇了一個太難懂的行業，一旦如此，當市場走勢不利於你時，你將難以採取適當的行動，絕對會這樣！

接下來，讓我們回到美泰克和惠而浦的例子上。若要計算營收和營收成長率，只要把美泰克售出的洗衣機和乾衣機數量乘以每單位的售價即可，簡單極了。由於銷售洗衣機和乾衣機沒有什麼訣竅，所以一定會有人認定除非美泰克發明一些全新的產品，否則該公司的業務將一直極端仰賴消費者的經濟情況（順帶一提，我指的是全新且引人注目的產品。美泰克最近開始推出一些家庭碳酸飲料和啤酒製造機、自動販賣機等，這些新販賣機是原有販賣機品牌的延伸，非常棒，不過如果該公司想要推升它的本益比，可能必須把目前業務推升十倍）。美泰克的營運明顯受到全球經濟循環的影響，而如果該公司希望提升獲利能力，就必須找到一個能降低洗衣機和乾衣機製造成本的方法，因爲家電行業的競爭實在太過劇烈了，所以它不可能提高售價。美泰克處於所謂的景氣循環行業，原因是當經濟景氣上升，該公司的業務就會好轉。相對的，製藥業成長與否則和經濟循環無關，我們稱這種股票爲防禦型成長股，這些公司的成長取決於公司本身的產品。最簡單的思考方式就是把這些企業看作你想買或不想買的產品。簡單說，你不可能因爲藥品太貴就不吃藥，不過，如果你目前的經濟情況不理想，卻可以暫時不買新洗衣機或乾衣機。美國全國三億人口都是這樣想的，這就是我們賦予製藥股高本益比，但洗衣機與乾衣機公司低本益比的原因，因爲製藥公司的成長性比較好，藥品需求不能遞延，但家電需求卻可以。另外，製藥業比較能免於競爭的傷害，但家電業的競爭卻異常激烈。所以，唯有家電業公司的本益比相對未來的成長情況出現異常情況，讓投資者能因消費者和經濟興衰交替循環而獲得足夠的補貼，否則投資者就不會買這些家電公司股票。

記住，做功課就是要衡量企業的營運情況，也就是：公司的營運表現相對其他同業以及所有標準普爾五百成分股究竟是好還是壞。雖然可衡量的因素有很多，但主要的任務是要瞭解標的公司是否成長得比一般企業快。一旦衡量出某個企業的成長速度後（你可以從企業公開文件裡的經營階層意見和分析，或甚至透過雅虎網站、大街網站或其他網站輕易找到這些資訊），必須再就這個企業的成長率和標準普爾五百成分股的平均成長率做個比較。接下來，必須比較這個企業的本益比和其他企業的平均本益比孰高孰低。當然，如果一個企業的營收和盈餘成長率超過標準普爾五百成分股的平均成長率，但本益比卻低於平均本益比，代表這檔股票的確物超所值。但如果一檔股票的本益比其他企業的平均本益比高，但成長率低於平均值，代表這檔股票的價格過高。對於後者，我絕對敬謝不敏，而屬於前者的企業則會讓我著迷不已。

你應該會問：如果每個人都是這樣算計的，那市場上怎麼可能存在物超所值的機會？股票不是像學術界人士所堅持的，是反映未來的完美指標嗎？另外，你應該也會好奇，要如何比像我這樣的專家更精通這個領域呢？

首先，市場當然比較關心企業的未來成長率，非過去的成長率，而要推測未來的成長率，就必須擁有絕大多數人所沒有的眼光（別擔心，我將會告訴你一些專屬於我的訣竅，告訴你如何早其他人好幾年掌握到企業未來的成長能力）。

第二，市場上隨時都會出現各種賣壓，讓你隨時有機會用較低成本買進一些相對高成長率公司的股票。換句話說，如果你有耐性，願意耐心等待對手（指目標企業的股票）實力減弱與東風的自動相助，就能用遠比預期中更低的價格買到股票，而這正是優質資金管理的關鍵，不管是由專家或你自己管理皆然。在建立投資組合時，最明智的方法可能就是耐心等待一個企業的股價，因市場賣壓而從高點跌到低點後再進場。同樣的，當市場將你的持股價格從低點推升到高點時，你應該適當削減持股，將來股票回跌（這是無可避免的宿命）後，才有資金買進更多的股票。

## 衡量企業成長性以前，先確定它是否具備永續生存能力

當然，如果我們只需要關心盈餘和營收的成長率，事情就會單純很多，不過，我們也必須確定自己所買的企業是否擁有良好的財務體質。在我的廣播節目當中，我每小時都會提到

十幾次有關企業資產負債表的話題。我喜歡沒有負債的企業，當然，我也會迴避高負債的企業。如果企業的負債過高，一旦營運遇上麻煩，就可能無力還款。而一旦企業無力還款，債權人（包括債券持有人和銀行）就會接手股權。我很難過的一件事是，很多人都不瞭解光看資產負債表的權益欄（也就是股數乘以股價）根本無法瞭解企業的全貌，一定還要考量負債問題，如果光看股價乘以總發行股數的金額，你可能會覺得諸如露華濃（Revlon）、北電或朗訊等企業實在便宜到有點不可思議；但如果把負債考慮進去，這些企業恐怕就不像想像中那麼便宜了。負債問題確實是非常重要的考量，因爲負債可能會導致一個你心目中的「健康」企業停擺（如果你買這些股票，那就更糟了！）。不過，我一個星期都會接到數十通來自世界通訊或 Kmart 股票投資人的電話，這些投資人到破產前都還認爲自己有權拿回些什麼利益，他們根本不瞭解自己的處境遠比債券持有人差多了。

不要被這個問題弄昏頭，這個問題其實比你所想像的簡單。如果你一年的收入是四萬美元，但一年要支付四萬美元的信用卡與房貸款，那麼你一定知道，除非你宣告破產，否則根本解決不了問題。企業也一樣，企業每季都必須呈報資產負債表，讓外界知道他們賺的錢是否足夠支付利息支出。另外，企業在舉辦電話會議時，也會把資產負債表張貼在網路或其他容易讓大眾取得的位置，讓大眾有辦法判斷該公司是否有足夠收入支應利息支出。

當然，有些行業因日常營運的緣故，向來都維持高舉債狀態。零售商會在第四季設法提高舉債金額，目的是爲了準備大量商品來供應耶誕節銷售。另外，航空公司也會大量舉債來購買飛機，有線電視公司則借很多錢來建構有線系統。

事實上，只要企業賺的錢足夠償還負債，那麼這些舉債行爲都是可以接受的。我認爲自己是個極端保守的投資人，所以我很少持有高負債企業的股票。我喜歡負債低一點的企業，原因不言可喻：投資在沒有負債或財務槓桿較合理的企業比較不會虧錢，因爲無論企業是以銀行債務或發行債券的方式舉債，它的擔保品就是「你」！——你的股票，也就是代表企業所有權的股票。這些債券惡霸不但會吸光你的所有權權益，更會在情況惡化之際接手你的公司。也因如此，做功課時一定要非常謹慎。一定不要投資一些可能被債券惡霸接收的企業，因爲這些惡霸依法有權在企業破產時接手。我知道這聽起來是非常根本的觀念，但是當經濟情況惡化時，很多打電話進來廣播節目的人根本就不知道自己的股票可能變得一文不值，當企業的所有權從普通股股東手上轉移到債券持有人和銀行手上時，這些持股就已經形同不存在。

我們念高中和大學時都沒有修過企業財務學，所以，根本就不懂企業資本結構。幸好我們知道什麼是房貸和信用卡。我相信，如果你是個銀行從業人員，應該會知道有時候一個沒有良好收入的負債者，也有可能被房貸部門和萬事達卡視爲值得冒險（放款或發卡）的對象。不過由於這種機率不高，所以你通常可能會基於風險考量而略過這個機會，股票也一樣。我確定我的方法（著重在一些低負債企業）將會帶領你找到一些絕佳的好機會，一些讓你不買會後悔莫及的好股票。不過，除非你願意接受「高負債企業完全是投機標的，只能當作投資組合裡的投機部位」的觀念，否則我建議你不要碰這些投資標的。誠如我經常在「吉姆・克瑞莫的賺錢之道」節目上所說，只要一檔眞正的爛股票，一個致命的情境，就足以毀掉你在好股票上賺到的所有利潤。還有，相信我，這場遊戲不可能倒帶（我以前在高盛工作時的主管理查・曼雪〔Richard Menschel〕也經常如此告誡我），你不可能說：「如果我沒有抱世界通訊，今年就會過個好年」或「如果沒有買恩隆，我們就會賺大錢」。曼雪一直灌輸一個觀念給我：不要讓一些爛投資破壞掉一個分散投資的投資組合的優異表現。如果一個企業的負債過高，這些負債幾乎一定會先對公司造成傷害，不會讓你有機會經由投資股票的方式從這個公司獲得利益。所以，請規避資產負債表不良的企業，這樣，就不會遭逢和其他投資人相同的厄運。沒錯，十個高負債企業裡也許會有一個能擺脫負債泥淖，但錯失這個機會並不足惜。

實質上來說，做功課的理由有兩個，一個是爲攻擊，一個是爲防禦。攻擊部分是爲找出有能力創造高於市場預期的盈餘成長率，但股價卻低於當下市場本益比的企業。也就是說，**你必須在其他人未察覺的情況下，設法先發掘企業尚未被察覺的價值**。另外，也必須設法瞭解其他人是否已經知道你的持股的眞正「價值」，並釐淸相對市場上其他股票而言，這檔股票的價值是否已經完全反映在價格上。至於防禦部分則是要盡量掌握企業的情況，看看企業是否已經落後整個隊伍，開始被迫將負債提高到公司根本無力負擔的程度。有做功課的人將能清楚掌握這些問題，不過，堅持買進且長期持有的人卻無法理解這一點。所以，一定要密切察看企業是否出現過度舉債的情況，以免不良持股破壞了投資組合裡其他良好持股的貢獻。記住，想把小錢變成大錢，一定要同時注意攻擊面與防禦面。

在跳脫功課這個概念以前，我必須再告訴你哪些工作不能算是功課。觀察股價線圖（顯現股價走勢的圖例）不能算是做功課。線圖無法讓你知道任何事。有些人認爲技術線圖是取得所有投資想法的唯一來源，從線圖可以預見股價的後續走勢。這種想法荒謬至極，而我的前車之鑑也可以供你參考：我曾基於線圖型態認定某些公司的股價將下跌而去放空，但最後卻因這些標的公司被收購而受傷慘重，最後慘遭淘汰出場。對投資來說，技術線圖根本不值得一提，事實上，我甚至敢斷言，線圖幾乎沒有任何意義。線圖絕對不能作爲買進股票的依據，絕對不行。千萬不要誤以爲光是看一張線圖就算做過功課，沒有這回事！

同樣的，券商經常宣稱他們握有一些能讓你取得優勢的專利「工具」，但在實務投資領域裡，這些工具根本沒有任何意義。如果你看到某個券商大打廣告宣稱這些「工具」能幫你選股，應該馬上跑（不是用走的，那太慢了）到另一家券商。天底下沒有任何工具可以幫你決定買賣標的，唯有努力工作和研究才有用，相形之下，這些「工具」一定非常遜色。這些券商之所以不斷推銷所謂的選股工具，主要在於他們根本無法提供任何有價值的實質研究，但爲了引誘你和他們往來，只好自吹自擂地宣稱他們擁有你所不知的專長。

另外，也不要過於崇拜華爾街的研究結果。我已經強調很多次，我這一生當中獲利最優渥的幾次經驗，都是和華爾街唱反調。不過，華爾街倒是有一件事做得非常好——編撰各個產業的入門書，讓我們瞭解該使用哪些指標來評估各個產業。我在買進新產業的股票前，一定會盡可能找出所有券商曾寫過的產業入門書，無論是奈米技術、製衣或餐廳產業都一樣。我需要一些標竿來作爲決策參考，你當然也一樣。你可以利用雅虎財經網（Yahoo!Finance）和大街網站找到這些資訊。

一旦決定把投資組合（不管是退休或裁決型資金）的焦點集中在某一檔股票後，就必須在心裡設想這檔股票的風險／報酬情況，也必須利用先前介紹的本益比指標來判斷市場對這檔股票的評價。風險／報酬分析是專家們進行短期選股的依據，所以我希望你能瞭解這個分析背後的動機。風險評估就是評估潛在的不利結果，報酬評估則是評估潛在的有利結果；不利結果和有利結果是由兩組不同的買賣方所造成，如果你希望正確完成這項分析，就必須先對這些買賣方有一些認識。底部是由重視價值的人所創造，而頭部則是由重視成長的人所形成。幸好我天生就像是變色龍一樣，而且我天生就不願意故步自封，總是保持彈性，所以我非常瞭解這兩方人馬——也就是重視價值和重視成長的人，而且我還知道導致這兩方輸贏的因素是什麼。很多人喜歡打電話到我的廣播節目，問我怎麼判斷個股的風險與報酬情況。我告訴他們，我喜歡思考價值型投資人可能在什麼價格水準開始進場買一檔股票（此時成長型投資人已經完全放棄這一檔股票），以及成長型投資人會在什麼水準開始賣出一檔股票（因為股票的成長性逐漸走弱，或不再能創造令成長型投資人滿意的誘人成長水準）。

我在廣播節目中把這一點濃縮成類似「三上五下或十上三下」的說法，這是因為我喜歡在買進股票以前，先釐清潛在的有利與不利結果，這樣才能知道自己是否能忍受這些潛在結果所帶來的痛苦。不過，我要詳細說明我在現實生活中如何判斷風險／報酬情況，這樣你就可以學會我的方法。

最近有一個名叫包伯的人打電話到我的節目，他問我比較喜歡萊德公司（Rite Aid）或華格林（Walgreens）。我一聽就知道他非常希望我向他推薦萊德，因為它比較低價，所以當然比較吸引人，這是人的通病。萊德的股價是五．三一美元，而華格林則大約要三十美元。

我告訴他，我不能給任何答案，不過，我在心裡計算了一下這兩檔股票的可能上檔與下檔空間，馬上就歸納出華格林是兩者當中較便宜且風險較低者，就長期投資來說，它是比較好的標的。

我的計算方法是這樣的：首先，我看了這兩個企業的長期成長率，我用的是之前比較惠而浦和美泰克公司的方法。華格林的盈餘成長率是十五％，而萊德的盈餘成長率是十二．五％。華格林的盈餘成長率較高。不過在計算兩者的本益比之後（記得我們曾討論過，要如何分辨何者貴、何者便宜，並非直接以萊德的市價五美元和華格林的市價三十美元相比），我發現萊德的本益比是四十倍，而華格林的本益比僅二十五倍。由於華格林的盈餘成長率比萊德高二十個百分點，所以，我覺得沒有道理用「高十五個倍數」的價格買進萊德，很多掌握大資金的人也會覺得這沒有道理，而這些掌握大筆資金的人正是掌控股票邊際價格的人。另一方面，創造股價上檔空間的成長型買家將不會讓萊德的股票漲更多；事實上，成長型投資人應該願意以超過二十五倍本益比的價格來買進華格林持續穩定成長的特質，因為市面上很多長期穩定成長的公司的股票本益比都高達四十倍，尤其是當其他公司都無法順利穩定成長的時候（四十倍是有紀律的成長型投資人能接受的最高本益比上限。當然，市場上永遠都有人願意以任何價格買進任何股票，我稍後將會談談如何和這些人對作。不過，現在我們要談的是傳統的風險／報酬關係）。由於估計華格林能賺一．三美元，而且我認為這檔股票的本益比上限為四十倍，也就是約當每股五十二美元，如果以包伯打電話給我時的三十美元計算，該股票還有七十%的上漲潛力。

現在，讓我們來看看萊德的上漲潛力，這檔股票目前的價格，已經達到紀律嚴謹的成長型投資人所願接受的最高本益比：四十倍，所以我認為這檔股票的報酬大概已達到上限，對成長型的投資人來說，其股價已經完全反映實際價值，所以不會有獲利空間。

計算過成長型投資人心中所認同的上漲潛力後，接下來，就必須從價值型投資人的角度來考量下跌風險。我經常提到一個觀念，大多數的市場玩家都關心成長性，不過還是有少數一群人喜歡買進股價大約接近企業實際業務價值的股票，這些人也都是訓練有素的投資者，也就是所謂的價值型投資人，他們堪稱潛在的彈簧墊，至少可以扮演安全網的角色；當股票似乎已完全失去希望的情況下，這些人會進場建構一個底部，賭公司未來將上升，因爲他們猜測這檔股票的發行公司將會有一些好轉，例如被收購或營運有轉機，而對你來說，關鍵在於是否以很便宜的價格買進這些股票。

這些買家重視的是一些抽象的價值，例如企業帳面或重置價值，也就是其他企業取得同產業相似企業所願意支付的代價。由於華格林是美國境內最大的藥局，所以不可能被收購；那麼，華格林的價值型投資人希望等到某一天該公司遭到打擊時再進場，這種打擊也許是短期的不利因素，如某個月銷售額數字不如預期、耶誕買氣不振或整個大盤下跌等。一旦這種時機到來，他們就有機會用物超所值的價格買到這檔優質成長股，所謂物超所值是指股價低於長期成長潛力。這些人會這樣想：「華格林的成長率是十五%，如果我能用比該成長率稍微高一點的本益比買進該股（目前的本益比顯得有點高），就可以耐心等待成長型股票投資人慢慢察覺他們錯失一檔好股票，屆時，他們將會加入買股行列，再度把股價推升上來。」

當然，我認爲華格林的每股盈餘將是一．三美元，我也知道價值型投資人將提早出手，在股價下跌期間就陸續進場。我認爲價值型投資人將在本益比十七倍左右的價格介入，也就是每股股價大約二十二美元時。這就等於華格林必須比目前價格低八美元左右，以變動百分比來看，這個數字相當大，眞正重要的正是下跌百分比，也就是說，在這些緩衝買盤進場以前，該股票預計還有大約二十五%的跌幅。

而萊德呢？價值型投資人會在何時介入，促使該公司止跌呢？由於我預估該公司的每股盈餘約〇・二六美元，價值型投資人將在略高於其成長率（約十二・五%）的本益比開始介入，用我計算華格林的方法來估算，這類買家將在本益比十四倍左右介入，也就是約當每股股價三・六四美元。

現在，讓我們重新檢視箇中的風險／報酬關係：我認爲華格林的上檔空間有二十二美元，下檔空間有八美元，風險／報酬關係非常有利；但我認爲萊德不但沒有任何上檔空間，卻有大約一・五美元的下檔空間，它的風險／報酬關係根本比不上華格林。

等一下！還有更糟的。到目前爲止，我們只看資產負債表的權益端。接下來，我要再分析華格林和萊德的資產負債表。唯有分析過資產負債表，才能確定債券惡霸是不是有可能越俎代庖。資產負債表分析的關鍵，就是要瞭解企業每年要針對現有的抵押貸款支付多少利息。數字很清楚，萊德每年必須支付三・三億美元的利息，但它的營業利益只有二・八四億美元，相信這種情況維持不了多久。

相反的，華格林卻沒有負債，這代表我先前對萊德與華格林股票的風險／報酬判斷還是不適當，我對萊德太「仁慈」了，但對華格林過於嚴苛。原因在於，如果有債券惡霸虎視眈眈隨伺在側，即使萊德的股價跌到三・六美元，價值型買家還是不見得會進場。

到目前爲止，我們似乎都能用合理方式計算出相關的數字。不過，除了數字以外，我也會考量我所知道的其他變數，諸如這兩個企業的產業變數與經營階層變數等。這些變數不僅可以用來衡量未來的成長性，也有助於釐清這兩個企業的盈餘估計值的「眞切」本質，這一點也很重要，因爲盈餘估計值是計算本益比的要件。這些變數對整個評估流程而言也是不可或缺的要素，唯有如此，現實的考量才會被納入評估，我們不能光是比較一些刻板的算術結果。

舉個例子，我知道藥局行業的總藥局家數已經過於氾濫，這代表它是一個成熟的產業。而我之所以知道這是一個成熟產業，是因爲我快速搜尋了一些和該產業有關的文章，這是一定要做的功課。這些文章顯示，藥局產業裡有很多業者都已無法進一步擴張。也許華格林可以介入食品產業，萊德則可以介入乾洗產業，不過這些公司目前的技術並不允許它們這麼做。另外，我也發現潘尼百貨(JC Penney)將旗下的 Eckerd 連鎖藥局出售給加拿大的CVS集團，這代表未來的競爭情勢將更加緊繃，因爲CVS和華格林一樣，都是非常優異的企業。我也從一些剪報中發現，沃爾瑪百貨表示它計畫介入藥局市場，而我們也知道，當年沃爾瑪百貨介入超級市場行業後，就一直扮演著破壞者的角色；所以，誰知道這個大型零售連鎖店可能對藥局產業造成什麼震撼呢？

這也就意味著高負債的業者可能無法平安擺脫這些新變數的干擾。而華格林的資產負債表則非常「乾淨」（無負債），經營團隊的經營能力向來也頗受肯定，是個穩定的企業。在過去一段時間內，該公司的人員流動率也非常低。但是，反觀萊德，人員流動率相當高，其中有一些甚至是因犯罪遭起訴而離職，這又是另一個負面情況。

所有這些主觀判斷與資產負債表驗證結果都顯示，我對華格林上下檔空間的判斷——「八美元下檔空間、二十二美元上檔空間」似乎都太嫌保守，但是萊德的下檔空間卻可能超過我先前所認定的一．五美元，而有可能達到二至三美元，原因是萊德的負債較高，一旦該公司無力償還利息，就有可能宣告破產，誰會願意去買這樣一個有破產風險的公司呢？記住，一旦企業宣告破產，普通股就形同消滅、瓦解，屆時你所擁有的一切就會化爲烏有。

所以，以上所有分析的結論是：「華格林的風險／報酬關係比萊德好太多了，所以根本不應該冒險買進萊德的股票，反而應該積極建立華格林的部位。

我有可能估算錯誤嗎？當然會！在研究分析過程中，要考慮的因素很多，而在這個例子裡，我並沒有考慮到很多這類因素。例如也許華格林這一季的表現特別好，所以它的價格甚至應該更高。不過，萊德的低價也許會吸引其他有意購併的企業出價，因爲很多企業常做這種蠢事。也許沃爾瑪公司會買萊德，不過這看起來是不太可能的推斷，因爲沃爾瑪在收購策略方面向來以紀律嚴謹著稱，而且就最低限度而言，以超過五美元購買萊德股權並非紀律嚴謹的投資者應做的事。投資流程當中總是存在很多不可知的事實，不過，我們不能讓這些因素影響到我們的判斷，甚至導致我們無法做出判斷。一旦如此，我們可能選擇不投資，傻傻的把錢存在銀行裡。以包伯的問題來說，我自認已經爲他做出最好的判斷了。請注意，包伯原本就已經決定要投資藥局連鎖公司的股票，所以我沒有義務向他提出該產業以外的建議。我的任務只是盡可能把這兩個企業的風險／報酬關係正確的描繪出來，如此而已。

當我在計算以上數字時，我只是就藥局產業的其他業者來做比較而已，但如果是現實的投資規劃，絕對不能只做這象牙塔內的比較。我還會比較萊德相對標準普爾五百成分股的平均數字。我通常會以標準普爾五百指數爲標竿，這麼做不僅是要掌握整體市場的情況，也爲了釐清標的股票和其他個股之間的相對價值。如果萊德比標準普爾五百成分股便宜，但成長率卻更高，那麼，該公司股票當然是物超所值。不過如果該公司比標準普爾五百成分股貴，且成長率低於標準普爾五百成分股的平均成長率，那麼就應該賣出該公司股票，而非買進。

這便是華爾街投資機構最基本的日常決策流程。這些風險／報酬指標適用於所有股票的評估，尤其最適用在不同股票的比較。不過，要怎麼樣才會發現股票將開始起漲呢？舉個例子，要怎麼樣才會知道華格林即將上漲到五十美元，而非下跌到三十美元？要怎麼樣才能找到這個引爆點，也就是這些上漲走勢的催化劑？另外，更重要的是，要怎麼找到可以公然向傳統風險／報酬標準挑戰的股票——如上檔空間一百美元、下檔空間十美元或甚至上檔空間三百美元、下檔空間二十美元的股票？要怎麼找到能飆漲十倍的超級成長股，投資過程中又不須承擔過高的資本風險呢？

要如何掌握各種不同情況的獲利機會——從三到五美元的小利益（但換算成平均年度報酬時，依舊是極可觀的利益）到二十美元、三十美元甚至五十美元（這種漲勢可能快速消逝，也可能永遠也不會消退）的超額利益？這是我們下一章的主題。

# 5

# 洞燭機先，掌握股票動向

## 持股漲價與跌價的因素

股票籌碼的需求和供給
決定股票的短期價位跳動，
如果你突然大量買進某一檔股票
（也就是說，這檔股票的需求激增），
除非它是一個大企業，市值達一億美元以上
（達到如此標準的股票才算有一點即時流通性），
否則你馬上就可以感受到一檔股票
爲什麼會一下子上漲一美元。

促使我們的持股漲價與跌價的因素是什麼?我們能夠在一檔股票的漲勢發動前，就先看出它即將上漲嗎?我們能找出漲勢最凶的股票，並及時掌握這種爆炸式的上漲行情嗎?釐清這些問題是不是比瞭解聯合電腦（Computer Associates）的基本面要素或微軟公司的經營團隊更重要?這些不就是我們所要追求的眞正目標嗎?難道我們只追求一般水準的績效嗎?

我離開法學院後就到高盛公司去應徵，在面試時，他們就是問我這些問題。人們總是會籠統的告訴我:績優股會持續走高，而劣質股則漸行漸低。他們認爲企業的經營階層和公司的未來展望將牽動股價走勢，另外，人們也喜歡舉證說明企業基本面因素的起起落落，終將對股價造成影響，一切只是時間遲早的問題而已。我完全認同這些觀點，不過我卻一直都搞不懂股價爲何會從十美元漲到十一美元、從十一美元跌到十美元。我並不敢確定自己是否理解所謂「基本面將決定股價走勢」的結論，我想你也不見得很懂，因爲股價看起來好像總是隨機波動，而不是隨基本面波動，至少短期而言是這樣子的。

後來有一天，我因連續問了一大串「什麼因素導致股價上漲一塊錢」之類的問題，而惹惱了公司的一個高階主管，但其實我並非刻意冒犯，我眞的分不清股價的眞正漲跌原因。於是他把我叫到他的 Quotron（當時他們就是使用這個系統）系統前，他要我看著 Stride Rite（一個童鞋製造商）的動靜。他輸入這個公司的股票代號（SRR），上面隨即出現了股票的內盤價（可以馬上賣掉股票的價格）和外盤價（可以馬上買到股票的價格），這兩個價格都糾結在七美元左右。他對我說：「你想看股價爲何漲一塊錢是嗎？你想剖析股價上漲一塊錢的理由是嗎？好！看著。」他用力按下鍵盤上的一個燈，並開口說：「幫我以市價買進五萬股的 Stride Rite。」接下來，我就這樣目睹這檔股票直接朝八美元飆漲，股價就像溽暑傍晚時分衝向二百瓦燈泡的蠹蛾一樣，一路衝向八美元。接下來，那個主管開口說：「好了，這樣夠了」，他買到三萬股後，股價在七・五美元停了下來。我這才知道，要推動一檔股票的價格有多麼簡單——根本就是籌碼供給和需求的問題。那個高階主管創造了一股盤面上「已掛單」賣方無法滿足的需求，於是他的舉動推升了股價上漲，直到賣方開始出現爲止。

當然，多數股票的流通性都不像 Stride Rite 的股票那麼差，也就是說，多數股票在各個水準的買方和賣方都比那天的 Stride Rite 多。不過，這個例子應該已讓你瞭解箇中的道理。股票籌碼的需求和供給決定股票的短期價位跳動，如果你突然大量買進某一檔股票（也就是說，這檔股票的需求激增），除非它是一個大企業，市值達一億美元以上（達到如此標準的股票才算有一點即時流通性），否則你馬上就可以感受到一檔股票爲什麼會一下子上漲一美元。

以現實世界的交易情況來說，股票市場裡充滿許多可能影響股票價格的動力。最首要且最基本的動力，就是有人對一檔成交量不大的股票採取激烈的買進或賣出動作。推動股價的是我們的買進動作，當然，如果你是個小投資人，你的買盤就不至於影響到股價的波動。

即使我公司——克瑞莫・伯科維茲（Cramer Berkowitz）在最顛峰時期，我也只幫一些有錢家庭管理大約四．五億美元的資金而已，相較於一些知名共同基金和大型避險基金，我管理的金額簡直少得可憐，這些共同基金和避險基金的資金規模，才足以撼動每天的收盤股價水準。我之所以提到這一點，目的是要讓你知道，無論在什麼情況下，都必須考慮到股票的供需情形，因爲有太多人都誤解了一件事：人們以爲自己交易的是企業主體，也就是說，人們以爲自己所交易、投資或持有的那一張「紙」是一種贖回權，一張可以發放幾分錢股息的息票，或是一種可以讓他們擁有企業一磚一瓦、甚至企業資金的一種所有權。但這些想法都是錯誤的，事實上，這些股票眞的不過就是幾張紙，這些「紙」受到擁有龐大資金的投資者的操控，而這些紙（股票）的價格則因這些大型投資者的買進、賣出或操作而起起落落。雖然其他投資理財書籍都會強調股票和企業之間的關係，但我卻要強調，就短期而言，股票和發行公司之間確實缺乏關聯性（雖然這個事實非常令人難堪），而這種彼此不連貫的情況當然會產生一些機會。雖然就極端長期（例如一生）來說，股票確實會反映發行公司的基本營運面情況，但短期來說（十二個月到十八個月，不管你承不承認，目前多數人的持股期間大致上就只是這麼長），影響股價漲跌的因素眾多，企業基本面營運情況只是其中一個影響因素而已。事實上，我認爲很多投資組合經理人和門外漢之所以未能打敗市場或賺大錢，主要原因就在於他們過度重視這些人類自行假設的（多半來說，這確實是人們自行編造的）短期關聯性，誤以爲企業的體質就代表股票的體質。我認爲他們深信這個關聯性的原因是：這麼想就比較不會覺得自己是在賭博（或用客戶的錢賭博）。他們認為如果能聚焦在基本面上，就可以把賭博變成投資。我也希望自己能這麼滑頭，我也希望只專注在企業營運上，不要去管股票的是是非非，因為這樣會輕鬆很多，但是，這樣一來，我的獲利能力將會降低不少。

請記住我的試金石：我將試著引導你買進快速上漲的股票（持有期間不會過長），避開快速下跌且可能導致你被完全淘汰出場的股票。如果你願意依循我的引導，你將會成為有錢人。如果我選擇漠視股票的短期波動，就等於把市場上無限多的輕鬆錢留給別人去賺，這樣我的績效就不可能超過其他人，也平白放棄即時致富的機會。當然，如果我能活幾百年，而且八十到一百年內不需要用到錢，或者一開始就極端有錢，那麼我壓根兒可以不要把這些短線的多頭走勢當一回事。即使市場上多數業者都不斷重申這種單純但卻不實際的建議，但我卻認為這麼想或這種行動實在過於不切實際，也有點流於武斷。

更重要的是，要察覺一檔股票何時將出現我所謂的「必殺走勢」（Game Breaker），就要多瞭解企業成長過程中的股票運轉模式，而對公司只要適度瞭解即可。過去，很多公司在營運沒有實質且明顯發展的情況下，其股票總市值卻能增加數十億美元（這種走勢絕對是能掌握得到的）。很多企業光宣稱自身是奈米科技公司而非僅科技公司，市值就能上升五億美元。我也曾經目睹很多企業在公司名稱後面加上.com 或去掉.com 而大漲。這些走勢其實都有脈絡可循。請記住我先前提及的「節食」比喻：我不管你是用什麼方式去掌握市場走勢，只要掌握到就好；就像減肥一樣，你用胡蘿蔔、哈密瓜和綠花椰減肥也好，用牛排或培根減肥也好，只要達到減肥目的就好，我也一樣，無論如何，只要能掌握這些漲勢就好。當然，我知道我的言論聽起來就像異端邪說，所有投資理財書籍都不會鼓吹你去掌握這類走勢，沒有一個市場專家希望和這種走勢有所牽連，因為這類走勢本就屬於較短線的走勢，比較像賭博，而不像投資。但那又怎麼樣？如果我們可以精準掌握到泰瑟（Taser）、Netflix、eBay 或雅虎公司的短線漲勢，但又不須全心全意長期認同這些企業，如果我們能明確把這些股票列為分散投資組合裡的投機部位，那麼，為什麼要放棄這些投機情境可能為我們創造的優渥利潤（每股的獲利甚至達數十美元）？為什麼不能設法賺到這些錢？舉個例子，如果多數股票處於空頭，但有幾個投機企業的股票呈現多頭走勢，那麼為何不用嚴謹的買賣紀律去賺取這些投機股的多頭走勢利潤，非得被侷限在那些空頭走勢的股票裡？

我認為不應該劃地自限，原因是：首先，市場上存在許多尚未被發掘的價值低估股票，多數「必殺走勢」都來自這些股票。另外，市場上也有很多已被發掘、但價值依舊低估的股票，這通常是一些小型或中型股，這類股票依舊可以為你創造優渥的利潤。最後，市場上有很多已被發掘且股價已完全反映其實際價值的企業，大多數資金經理人的戰場就是在此；當然，我們也能經由這類股票獲利，只不過不容易賺大錢，我認為從這類股票賺到的錢最多只能算一壘或二壘安打而已，不是全壘打。最後，還有一些尚未被發掘但股價已完全反應實際價值的企業，對多數沒有紀律的投資人而言，這類股票是最危險的，因爲大多數人在這個領域進行投機操作，但卻也因這些投機操作而虧錢。最典型的無知投機者會買進早已被發掘且被「吃乾抹淨」的股票。一旦股票被發掘，就不容易維持原本的價值低估狀態；而一旦股價已充分反映價值，如果你還想藉由投資這些股票獲益，就必須採用一套全新的規則。

無論是哪種情況，都需要紀律的輔助——一套買進紀律和一套賣出紀律，其中買進紀律可以幫我們釐清自己所處的象限，如果我們是處於已被發覺／完全反映價值的象限，就必須非常遵守紀律；賣出紀律則能嚴格地要求我們賣出自己非常希望保留但卻不應保留的股票。

不同象限的差異究竟有多大？當市場一片混亂時，才是買進已被發掘且完全反映價值的股票的時機，不過，如果是投資未被發掘／價值低估的族群，就不受市場情況限制，你可以依照自己的想法，像個創投業者一般買進這類股票。每個種類的股票都不一樣，不過只要能正確掌握賣出（貴在早）與買進（貴在晚）時機，那麼每一檔股票的危險性或風險都差不多，沒有孰高孰低的問題。

我們都知道，投資人對未來盈餘成長性的期待是刺激股價上漲的主要因素，自然而然地，我們也認爲刺激股價大漲的催化劑應該是：發現一個企業的未來成長性比所有人預期的高。

多年來的操作和投資經驗讓我瞭解到，市場上有很多種不同型態的上漲走勢都值得掌握，其中，用我描述的傳統分析方式（也就是華格林和萊德公司的例子），只能掌握其中一小部分的走勢。事實上，我認爲從很多方面來說，華格林和萊德公司的例子是所有值得掌握的走勢當中，最平庸且獲利金額最不刺激的，只不過最容易在事前發現的也是這種型態的走勢。由於我非常重視機動性，所以我希望能有一套現成的標準、教條和方法，可以讓我找出帶動這四種不同類股票的上漲走勢的祕密，這四種不同類股票分別是：尚未被發掘／價值遭低估股票、已被發掘／價值低估股票、尚未被發掘／已完全反映實際價值的股票、已被發掘／完全反映價值的股票。

對某些人來說，這些分類標準看起來也許很奇怪。大多數投資人傾向於依照低市值（小型股）、中等市值（中型股）和高市值（大型股）等標準來進行股票分類。不過，市值其實有可能是假象，有些大型股根本忝爲大型股。另外，有些股票也許目前是小型股，但不久後將可能不再是小型股。如果要眞正賺大錢（也就是本書的眞正目的），就應該選擇尚未被發掘／價值遭低估的股票。即使很多老手對這類股票嗤之以鼻，不過卻有可能從中找到下一個星巴克（Starbucks）、家庭補給站或Comcast（這些股票都曾被視爲極端投機的股票）。

眞的千萬不要跟自己的錢開玩笑。當你買進已被發掘且股價已反映其眞實價值的股票，你只是在做一件類似我們針對華格林和萊德公司所做的優劣篩選和風險報酬分析工作而已。但如果你想尋找下一個能出現必殺走勢的股票，嚴格來說就等於是擁抱投機，因爲就本質上，此時的你正處於一個未經驗證且主觀的園地裡。愈早採取行動，你的行動就愈像賭博。不過，情況的發展經常是：愈早行動將獲得愈高的報酬。再強調一次，最不像賭博的投資只能創造最卑微的報酬，但是最像賭博的投資卻將創造最豐厚的報酬。這就是本書不僅不排斥投機，而且還堅持你一定要把裁決型投資組合的一部分用來投機的原因。

利用這種方法所能獲得的利潤，和另一種形式的投資——創業投資——所得到的利潤很類似。創業投資就是把錢押寶在許多看起來不怎麼有希望的企業（沒錯，創投公司就是做這種事），而且你也充分理解當中很多（甚至是大多數）企業都不會成功，不過，成功的企業所創造的利潤，將足以彌補失敗企業所造成的虧損。很不可思議吧？由於虧損本質的緣故，所以爛股虧的錢不可能超過飆股的潛在獲利，因爲就算企業破產，其股票最低也只會跌到○元，相對的，股票上漲的空間卻無可限量。此外，如果嚴守我的投機操作規則，你的投資組合就會創造很優異的表現，因爲我的規則是放手讓飆股繼續上漲，並在爛股跌到○元以前及時執行停損。由於所有從「尚未被發掘／價值低估」發展到「尚未被發掘／超漲」的股票，都有著類似的特質，我們因此得以隨時提高警覺，在股價惡化前出場。

讓我們來看看我運用到每個族群的方法與規則，我也要討論如何在各種規模的股票的大波段走勢出現前，提前掌握到這些趨勢。

首先我要講解的是傳統的大型股分析方法，我將逐一向你解釋大多數資金經理人的思考模式。由於大多數「便宜行事」的選股法，都是在優質藍籌股（有些有配息，有些沒有）中選擇投資標的，所以我希望你能先瞭解傳統的分析方式，以及這種股票可能出現什麼樣的走勢型態。

導致傳統大型股出現特殊走勢的催化劑可以合理區分成兩種：

一、輪動催化劑：投資組合經理人賣出某些族群股票，轉買進其他族群股票的決策，主要是取決於整體面的背景：經濟情勢由弱轉強或由強轉弱，當然，經濟情勢取決聯邦準備理事會（Fed）的行動，他們的行動攸關重大。如果你想在各種類型的市場賺錢，就必須掌握這些催化劑，在防禦成長型股票和即將好轉的景氣循環股（煙囪產業）之間，適當進行換股。

二、估計值修正催化劑：由於所有資金經理人都必須試著去釐清哪些股票的盈餘成長率將最高，所以，我們必須能察覺企業的盈餘估計值何時將提高。關於這一點，必須能事前掌握產品週期或需求週期，才能因企業估計值大幅調升而獲利。

一旦你專精於這些傳統的選股方法，我將告訴你如何早其他人一步掌握價值低估且尚未被發掘的股票，最大的投資利益總是來自這個領域。投資價值低估且尚未被發掘股票的投資紀律，和大型企業的投資紀律截然不同，這是由於多數小型股都**沒能**成為大型股或甚至轉型爲中型股，不過，小型股裡還是存在非常多値得探索且能讓人獲利的機會。

在討論完這些內容後，我才會進一步解釋要遵守哪些規則，才能做到正確操作與投資股票；當然，我也會舉出我過去在落實這個方法時曾經犯過的錯誤，希望你可以從中得到一些教誨。

## 成功投資大型股的祕訣

身爲一個曾經管理數億美元資金的成功避險基金經理人，在操作時，我必須做到能買到與賣掉我想買／賣的股票；另外，當我改變心意與投資方向時，投資績效百分比也不能因這些轉變而降低太多。唯一能讓我擁有這種操作彈性的只有大型股，不過，身爲散戶的你就不受此限制。由於個人投資組合的規模原本就比較小，所以你不一定要透過大型股來獲利。然而，大多數人總覺得選擇大型股比較心安，所以，我們也必須瞭解如何透過投資這個族群（大型股）賺到最多錢。

大多數已被發掘的股票通常不會有什麼特殊表現，大致上只能維持和大盤相當的格局。這些股票的交易主要受到企業本身營運以及其產業在國內外整體經濟情勢下的景氣位置所影響。事實上，就已被發掘的股票來說，我發現產業分析和個別股票分析對走勢的影響大約各佔五十%。換句話說，瞭解企業詳細情況的重要性，可能比不上瞭解其所屬產業在特定經濟循環位置下的景氣與表現的重要性。不管惠而浦和美泰克公司製造洗衣機和乾衣機的能力有多強，它們的交易模式都絕不可能和生化公司一樣，因爲家電產業的成長率大致只和國內生產毛額（GDP）成長率差不多而已。對美泰克和惠而浦來說，除非產業的成長率突然加速，否則，現有產品並無法帶動公司迅速成長。但是生化產業並不受此限制，公司的藥品才是決定成長速率的要素。換句話說，除非全球經濟的成長率大幅提高、景氣循環位置好轉如房地產業景氣加速擴張，或是公司接收到購併出價等，否則想掌握美泰克、惠而浦或其他典型景氣循環股的必殺走勢，可謂難上加難，除非全球經濟以極高的成長率擴張，促使房地產業快速成長，或者公司本身成爲其他公司的收購標的。不過，其他產業如科技業和生化業就特別容易產生這類必殺走勢。基本上，只要上述幾種情況同時出現，而且產業中至少要有一個企業（最好是投機的標的，也就是最容易出現必殺走勢的標的）出現上述情形，那就會是不錯的機會。

由於共同基金界「大哥」級公司的產業思維過於根深柢固，所以他們通常不是依據企業本身的情況來決定其臨界價格（基金只要股票，他們不會想購併企業主體），所以如果你買進冷門產業裡的一個好公司，還是很有可能會虧錢，除非這個產業又轉趨熱門，這和企業本身的內在財富無關。我們稱這種現象爲「最糟糕地段裡最好的房子」，也就是說，不管一個企業有多好，其重要性都比不上它的所屬產業。

不過，我並不是那麼在意產業和公司孰重孰輕，我關心的是要如何找到有催化劑相助的股票：也就是即將發動一波走勢的股票，並從這些股票獲得大額利益。我一直都非常希望能擁有掌握股票「大行情」的能力，因爲這種大行情將讓你獲得爆發性的利益。我的專長就是掌握這種突發的大行情（記得我在海灣石油即將被收購前買進該公司股票嗎？我們所要追求的就是那種超大走勢），但是，光知道美泰克相對惠而浦盈餘的情況根本不夠。你必須知道有哪些因素將導致美泰克或惠而浦突破主要波動區間（大多數時間的成交水準）。你必須瞭解美泰克將在何時出現這種走勢——這是牽涉到幾十億美元市值的走勢，讓股票價格遠超過目前水準的走勢。釐清這個轉折點——也就是催化劑後，就會知道股票將在何時從休眠狀態轉成攻擊走勢，從毛毛蟲變成美麗的蝴蝶。如果你希望藉由選股創造異常的報酬（遠超越標準普爾五百、道瓊或那斯達克一百指數的報酬），就必須有能力掌握到這種走勢。如果你無法穩健打敗指數，最好把錢交給共同基金去管理。

記得E×M=P的公式嗎？這個簡單的公式就是推動大多數股票價格的動力。E代表盈餘，更精確一點來說，它代表一個企業的預估盈餘數字。M代表倍數，也就是本益比，代表人們願意以一檔股票的盈餘的多少倍數買進該股票。P代表股價。換句話說，如果你知道一個企業可以賺多少錢，也知道人們對這些盈餘的評價，就能算出這一檔股票目前的價格。我知道這個乘法看起來很簡單，M的計算也很簡單，只要把價格除以每股盈餘即可，讓我們回想一下美泰克的例子：如果美泰克的每股盈餘估計值爲二美元，而目前該公司每股股價是三十美元，代表市場願意承擔的倍數（本益比）就是十五倍。接下來，我們要再進一步說明：在市場上，要讓股價上漲的方式只有兩種，一個是提高盈餘，另一個是有人願意以更高盈餘倍數（本益比）買進股票。所以，如果美泰克的每股盈餘變成三美元，而非二美元，在本益比維持不變的情況下，股價就可以推升到四十五美元；如果你知道或可以提出一套論述，證明美泰克每股盈餘將是三美元而非二美元，而且此時股價還停留在三十美元，那麼你將會知道買進這檔股票有利可圖，因爲當公司發布新盈餘數字時，股價終將上漲。

可惜要釐清美泰克的每股盈餘如何上升到三美元（而不是二美元）並不簡單，不是讀一些文件或觀察公司的營運模型就能達到目的。不過你可以想想所有可能形成每股盈餘的因素。如果你認爲美泰克的每股盈餘估計值太低（低一美元），代表你認爲美泰克的產品銷售情況將比預期水準高很多，或美泰克將找出大家意想不到的低成本製造方法，並用意料以外的高價賣掉產品，或者美泰克必須擁有一些不爲人知且未來將會大賣的新奇產品。推出新產品、銷售量超過預期、獲利率超過預期等因素都會使盈餘估計值上升，而如果你能準確預測出這些數字，就可能獲得超額的股票增值利潤。

但如果不是盈餘估計值大幅轉變，而是本益比轉變呢？如果你能清楚預見本益比將上升，那又將如何？記住，如果E×M等於股票價格，那麼我們就應該預測在什麼樣的情況下，當E不變或小幅上升，但M卻會上升。假設你非常確定美泰克的每股盈餘將是二美元，但你卻認爲人們必須用超過盈餘十五倍（目前水準）的價格買進該公司股票——也許你認爲美泰克値盈餘的二十倍——這代表你認爲目前的本益比過低，應該調整到更高水平。如果你是對的，就會獲得可觀的利潤，因爲在新的本益比水準下，股價將超過四十美元。

當我在克瑞莫·伯科維茲公司擔任操盤人時，每年的複合報酬率達二十四％，而且沒有一年是負報酬率。我精於判斷股票的本益比是否將提升或降低（當然是在盈餘不變的前提下），我花大多數時間來發展預測M將上升的模型，事實上，當企業的M上升時，通常它的E也會超出一般預期。

我之所以做這些分析，是因爲這個分析對我非常重要，如果我能找出M高於預期的企業，就可以在股價大漲以前，早一步先介入建立部位。

幸好要瞭解爲什麼M會上升並不難，只要是有常識、有敏銳眼光，能判斷哪些事情眞正重要，就能判斷M是否會升高。只可惜，絕大多數的人（包括專家）都不知道爲什麼本益比會上升，而且甚至想都不想就認定根本無法推測M是否將升高。這些人都錯了，由於我一直都能預測出本益比何時將上升，所以我很清楚，你不僅可能知道本益比何時將上升，更會發現這很容易研判，當然，我會說明相關的方法。

導致本益比上升或下降的第一個原因是和總體面因素有關，和美泰克、美國鋁業（Alcoa）、國際紙業（International Paper）等其他已被發掘／已充分反映價值的企業的個體因素沒有太大關係。我們這個行業裡的某些人稱這爲「從上而下」的思考模式，意思就是——如果你對一個國家的經濟情況抱持特定觀點（如果你希望能經常在飆股開始上漲前先選上這些股票，就必須對經濟情況有一些個人的看法），就能預測出本益比的方向。

我們還是要用美泰克來做說明，因爲若要觀察總體面本益比的升降，這檔股票從各方面來看都極具代表性。如果經濟景氣正在加溫，抑或你認爲經濟情勢可能因爲聯邦準備理事會（Fed）即將降息（每次降息都能提振經濟景氣）而加溫，那麼你應該賭美泰克的本益比將上升。假設目前經濟成長率是二%，聯準會對這個成長率並不是很滿意。再假設美泰克的每股盈餘將是二美元。你可以試想一旦聯準會降息，該公司股票的本益比水準將向上突破十五倍。那麼，它的本益比會上升到十六倍或十七倍嗎？如果聯準會加速降息，也許本益比倍數會上升到這麼高。如果聯準會分階段降息，且每次都降得多一點，那麼人們將會願意用更高價格買進美泰克的股票，也就是用比較高的本益比買該公司股票。如果你認爲經濟成長率將達到五%，那麼，我認爲該公司股價將上升到每股四十美元，因爲一旦經濟成長率達到這麼高的水準，投資人將願意以盈餘的二十倍來買進這檔股票。以前經濟擴張幅度達到五%時，本益比即處於此一水準。只要觀察一檔股票過去成交價以及每股盈餘，就能算出過去的本益比。有些經濟擴張走勢是可預測的，投資人目前願意付出二十倍本益比的原因是，到明年的此時，這檔股票的每股盈餘可能因經濟擴張的緣故而上升到三美元。投資人現在願意以二十倍本益比介入的原因，是由於他們知道當每股盈餘上升到三美元，該公司的本益比又會回降到其平均十五倍的本益比水準，只是由於E將上升，所以股價將會大幅走高。我把這個過程稱爲M提前反應E，如果你能在經濟**即將**擴張之際，把投資組合轉向E會上升的股票，你的獲利就會因本益比擴張而一路攀升。

但如果你認爲經濟成長率將下滑，又將如何呢？因爲美泰克的預估盈餘將因經濟成長率下降而低於我們所預估的二美元，所以其本益比將可能大幅下滑。在過去的經濟成長趨緩和衰退期間，該公司本益比曾經下降到十倍、甚至九倍或八倍。當然，一旦股票本益比因經濟情勢趨緩而下降到這般水準，美泰克的每股盈餘可能只剩下一．二五美元，並回到十五倍本益比。在這種情況下，美泰克將是適合放空的標的（我將在最後一章解釋放空方法）。總之，M將因整體經濟景氣將上升或下降的預期心理而上下波動。

所有產業的本益比倍數都會反映整個經濟大局而波動，所以，我們一定要聚焦在經濟走勢的判斷上。記住，並非一定要對經濟情況有一點基本看法才能持有股票，只不過如果對經濟沒有任何看法，就無法掌握到因本益比擴張或縮減而產生的大行情。我認爲這個方法能創造非常優異的利益，所以在選股時，心裡最好對整個經濟大局有個底。

這個觀念究竟有多重要？我在避險基金辦公室的桌子上方一直都掛著一幅線圖，圖上標注在本益比擴張階段應該買什麼，而在本益比縮減時代又應該賣些什麼。那一張線圖涵蓋了幾次經濟的繁榮與衰退。我稱這張線圖爲我心裡的「劇本」，因爲這張圖就像球賽的布局一樣，提醒我在經濟環境的需求改變時，應該把哪些「選手」加入陣容（也就是投資組合）。我在我的電視節目裡花了極多的時間在推測國內生產毛額上，我很希望能精確推測國內生產毛額是不是會多成長二到三個百分點，因爲股票的本益比將隨著總體面的表現良窳（經濟成長率的百分比變動）而上升或下降。

我的這張線圖看起來像波浪一樣，上面記錄著經濟景氣的起起落落，圖中也注明在不同景氣狀況下，哪些股票將創造利益，哪些又不受景氣波動的影響。接下來，我將逐一說明圖中的內容。這張圖解釋了所謂「產業輪動」的眞正面貌，而產業輪動情況就是影響投資人介入或撤出各個類股的主要動力。這種類股輪作模式是策動所有股票（從雅芳〔Avon〕到 Zimmer 控股公司）短期績效的動力。

這張圖是從經濟負成長二%開始，逐漸回升到持平——也就是零成長，接下來再到七%的高成長。經濟負成長二%是典型的衰退局面，在經濟衰退的狀況下，聯邦準備理事會通常都會降低短期利率（短期利率是由聯邦準備理事會控制），而且調降的幅度將非常顯著。從第二次世界大戰以來，每逢經濟衰退，聯邦準備理事會都會降息。而較長期的利率雖不受聯邦準備理事會控制，但也會隨著資金需求的降低而下滑。

在任何一個時間點，市場都會朝下一個可能的結果波動，當經濟景氣即將進入衰退期，本益比上升幅度最大的股票（也就是本益比最高的股票）通常是盈餘不會因衰退而受打擊的股票，如製藥業公司、食品業公司、肥皂和牙膏公司以及啤酒與蘇打飲料公司等。而在經濟嚴重衰退但聯準會又尚未採取任何行動**以前**，這些公司將被視爲最有價值的資產，因爲它們在不景氣中依舊能創造盈餘，也就是E×M＝P公式裡的E（在經濟嚴重衰退階段，景氣循環股通常都無法達成盈餘估計值，而且呈現嚴重落後的情況）。在經濟衰退的這個時點，這種股票的M通常會上升到所謂的「頂點」倍數。所以，如果典型的「抗衰退」公司寶鹼（Procter & Gamble）平常的本益比是二十倍，那麼此時它的本益比可能會上升到二十五倍甚至三十倍，至於實際本益比水準，則將取決於市場投資者「爲求成長不惜犧牲一切代價」的意願有多強烈而定。

現在，我要說明讓多數市場玩家頭昏腦脹的因素。正當你認爲寶鹼公司的股票不可能下跌、認爲M將持續上升到歷史新高時，卻是該改變方向的時候，應轉而投資此時被壓抑得最嚴重的股票——也就是景氣循環股。我經常在文章和廣播與電視節目裡解釋這個觀念，但很多人都認爲這個觀念太過震撼，因爲這實在有違一般人的直覺。不過，請耐心看我的解釋，看完後，你不僅會瞭解這個觀念的道理何在，也會知道爲何這種情境很容易預測，一旦時機來到，你將輕易掌握到超額的利潤。

正當你認爲全世界只有寶鹼公司能賺錢時，聯邦準備理事會卻開始挹注大量廉價資金到經濟體系，以阻止景氣嚴重惡化。請一定要記住，聯準會不但掌握了印製美元的速度（透過銀行存款準備率），也能藉由設定低利率（借款利率）的方式來控制這些美元的價格，

對個人來說，房貸利率的波動程度並不像官訂利率的波動那麼大，信用卡利率甚至從來不會波動，所以，降低利率對個人而言，實在不太有意義。不過，對必須持續制訂資金布局決策的企業來說，一旦利率突然下降，他們的投資和需求就會快速竄升。我發現股票會提前約六個月反應資金面的變化。換句話說，當你認爲聯準會的態度即將轉趨寬鬆（也就是開始大幅降低利率）時，就必須從寶鹼撤退，換把焦點集中在「煙囪」產業股上，這類產業本質上就是景氣循環股，而這些企業所製造的產品屬於裁決性產品，而寶鹼則是製造必需品，兩者完全相反。當然，如果能以股票的角度來思考這個流程，應該會很有幫助，所以，讓我們來比較寶鹼和美泰克的情況。當經濟景氣趨緩或衰退時，市場將開始期望聯準會採取行動；市場將認爲「美泰克看起來像過街老鼠、寶鹼看起來一帆風順」的情況終將逆轉。所以，我會在這張波浪圖上標注「賣出寶鹼/買進美泰克」，因爲我預見寶鹼的E雖然看起來將維持穩定，但M卻將下降；而美泰克的E看起來將逐漸改善，所以M也將漸漸上升。此時，我們能利用美泰克的股票賺最多錢，而在寶鹼的投資則開始有虧錢的可能。

記住，我一直希望能把華爾街和主街區分開來，其實在現實生活中，寶鹼的營運一直都維持穩定，該公司的營運不會因爲聯準會採取任何行動而變得更好或更壞，我們之所以願意在景氣衰退期付出比較高的本益比買這檔股票，是因爲相信寶鹼的盈餘相較於其他極端依賴景氣循環的企業而言將維持穩定。

不過，對美泰克來說，降息可是件大事！它的股票將因降息而出現明顯的反應，主要是因爲投資人認爲公司的營運將因降息而漸入佳境。

多數人不瞭解這個流程，原因是即使經濟成長率從負成長二%回升到零成長，美泰克的價格看起來還是極端昂貴。所以，市場的運轉模式的確不是普通的違反直覺。在經濟景氣谷底階段，平常每股盈餘約二美元的美泰克只能賺大約一美元，而當盈餘下降的情況發生時，美泰克的股價將大跌，所以如果美泰克在經濟繁榮時的股價是三十美元，那麼我認爲在經濟谷底階段，其股價將下跌到二十美元。這就是本益比下降所產生的作用（爲什麼不會更低？因爲美泰克終究可能被其他公司收購，這些公司要的是美泰克在下一個經濟繁榮期可能創造的盈餘。所以，所謂的內含價值〔intrinsic value〕將會對該公司股價形成支撐）。

由於股票會預告企業未來的可能命運，所以美泰克股價將**先**崩跌，接下來公司的營運才會開始走下坡。可惜在股價下跌的過程中，負責追蹤美泰克的分析師還是會一再對這檔股票重申「買進」建議，因爲如果以過去的盈餘或他們所預測的盈餘來說，美泰克的股價看起來太過便宜。不過，此時對投資人來說是最危險的階段，我見過太多散戶投資人在這個關鍵時刻受到傷害，因爲股價的下跌格外讓人覺得該公司有吸引力（以當時的盈餘而言）。投資人之所以認爲美泰克此時特別吸引人，是因爲他們認爲該公司的E和M都相當穩定，而這兩者相乘的結果顯示股價應該更高才對。如果用塞王女妖（Siren）的歌聲來詮釋，這首歌的歌詞應該是這樣子的：「美泰克的盈餘將是二美元，目前它的股價只是盈餘的十二．五倍；這個公司的本益比應該是十五倍，所以買它吧！買它吧！」但其實分析師太小看循環的力量了。

我的作法和他們不一樣（當我還在操作避險基金時），我會選擇放空，或押寶美泰克將大跌，因爲我認爲該公司的E將會快速下降，讓那些還對過往眷戀不捨的人下不了台。在股價快速下跌期間，分析師才會開始調降他們的估計值，而每一次的調降就會導致股價進一步挫低。分析師調降美泰克盈餘估計值的動作，將促使更多資金撤出該公司股票，進而流入寶鹼的股票，因爲此時市場將選擇到盈餘安全性高的公司「避難」，逃離盈餘風險性高的企業。

由於這種情況不斷發生，於是，寶鹼的股票將被持續湧現的買盤推升到高點，而美泰克的股票則持續下跌，直到美泰克的盈餘估計值終於降到能反映公司實際營運情況的水準爲止。當然，此時原本預期美泰克每股盈餘將達二美元，並因此而建議買進該股票（因爲該盈餘預測值讓股價顯得便宜）的分析師，終於也把盈餘估計值降低到一美元。而由於華爾街機構的分析流程錯誤百出，所以，分析師反而在最關鍵的當口調降該股票的投資評等。沒錯，他們一路上都一再重申「買進」建議，一再強調這檔股票有多便宜，害你陷入美泰克可怕的跌勢當中；但真正到底部時，他們卻反而調降對該公司的盈餘估計值，高喊這檔股票不再便宜（因爲E已腰斬，M顯得過高），並對這檔股票提出「賣出」或「觀望」建議。如果他們不這麼做，他們的投資委員會也會設法迫使他們調降這檔股票的評等，因爲如果以次年的盈餘來說，美泰克確實顯得比他們公司所推薦的其他股票貴。

不過，就在此時，我卻會回補我的空單，並開始買進（作多）美泰克。經過大跌以後，股價已經很低，而且我預期聯準會終將採取行動來提振景氣。另外，我也預期美泰克的內含價值將開始發揮作用，對股價形成支撐。我也認爲美泰克的股息足以支撐二十美元的股價（這些股息相對於原本的三十美元股價，也許顯得微不足道）。當然，在非常艱難的衰退期裡，美泰克也許會調降股息，不過內含價值卻不可能因此而降低，畢竟還是可能會有其他公司希望取得美泰克的營運。

這個流程看起來很難懂的原因是：你必須在景氣循環股（也可以說是經濟循環的人質）本益比最高的那一刻買進這些股票。這個作法和買進非景氣循環股的方法完全相反，我們應該在非景氣循環股達到最高本益比時予以**賣出**。

以下是這個流程的運轉模式：當經濟景氣向下修正時，寶鹼的股票將上漲，因爲此時投資人急於追求安全性，願意用更高價格來取得寶鹼創造盈餘的能力。同時，投資人也會賣出美泰克，因爲他們認爲該公司的盈餘不確定將升高。不過，一旦經濟大幅衰退，你必須相信聯準會將降息刺激經濟，讓景氣回歸擴張局面，所以，你必須用非常高的本益比買進美泰克，同時將本益比已經極高的寶鹼賣掉，這整個流程是顛倒的。當經濟情況改善，在底部看衰美泰克，並步步調降其盈餘估計值的分析師，現在又必須提高美泰克的盈餘估計值了。對這些分析師來說，目前的美泰克將一天比一天便宜，因爲E×M＝P公式裡的E將漸漸上升。

我和其他預期經濟即將恢復擴張的人一樣，都會在此時買進美泰克，並坐享股票的上漲利益，因爲該公司的股價有可能回到原本的高價，也就是盈餘上升階段的價位。在這段期間，分析師將一個接一個回頭讚揚美泰克的股票，並開始建議「買進」這檔股票。但要如何掌握賣出美泰克的時機呢？一樣，當我預期經濟將再度趨緩（這是經濟循環不可避免的發展）時，我就會賣出這檔股票，不過我會用很輕鬆的方式來進行。我會在所有分析師都再度對美泰克投注關愛的眼神，並再度大談美泰克盈餘二美元，本益比應該更高時賣出股票。畢竟我已經掌握到最大一波的走勢，剩下的就讓給其他人去賺吧。事實上，在這種時點，我反而會再回頭留意寶鹼的股票，因爲在景氣循環的高點時，沒有人會需要寶鹼所代表的安全性，所以，它的本益比將降低，但這卻是另一個機會的開始。

所以，你現在應該知道隨著經濟成長率從負成長二%變成○%再變成到二%的波動過程中，我將買進美泰克、賣出寶鹼。但當經濟成長率達到三%至五%時，我通常會預見經濟將開始降溫，於是我反而會賣掉美泰克，開始回頭買進寶鹼的股票。當經濟成長率達到五％的高水準時，我預期聯準會將介入踩煞車，讓經濟景氣適度降溫。此時，美泰克將開始下跌，寶鹼則再一次回升，因爲即使聯準會設法迫使經濟走緩，寶鹼依舊能順利達到盈餘預估值。

我並非刻意要把所有討論都限制在美泰克和寶鹼這兩檔股票，另外還有些所謂的防禦性成長股的成長力道都相當強，能克服絕大多數的循環。舉個例子，雅虎、eBAY和亞馬遜（Amazon）都能創造不受利率水準影響的有機成長。這種股票極爲稀少，它們不會因景氣循環的拉回而受困。即使它們的成長終有結束的一天，但我還是把這些股票歸類爲不會因任何潮汐而沈淪的股票。

不過，在經濟成長各個階段中，絕大多數股票就好像棋盤上的人一樣，我們可以預見這些股票的起落模式，並從中獲取利益。當我預期經濟情況即將因聯準會的行動反轉，從疲軟轉爲強勁時，我會買進道瓊化工（Dow Chemical）和杜邦（DuPont），並賣出可口可樂（Coke）和百事可樂（Pepsi）。一旦經濟景氣過於強勁，我就傾向於認定M的壓縮流程即將展開，而一旦聯準會開始緊縮貨幣政策，我就會降低菲爾普斯道奇（Phelps Dodges）和美國鋁業的持股。當然，對多數外行人來說，這個作法好像違反直覺，因爲在經濟循環的頂點階段，這些大型景氣循環企業將賺很多錢。不過，你必須知道，這些獲利不可能一直持續下去，當M降到最低時——也就是所有分析師都認爲這些股票很便宜時，反而要及時「下車」。

產業輪動情形也許是投資流程中最困難的一部分，因爲出售便宜股票、買進昂貴股票的概念，和大多數投資人的信念完全背道而馳。有時候我看起來好像很莽撞的在買一些最超漲的景氣循環股，而且還愚蠢的把最便宜的景氣循環股賣掉。不過，這完全是信念問題。

我喜歡產業輪動所衍生的機會，多年來，我也利用這些輪動過程來從事我的投資操作。每當接近經濟循環頂點時，我就會介入我所說的「冰箱」和「藥箱」股，此時投資人早就不甩這些股票，因爲在景氣繁榮階段，沒有人會願意持有寒酸的寶鹼、通用麵粉（General Mills）或高露潔（Golgate），而當情況看起來最糟糕時，我就會賣出這些超市和藥局股，開始大量買進被市場唾棄的大型景氣循環股。這麼做才是讓市場爲你效勞，也唯有如此，你才能獲得最可觀的產業輪動利益。

如果你認同這個方法，在執行時，並不一定要侷限在個股上。雖然我終究比較偏好個股，但你也可以利用交易所產業指數基金或富達的產業基金，來獲取產業輪動的利益。

讓我們一一來檢視典型的經濟波動情境，這樣一來，在選股時才能正確掌握經濟的起起落落。對希望利用裁決型資金賺大錢的人來說，經濟情境的演變特別重要，不過對於投資循環長達二十年、以操作退休資金爲主的人來說，就不須那麼重視產業輪動。一般投資理財書都不怎麼重視這些循環，不過我和成千上萬的投資人談過，這些人都有一個共同點：不喜歡虧錢，就算虧錢，也希望在下一個循環把錢賺回來。

如果經濟情勢開始出現波動，這意味經濟景氣將轉強，那麼一旦國內生產毛額成長率超過四％，我們就必須密切監控聯準會的一舉一動。那種成長率將會導致聯準會開始提高警覺，讓它認爲可能應該採取降溫的行動，也就是必須開始緊縮貨幣政策；不過，有時候聯準會會提出反面說詞。我並不是說聯準會官員或主席會說謊，不過聯準會的任務並不是要爲你釐清這些景氣波動問題，而是要穩定物價，而且聯準會官員經常釋出很多錯誤訊號。所以，只要注意經濟成長率就好，不要聽信他們的話，因爲你一定知道他們將在哪些情況下採取什麼行動。我們可以根據他們過去所採取的行動來預測他們未來將會有什麼作爲。當經濟景氣加溫，你就必須開始留意所有和金融有關的股票，包括房地產投資信託、存放款公司、銀行、保險公司、券商、房貸公司和房地產建商等，這些股票將會下跌。這是一些慣性發展，所有想打敗市場、賺更多錢的人都不能漠視這一點。理由是共同基金大戶全都希望在這些公司的盈餘因利率上升而受到負面打擊（或盈餘估計值遭到調降）前先「下車」。我知道對很多人來說，這是很大的政策急轉彎，你可能有投資一些自稱對利率不敏感的公司，但不管這些企業的說法是什麼，金融產業本質上就對利率非常敏感。更重要的是，請一定要記得，本書的焦點是股票，而非企業，不管企業高階主管喜不喜歡，即使公司的經營績效比預期水準高，但在升息環境下，金融股本就會下跌。

在這段期間，科技股和景氣循環股的表現將會比較好。資金成本雖然還是會產生一些影

景氣循環投資與操作

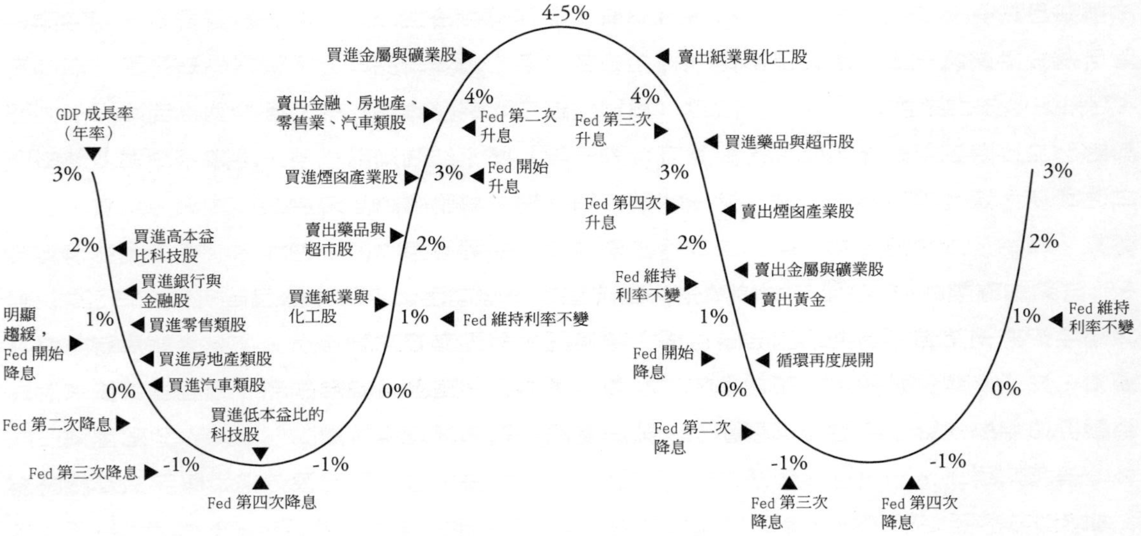
GDP 成長率（年率）
3%
2%
1%
0%
-1%
4%
4-5%
明顯趨緩，Fed 開始降息
Fed 第二次降息
Fed 第三次降息
Fed 第四次降息
買進高本益比科技股
買進銀行與金融股
買進零售類股
買進房地產類股
買進汽車類股
買進低本益比的科技股
買進紙業與化工股
Fed 維持利率不變
賣出藥品與超市股
買進煙囪產業股
Fed 開始升息
賣出金融、房地產、零售業、汽車類股
Fed 第二次升息
買進金屬與礦業股
賣出紙業與化工股
Fed 第三次升息
買進藥品與超市股
Fed 第四次升息
賣出煙囪產業股
Fed 維持利率不變
賣出金屬與礦業股
賣出黃金
Fed 開始降息
循環再度展開
Fed 第二次降息
Fed 第三次降息
Fed 第四次降息
Fed 維持利率不變

響，但對這些企業的影響不大，主要是這些企業的接單情況將因國內生產毛額成長率加速，而呈現熱絡甚至滿載的局面。這些企業和景氣的相關性頗高，當然，這就是他們被稱爲景氣循環股的原因。

當經濟成長率進一步擴張到五％，最好開始賣出零售業和汽車類股，因爲利率可能即將走高，這將對消費者支出形成負面衝擊。利率升高的拖累將導致外界調降這些股票的盈餘估計值，於是M將領先在E之前先降低。不過，此時正可以加碼最典型的景氣循環企業和科技公司，因爲這些企業的盈餘動能受聯準會緊縮貨幣政策的影響，要遲一點才會顯現出來。

當經濟成長率擴張到六％，聯準會應該會開始提高利率了，至少一次，多則二至四次。如果經濟成長率已達六％，而且繁榮景象持續加溫，聯準會又持續緊縮貨幣，我們就必須預期多頭趨勢終將結束，而且將會劇烈向下調整，就像二○○○年和二○○一年的情況一樣，當時聯準會一路調升利率到六．五％，導致經濟景氣走向衰退。此時，必須開始賣出我們在經濟成長率開始加溫時所買進的景氣循環股和科技股，而且我們也必須體認，即使利率上升，聯準會卻只會變得愈來愈緊繃。對所有類型的投資來說，第三次調升利率以後是最危險的時機。在這種時刻，我喜歡保持觀望，除了最長線規劃的投資組合（401〔k〕和IRA）以外，盡可能提高現金部位，並耐心等待。在這種時機，現金才是最好的，即使連債券都不合格。事實上，由於聯準會在這個階段將定期提高利率，所以現金（存在銀行的錢）可以爲你創造的利潤將逐漸升高，尤其此時企業股息成長率通常跟不上聯準會升息的速度，所以，現金才是「王」。我習慣假設要到第五次或第六次升息後，聯準會的行動才會逐漸產生期望的效用。這是由於短期利率已經達到高檔，任何行業建立存貨的成本都大幅升高，包括股票的融資貸款成本到銅、塑膠、木材或其他所有類型的存貨。在利率處於高檔時，商業循環將終止，因爲企業根本付不起借錢買商品來轉售的成本，而且他們根本不敢確定是否能藉由建立存貨再轉售的方式賺到錢，因爲這些商品的成本已因通貨膨脹而上漲。存貨循環將因高利率的打擊而崩潰，這是必然的結果。這種情況曾在一九九四年和二〇〇〇年發生，一九九四年時經濟景氣第一次出現所謂的「軟著陸」情況，意思就是經濟呈現良性趨緩的情況，但是二〇〇〇年那一次卻是「硬著陸」，企業不再建立任何存貨，銷售情況也明顯停滯了下來。

當經濟情況依舊熱絡時，我就會開始轉向，買進一些無趣的消費必需品股票，也就是即使經濟成長率不強，依舊能穩定經營的企業，像是寶鹼、金百利（Kimberly）和高露潔等。接下來，當這些股票達到五十二週高點並維持在此價位幾個月（確實可以維持那麼久）以上後，也就是等它們的M降到最低水準時，再賣出這些股票，轉進房屋建築商、房地產投資信託、券商、保險公司、房貸公司甚至零售業類股，也就是你在經濟熱度較高時賣掉的股票。因爲到這個時點，整個趨勢又將重來一次，已經快是輪到它們表現的時候了。

現在我把我的「內心劇本」呈現在這本書上，提供給你作爲形式準則。大致上這些劇本都很準。這個劇本的威力強大，一旦市場大戶認爲聯準會將提高利率（或甚至他們感覺有那麼一點升息的意味），他們就會認爲經濟景氣將走下坡，而賣出所有可能受影響的族群。如果你想正確選股（包括長期持股），一定要很瞭解當下的經濟循環位置，這一點極端重要。如果無法體察到這一點，我敢預言你遲早會非常氣餒，因爲你也許（在錯誤的時機）買了可口可樂，天天期盼它的股價上漲，但卻事與願違，眼睜睜看著美國鋁業和國際紙業天天上漲，而可口可樂和其他成長型股票卻一直委靡不振。

所有一流的投資組合經理人全都秉持這種型態的想法，而當這些大戶開始採取行動，就會影響到股價。不管對短線或長線投資人來說，漠視大戶的行動就等於和自己的錢過不去，尤其他們的行動那麼容易預測與推算。由於你可以就這些型態設定你的時間表，所以爲什麼不隨著國內生產毛額的大循環，從這些笨重大戶手上賺取安全的利潤？整體來說（購併情況除外），通常這些大戶的行動是觸發股價大波段走勢的最主要催化劑。

第二個預測大行情的方法，就是試著釐清在不考慮整體經濟循環的情況下，E×M＝P公式中個股的E將出現什麼樣的變化，這是最困難的。華爾街的多數人——包括賣方、買方、避險基金、共同基金和策略分析師等，全都希望能掌握這個方法並賴以生存；可見得這是最困難但報酬最少的方法。簡單說，華爾街裡最傑出的人全都積極投入這個領域，不過恐怕這幾乎會是一個徒勞無功的工作，理由不僅是競爭異常激烈。

以前，我可以和很多企業的財務長討論他們公司的營運表現相對競爭者而言究竟如何。取得這項資訊後，我建立了一套模型，這套模型可以篩選出實際盈餘可能超出華爾街估計值的企業。有時候我會推測哪些公司的盈餘報告將超出預期，哪些公司可能會低於預期。不過，由於企業財務長不能在「緘默期」（每一季季末的前五週）和外部人談話，所以我的推測結果並不盡理想。

此外，當企業提報實際盈餘數字時，華爾街經常會因盈餘超出或低於預期而受到震撼，於是，我會在企業盈餘超出預期時賣出股票，或在盈餘低於預期時回補空單。利用這個方法可以快速賺到可觀的利潤。

不過，幾年前證管會規定企業財務長和執行長不能私下對民間人士談論這些話題，證管會通過一項規定，宣示資訊公平揭露的決心，也就是說，每個人都必須同時接收到相同資訊，沒有人能例外。這個規定意味沒有人能藉由和企業的互動，建立比其他人更好的預測模型，沒有人能藉由企業的協助，事先預測其盈餘是否可能超出或低於預期，包括賣方分析師——這些人總是極力討好企業經營階層，他們彼此間的關係非常密切。

對於像我這樣一個專業人士來說，這是一個不好的發展，不過若就散戶投資人的角度來看，這卻是一項德政。至少就企業合法揭露的層面而言，目前沒有人可以比其他人擁有更多優勢。但這並不代表我們再也無法預測企業營運成果是否超出預期，只要多用一些聰明才智或多投入一些時間，另外，也需要做更多研究。

舉個例子，我剛進入高盛時，注意到一九八〇年代的有氧運動風行期間，銳跑公司(Reebok)的產品只要一上架就賣光光，因此而提前掌握到該公司盈餘將大幅超出預期的訊息。當然，我必須到數十家鞋店去詢問銷售人員，不過這是合法的。所以，你還是可以從最基礎開始，建立一套可用模型，只不過要花費很多時間和精力，對不是全職從事研究工作的人來說，那將是非常多的時間和精力。

同樣的，我從業以來最優秀的一次作空記錄是放空 Gantos 公司的股票，現在這個零售業公司已經消滅。我觀察了該公司在幾個重要週末假期的銷售情況，發現根本沒有人要買他們的東西。我父親和我花了一個月的週末時間「杵」在該公司幾個賣場的收銀機前，記錄他們的銷售情況。接下來，我根據這些觀察記錄結果推測該公司的盈餘將大幅下降，但市場分析師卻聽信了該公司粉飾太平的說詞，誤以爲它的營運依舊良好。這些大賣場的收銀機絕對不會說謊，而且，這種分析人人皆可爲之，所以，這也是公平競爭的方法。

不過，對多數投資人來說，這種研究方法既困難又耗時間，遠超過一般人的能力所及。如果要估計E，比較務實的作法是預測**支出**循環，尤其是資本支出循環，同時必須在股票價值低估時介入，一路抱到超漲時才賣出。事實上，其他市場投資人都要到股價已經達到超漲狀態時，才會察覺到企業盈餘已經大幅改善。

舉個例子，航空業是最典型的景氣循環產業，這個產業的循環非常固定，大致上是七年吃香喝辣，七年縮衣節食。波音（Boeing）公司是美國最績優的公司之一，而我們只要觀察它的接單情況，就可以輕易推估出該公司的營運循環。當我發現波音公司即將進入循環的上升階段時，我會大量買進製造扣件或螺絲（費爾柴爾德〔Fairchild〕）、座椅（BEA航空公司〔BEA Aerospace〕）或駕駛座艙儀器（漢威〔Honeywell〕）等產品的公司，雖然此時這些公司都處於谷底，但其營運應該都會向上攀升。接下來，我會耐心等待這些公司接到訂單，並等待訂單落實爲這些公司的盈餘。最後當後知後覺的大眾都開始進場買這些公司的股票時，股價大致上至少都已上漲一年以上，此時，我反而會開始逢高賣出，降低對這些公司的持股。說起來容易做起來難，因爲當我開始賣這些股票時，所有分析師都還在積極提高這些公司的盈餘估計值，股價也呈現跳躍式上漲。不過，你必須趁這個時機默默賣出持股，趁股價強勢時逐漸降低持股，才不會被套在高點。總之，獲利的關鍵在於：一、當華爾街大戶開始賣股票時，你手上只能有少量持股；二、當你的持股再度轉趨熱門時，你手上也必須有足夠的持股可供賣出。

產業界存在很多和航空業類似的大型經濟循環。舉個例子，半導體設備循環非常長，所以很容易預測。半導體公司的營運情況好轉時，會在公開市場募集資金，用來支應購買設備之需，這是半導體業公司的宿命。此時，你應該買進應用材料公司（Applied Material）、科磊公司（KLA-Tencor）、庫力索法（Kulicke & Soffa）和諾發公司（Novellus）。不過，一旦華爾街投入太多資金到這些設備公司的股票後，反就該是出場的時候了。

我最喜歡參與的循環是電信設備循環。這是一個競爭極端激烈的產業，營運興衰循環非常明顯。一旦資金充沛，這些大型電話公司會開始採購設備，此時我們可以推測北電、朗訊或JDS Uniphase的盈餘預估值將大幅竄升。不過當電信公司的競爭開始轉趨激烈，報酬率下降，或者互相合併時，就會大幅縮減設備支出，於是電信設備股將重挫。你不能透過經營階層來判斷這些供應商公司的情況，因爲他們幾乎從未看對過情勢，而且他們過去的說詞經常讓分析師和投資人有被騙的感覺（事後才察覺）。你必須密切觀察消費者本身的行爲，消費者是指SBC通訊公司、南方貝爾公司、Verizon、伏得風（Vodaphone）和日本電信電話公司（NTT）等下游廠商。當這些下游企業的營運良好，應該買進電訊設備股，當這些電話公司營運低迷時，不管這些電信供應商的說詞有多麼誘人，都應該賣出持股。

經濟體系裡存在很多這種值得一玩的循環。製藥公司總是不斷推出新藥，如果某些新藥的銷售情況特別好，生產商的獲利就會大幅提升。當然，如果一個產業裡存在太多業者，有必要進行整理時，你也可以利用產業裡的購併循環獲取可觀利益，就像我當初掌握了海灣石油可能被購併的機會一樣。當我開始在寫這本書時（二〇〇五年），原油循環已經朝有利方向發展，尤其是總市值低於十億美元的公司。在二〇〇四年，即使用射飛鏢的方式買這個類股，獲利都遠超過標準普爾五百指數的報酬率。

在上述幾個預測大行情的方法當中，「本益比上升／下降法」和「可預測的產業支出循環法」的重點在於「預見能力」。一旦每個人都發現你原本所預見的結果，就是獲利回吐的時機。

順帶一提，整個投資流程因上述情況會顯得寂寞與困難，這種寂寞與艱困感絕對超乎多數人的想像，因爲你必須在多數人避之唯恐不及的時候熱烈擁抱股票，但卻要在多數人都熱烈追求股票時毅然出場。這可以說是世界上最令人費解的事，因爲你將會一直覺得很寂寞、很孤獨。聽起來有點不可思議，不過我在賺最多錢的前一刻，我總會有這些感覺。由於我總是公開 ActionAlertsPLUS.com 帳戶的詳細操作內容——我總是賣出最熱門的股票，買進冷門股——所以我經常可以感受到投資大眾有多麼看衰我。儘管如此，我卻很確定當大家都在批判我時，就是賺大錢的時機。如果有一天沒有人嘲罵我，那我鐵定已經錯失了賺大錢的好機會。

多數人可能覺得不值得爲了掌握各種循環的概念而花那麼多精力，只想一直持有績優股，而且也沒有時間或意願在循環的不同位置不斷換股，這畢竟是一樁人力密集的工作。另外，你也許覺得要推測循環的變化已是難上加難，更遑論做出最後決策。總之，這都沒有關係，你應該也可以賺到錢，甚至能創造和大盤相當的績效，**不過卻永遠都沒有機會打敗市場**，永遠都無法掌握到能讓你在短期間致富的大行情，可是這些大行情的利潤絕對超過長期股票循環所能創造的利潤！

所以，我要說一個可能讓你改變心意的故事，請你多想想利用景氣循環進行操作的好處。我在一九八七年開始操作避險基金時，我決心只投資市面上成長率最穩定的企業，並決定避開產業輪動的概念，希望能藉由買進且長期持有績優股的方式，累積長期的獲利。我認爲由於市場最能接受「成長」概念，所以長期來說，這類公司的價值將會持續上升。看起來這是很不錯的投資方式，不是嗎？不要管短線波動，只要想長線就好。

在操作避險基金兩個月以後，我虧損了九．九％，這實在很不可思議。我被我的成長股諸如漢斯、默克（Merck）、通用麵粉和可口可樂徹底擊敗。我的合夥公司設有一條「虧損十％」的條文，如果我虧損十％，就必須把錢交還給合夥人。因績效不彰而即將失去生計，確實是很令人恐慌的，而這一切都起因於我不把循環當一回事。

那麼，究竟是哪些因素對市場造成影響呢？爲什麼菲爾普斯道奇、道瓊化工和美國鋁業會漲呢？和這些股票相比，我的持股看起來蠢極了。當時我認爲這些大型金屬和化工公司的長期成長率很差，就算有成長，也不超過美國的國內生產毛額成長率，因此，我心裡覺得很不平。這些股票的大漲好像很不合理，難道買這些股票的人都不瞭解他們可能因菲爾普斯道奇和美國鋁業而虧本嗎？這些人難道不是只喜歡買進且長期持有高成長型企業嗎？這不是致富的最佳管道嗎？

當時還是我女朋友的凱倫·貝克費區（Karen Backfisch）擔任史坦哈特（Steinhardt Partners）的交易員，她每天都要承接五十萬股美國鋁業、菲爾普斯道奇、喬治亞太平洋（Georgia Pacific）和國際紙業的大宗交易。當我告訴她，我依舊堅持投資我心目中的穩定成長股時，她嚴厲的斥責了我一頓。她向我解釋，只有在經濟情勢趨緩或停滯時，市場才會青睞這些「穩定」成長股；而當經濟開始步入循環性擴張期後，市場的最愛絕對是「成長性不穩定」的標的。接下來，她勾勒出一張線圖給我，到現在我都還是會使用這張圖（請見第一六二頁）。簡單說，當經濟成長率介於一%到三%時，應該盡可能持有可口可樂或百事可樂的股票。另外，也該大量買進輝瑞、默克和漢斯的股票。而當經濟成長率上升到三%至六%時，則應該持有景氣循環股，因爲這種時候，這些股票的營運年增率將是最高的。我未來的太太說服了我，讓我相信決定多數股票市場價格的人根本不懂得歷史。這些投資人只看過去提報的資料，當他們聽見菲爾普斯道奇這一季的每股盈餘從去年同季的三十八美分上升到八十六美分，市場就會瘋狂的追捧該公司的股票，完全不管該公司明年此時的每股盈餘會不會又回落到三十八美分。當然，雖然她的說法有那麼一點小狡猾，不過，漠視這些走勢，並以這種視而不見的態度作爲行動依據的作法，的確好像是說：「我不管大象是不是已經快踩到我，我不管所有人是不是已經驚惶四散，我就是要躺在這裡，不管會有多麼痛苦，我都要咬緊牙根死抱這些成長型股票。」如果我要求你做相同的事，而且你也依照我說的去做，不知道會有多可怕。

我所讀過的投資理財書籍，全都主張對這種轟天震響的雷聲應該聽而不聞，必須堅定不移地抱牢成長股，有些作者甚至還主張要加碼這類股票。每一本都是這樣！不過請記住，我認爲約定俗成的投資觀點非常不可靠。我比你淸楚這一點，我也瞭解人類行爲，我知道當你漠視這套劇本——堅持在整體趨勢逐漸向景氣循環股靠攏時繼續擁抱所謂的安全成長型股，將會發生什麼事。到時候你將會變得非常恐慌，你將在最糟糕的時刻——也就是底部區賣出持股。你會被淘汰！你將自認無法承受這個痛苦。我目睹這種情況太多次了，每次聽到那些沒血沒淚的「投資界老手」明知不可爲之，卻還是建議投資人「再撐一下」，我就非常光火。只有被虐待狂才會咬牙苦撐，但如果是牽涉到錢，我認識的被虐待狂實在沒有幾個。所以，自從一九八七年以後，我就開始轉向，開始買進眞正行得通的股票，最後成功救下了我的公司。從此以後，我再也不信那些倡議在風雨中咬牙死抱所謂優質股的人。還有，根據我的記錄，我過去的最愛都從未回到原有的高點，很多這些股票的價格依舊停留在我二十年前的賣出價。

接下來，我還要再舉另一個活生生的例子。去年的某一天，有個人打電話到我的廣播節目找我，那一天正好是在玩「我有分散投資嗎？」遊戲。當時聯準會即將開始緊縮貨幣政策，但他卻抱了一大堆銀行股。他說他聽到我勸持有金融股的投資人應該退場，避開這種通常不見得會苦盡甘來的痛苦；不過，他卻做不到，因爲他需要這些金融股的配息，當時很多金融股的股息收益率都超過三·五％。我聽完以後笑著說，儘管市場的運作方式有點怪，但其實是正面的——雖然主要銀行股的股息收益率（以下簡稱息率）都有三·五％，但我知道石油類股當中也不乏息率三·五％的股票。差異在於銀行的息率很快就會上升到四％，因爲這些股票即將下跌（記住，股息是固定的，把股息除以股價，如果股價——也就是分母下跌，息率就會上升），而由於石油類股即將上漲，所以這些股票的息率可能降低到二％。我的觀點是：爲了收取股息而死抱金融股不放是沒有道理的，因爲金融股即將導致你產生資本損失。不過如果你還是堅持非收到股息不可，我也可以找到一些類似股息水準但股價將因利率上升而上漲（而非下跌）的族群。

## 聯準會的重要性

有人譴責我們這些電視上的評論家花太多時間去猜測與推估聯邦準備理事會的動向。媒體的很多批評確實切中要點，不過「花太多時間觀察聯準會動向」的批評卻不中肯。以我最重視的方法（包括國內生產毛額法、產業盈餘循環法）來說，聯準會的角色都非常關鍵，甚至可以說「成也聯準會，敗也聯準會」。

你必須知道聯準會何時將採取行動，以及它將朝什麼方向前進等，理由不僅僅是聯準會動向將直接影響到大戶的動向，也因爲就預測股價是否具備大漲潛力來說，「利率」和「盈餘動能」的重要性不相上下。

若要推估股票是否會有大行情，利率扮演非常吃重的角色。另外，由於利率走高時，投資人偏好債券，不喜股票，所以利率對股票而言也是重要的競爭者。當現金利率（也就是存放在銀行帳戶所能得到的利率）因聯邦準備理事會大幅提高利率而快速竄升時，即使最好的股票都會受到嚴重打擊。請回想二〇〇一年，當時現金利率上升到六・五％，這樣的利率水準是造成跨世紀大空頭市場的主要原因之一。利率代表買進股票的一種成本，所以非常重要；利率愈低，會有愈多投機者進場，因爲可以借低廉的資金來買股票。形成一九九九年大漲走勢的部分導因，就是低廉的資金成本促使投資人積極融資買進股票（雖然之後形成一個大空頭）。當時聯準會寬鬆政策所釋放的低廉資金，創造了一個幾乎所向無敵的泡沫市場，若非後來聯準會升息，否則似乎沒有其他因素抵擋得了當時的多頭氣勢。

利率也是決定是否投資「成長型」企業的重要依據，因爲利率將決定我們願意支付的價位。記得我們先前討論的股票未來「合理」價格（而非目前價格）的計算流程嗎？首先，我們必須釐清一個公司的可能盈餘，這是價格要素中的估計部分。接下來，我們必須想好願意用多少倍數來買這些盈餘估計值，這個倍數就是本益比。而計算本益比時，必須把所有和經營有關的因素全部納入考量，包括盈餘循環、整體經濟局勢、政治或經濟風險等。不過，其中最重要的是計算我們願意以多少「折現」率來「取得」這些盈餘估計值，折現率完全取決於主要的長期利率。我不會用一些艱深且和算術無關的考量來讓你覺得枯燥乏味，不過，在推算出未來的盈餘數字後，配合考量所有可能影響到盈餘高低的產業、整體與個體因素，接下來，就必須釐清一檔股票目前的價值，才能算出該股票目前合理的價格。意思就是，光是知道未來並不夠，也必須知道未來價值和目前價值之間的關係，也就是說，我們必須知道這些盈餘的「現值」是多少。

現值分析鐵定會讓多數人覺得頭昏腦脹，因爲一般人不懂利率的折現機制，也不懂利率是決定目前資產價值的要素。但如果是牽涉到銀行帳戶，我們卻自然而然就會接受折現的概念。讓我們舉個例子來說明利率如何決定未來價格的現值。如果你存一美元到銀行，每年的利率是二%，那麼一年後你的錢將變成一・○二美元。一年後的一・○二美元就是現在的一美元，這是表達一年後一・○二美元的現值是一美元的另一種方式。盈餘也一樣，假定我們認爲美泰克在二○一○年可能賺五美元，那麼未來這五美元的現值是多少？要如何把這五美元折算成現值？我們必須使用和債券相同的利率。股票被視爲一種遠期資產，意思就是，股票價格是折算發行公司長期盈餘能力的現值後計算而來。我們用二%計算一年後的一・○二美元的現值，也可以用相同期間的長期債券殖利率來評估那些未來盈餘的現值。

通常在一個穩定且低通貨膨脹的環境下，我們傾向於願意以更高代價取得這些盈餘。不過，當通貨膨脹急速上升且債券價格跌跌不休（殖利率上升）時，我們願意爲這些盈餘而付出的代價就會低很多，也就是說，我們會用比較高的利率來折算這些未來盈餘的現值。如果美泰克明年的每股盈餘將達到五美元，你必須思考今年要用多少代價來取得這五美元盈餘，相對的，你也必須思考如果二○一○年美泰克無法締造每股盈餘五美元的成績，你今年願意以多少代價買進這檔股票。這就是市場版的「一鳥在手勝過兩鳥在林」。

我不希望流於技術派，也不希望我的言論變成我在廣播節目裡所批判的那種「名副其實的華爾街胡扯」。若想利用盈餘估計值的變動來掌握大行情，一定要知道當利率上升，你為取得這些盈餘而願意負擔的本益比倍數就會降低，當利率走低，為取得這些盈餘而願意負擔的本益比就會比較高一點。用另一種方式來說：當利率走高，我們為取得未來盈餘而願意付出的代價將**降低**，而當利率走低，為取得未來盈餘而願意付出的代價就會**升高**。決定長期利率的最根本因素是經濟情況，而聯準會則掌控短期利率**且**協助控制通膨。當通貨膨脹達到令人無法接受的水準時，利率將會走高，此時，我們為取得這些盈餘所願意付出的代價就會降低。當通貨膨脹降低，由於折現率也降低，我們就會願意支付較高代價來取得這些盈餘。

所以，由於現值因素的考量，我們必須評估任何能讓我們研判出未來利率方向的因素。就實務的市場面來說，這又代表什麼意義？在二○○四、一九九四和一九九○年時，利率大幅攀升，結果，所有股票的本益比都明顯下降，原因是折現率上升了。另外，二○○三年當年利率下降，我們願意承受的本益比就較二○○四年高。換句話說，不管最近一期的盈餘是多少，在高利率和高通貨膨脹時代，我們不願意爲了取得未來的盈餘而付出很高的代價。二〇〇四年年初時，本益比大幅下降，當時E雖然沒有降低，但價格卻降低了（M＝P／E）。當時對股票市場不熟悉、不瞭解股票和利率關係的投資人，誤以爲價格的下跌代表經濟將步入衰退，因此等式中的E（盈餘預估值）可能無法達到原先預期。不過這種聯想完全沒有道理；導致價格下跌的是折現機制，而價格的下跌又導致本益比降低。我稱這種本益比降低的情況爲「沈默的股票殺手」，因爲有很多人根本不瞭解股價下跌的眞正導因是高利率，等到發現時都已經太晚，因爲已股票下跌了。每個星期在廣播節目上和我對話的絕大多數散戶投資人，都不曾注意過利率的問題，也因如此，利率對股價的殺手級影響，還是會經常讓新手投資人甚至一些還算有經驗的投資人措手不及。如果你要買股票，一定要把焦點集中在利率上，換句話說，利率就像汽車油箱裡的油一樣，你一定不喜歡爲這種事情擔心，但如果完全不予理會，你的引擎就會出狀況。如果不重視利率，不把它視爲投資組合的潤滑劑，那麼你的投資組合幾乎注定不會有好表現。

記住，我一直都竭盡所能，抽絲剝繭般地仔細除去最可能大跌的股票，並把焦點集中在最可能大漲的股票上。而要做到這一點，一定要掌握聯準會的動向，這是判斷哪些股票將讓你在最短期內賺最多錢（並讓你免於虧大錢的厄運）的決定性關鍵因素，尤其若要研判景氣循環股，利率走向更顯重要。以下是一系列會透露聯準會可能動向的指標。聯準會衡量很多事物，包括由市場決定的實質利率、消費者物價指數（CPI）、生產者物價指數（PPI）、黃金價格、就業成長率、薪資等等。如果你現在要選股，重要的是要瞭解通貨膨脹何時將上升。我並不喜歡太早爲整個投資流程下定論，不過當消費者物價指數連續四個月上升，我認爲就有理由預期聯準會將緊縮貨幣政策。記住，投資的精髓在於是否能預知未來的發展。我們不能等到聯準會眞正採取行動，要獲取最大的利潤，就必須早聯準會一步。原因是大型共同基金（他們買賣股票時絲毫不手軟，甚至可說漫不經心）都知道這個道理，而且由於基金持有非常多股票，所以他們必須在聯準會實際行動以前先有所作爲。沒有關係，因爲我們也知道這一點，只要跟著調整就好。

你可以把聯準會想像成某種怪異的學校教師，這個老師總是獎勵最笨、最不合作的學生，但卻懲罰表現最好的學生；大多數時間裡，經濟會處在一個平均值（和學生的素質一樣），你要說這個平均值是B也好，是C也好。當一切處於平均值狀態時，聯準會不會採取任何行動，無爲而治。而當經濟景氣非常熱絡，也就是分數達到A時，聯準會卻會出面壓抑這些熱潮，開始使用它唯一的工具來減緩經濟活動，這個工具就是調升短期利率的權力。不過，如果經濟情況下滑到D水準，它就會送出降息的大禮，而如果經濟情勢糟到不及格的狀態——就像九一一事件過後的二〇〇二年，聯準會就會把利率降到不能再低的水準，好讓經濟再度恢復活力。

聯準會的降息將對企業產生非常顯著的影響，此時企業能用更低的資金成本進行轉貸，償還較高利率的負債，就像一般人在利率下降之際進行房貸轉貸的作法一樣。由於負債的成本降低，企業得以擴張，聘請更多員工、囤積更多存貨，並以更低的價格賣出商品，因爲此時爲囤積存貨的借款成本降低了。這就是商業的循環。當然，當利率走高，企業一定會受到傷害，因爲資金成本升高，導致企業無法囤積過多存貨，也無法利用低成本資金進行擴張。所以，當經濟情勢達到A級時，聯準會將會設法踩煞車；而當經濟景氣衰退，它就會爲經濟體系注入活力。不過，請切記，我們並不關心利率將對個別公司產生什麼樣的影響，我們在意的是：聯準會的行動究竟將對我們用來預測股票大行情的方法產生什麼影響。我們比較關心利率上升或下降對未來盈餘估計值將產生什麼影響，而不在意利率的升降將對企業產生什麼影響，因爲決定股價波動要素的是對未來盈餘的認知。

我之所以那麼強調聯準會動向的重要性，原因在於如果經濟一直維持強勁，就必須完全投資在盈餘數字將超出預期的企業。不過由於聯準會總是會中途介入，爲經濟降溫或在經濟遲緩時介入提振經濟，所以秉持這種「盈餘超出預期」的方法其實很危險。舉個例子，如果你完全不理會聯準會的動向，你可能一直到二○○一年都還把錢百分之百投資在股市，當時不管是投資哪一種股票，結局都很悽慘，尤其是被套在科技支出循環的人，當時甚至還有很多投資理財書籍認爲，這些股票能爲投資人創造優異的利潤。

如果你不把聯準會當一回事，一旦情勢趨於惡劣，你將損失掉多到無法估計的錢，最終被市場一腳踢出去。所以，我才會那麼重視聯準會和這些賺錢循環。愚昧（以及因愚昧而相信買進且長期持有模式）不是福。如果能對你的資金多用點心，再投注一些努力，讓這些資金加速累積，你的績效就能長期穩定超越市場。但如果你漠視自己的金錢，或壓根不相信自己做得到，就注定要當落後市場的人。

第三個推測大行情的方法不是傳統的方法，這是我自己開創的方法。我是在檢視一個與眾不同又尚未被發掘的股票族群時發現這個方法的，我稱呼這些尚未被發掘的股票爲不知名的企業。通常散戶和機構投資人只想推測與掌握知名企業的行情，但這些股票的價格其實都已經完全反映其實際價值。他們會試著找出這類股票的M或E，也就是說，試著要釐清這些企業的盈餘或本益比，以便判斷最終目標——股價。

不過如果企業沒有E怎麼辦？如果一個企業剛成立不久，或者運氣很爛，根本不賺錢（遑論盈餘估計值），又該怎麼辦？如果企業要到很久以後才會開始賺錢，所以無法估算出E或M，該怎麼辦？市面上有很多這種企業。難道這意味著我們必須放棄這些股票，一直死守能輕易推測出E和M的股票嗎（這些股票的價格已經趨於合理，甚至完全反映其實際價值）？不可能！事實上，雖然這些股票的走勢可能會讓你賺點錢，不過就如同我們先前所說的，相較於很多沒有E或M能算出價格的新創企業，知名股票所能創造的利潤實在顯得微不足道。事實上，很多企業在被發掘後，股價也可能還是被低估。我們可以從這些未受注意且被瞧不起的股票中獲得最驚人的利益。不過，我們也必須承認，在投資這些冷門股時要特別謹慎，應該事先設定買進與賣出價格，絕對不能買了股票以後就忘了自己有這些股票。因爲如果發生狀況不及時處理，很多新創企業的股票反而有可能嚴重毒害我們的投資組合。

但是，不入虎穴焉得虎子，不買這些不知名／價值低估的企業，等於平白把錢放著給別人賺。不過請千萬記住，這些股票可在幾個月、幾個星期、幾天甚至幾個小時內就走完它們的行情，它們不會管你的應變速度是否跟得上，是否有及時賺到錢。

你可能還是搞不懂我所謂的「不知名企業／價值低估股票」究竟是哪些股票，華爾街對這類股票的稱呼是「小型股」，不過我實在不喜歡使用這個稱號。我並不喜歡把焦點集中在小型股上，而是喜歡把焦點集中在不應小型而小型的股票，因爲這些股票背後的企業有著非常龐大的成長潛力，不應該一直被冠上這個名稱。

我可以在這些小型股變成中型甚至大型股以前，就先把它們找出來。誠如威利・蘇頓（Willie Sutton，譯注：美國著名的銀行搶匪）說的，要搶就搶銀行，因爲錢都在那裡。

即使市場上存在我們先前說明的兩種眞正賺大錢的方式，但卻還是有那麼多人認爲，應該投資在營運穩定且知名的企業才會賺錢。關於這個現象，我一直都覺得很不可思議。這實在是違反直覺的態度，通常知名企業的市值都在數十甚至數百億美元以上。就百分比來看，標準普爾五百成分股的上下洗盤固然能創造一些報酬，但最大的報酬一定是來自不知名企業。你必須在這些小企業功成名就的初期，就先發掘到它們的潛力，也就是在這些企業的市值還不到一億美元、尚未被發掘、不知名、不受大眾喜愛時找到它們，最重要的是，必須在華爾街投資機構**開始研究這些企業以前**，就早一步發現它們的潛力。當然，這種企業的資訊相當有限，最不受重視，但卻隱含最大的潛力。

我這個方法清楚瞭解和預見華爾街的眞正價值，是它推銷「題材」和相關題材企業的能耐（一旦這些企業變得火熱搶手，就會需要大量資金）。我用我的方法試著去預見哪些企業和產業將成爲下一個「必殺」標的。華爾街非常善於把普通題材包裝得很令人振奮又看似值得投資。它喜歡選擇需要大量資金才能順利成長茁壯的新概念，包括青少年時尚、藝術和工藝品、大尺碼衣物、低碳水化合物食品、墨西哥食品、亞洲食品、鄉土特產、印度賭博、奈米技術、隨選視訊、國土安全設備、替代性能源，所有想得到的都算。上述所有趨勢都可能讓一些低價、低市值的股票逐漸蛻變成小至中型股，甚至大型股。不過，大多數投資專家和門外漢卻認爲這類股票過於危險、投機，於是這些股票也被視爲賭博的代名詞。那些專家和門外漢比較喜歡在完美的葡萄園裡尋找好標的——也就是可以找到最多資訊、價值已充分反映其實際價值的完美企業。但我不一樣，我喜歡在尚未被開發的野地裡挖掘不爲人知的股票和資訊，這些股票的價格當然遠遠不及它們的價值。而那些人則不理性地擔心買到有問題的低價股可能會虧錢，好像股票會跌到負數似的。

學術界人士宣稱，就最長的期間來說，所有股票的價格都會完全反映其實際價值，沒有任何人能取得資訊優勢。他們認為戰勝市場是不可能的任務，而你，可能早已加入他們的行列，所以也許你只投資標準普爾五百指數基金。現在你應該已經知道，我早就發展出一些方法來掌握「已被發掘股票」的大行情；不過，如果我說，大多數選擇停留在已知園地的投資人可以長期穩定超越專家，那麼我就有點失言了。但就未知園地來說，只要能取得充分的資訊，就可以在這個領域賺到更多錢。然而，其他動力包括群眾心理（行為金融學），卻操控著這個類別的股票。我們知道，一般人無可避免的會誤判風險，所以人們生來就容易買在高點，當然也因此而不自主的讓自己身陷風險，尤其是處於虧損狀態時；也因如此，我們可以從中預測一些能讓你賺錢的人類行為模式。舉個例子，我們知道群眾會因為某些概念而志得意滿，我們也知道悲哀的散戶總在應該沒有信心的情況下過度自信，當然，這些盲目的群眾終將被淘汰，進而傷害到效率市場，更導致市場成為學術觀察家眼中極端沒有效率的市場。只不過，對真正瞭解市場運轉模式且反覆見到這些事件一再重演的我們來說，這樣的發展並不意外。簡單來說，學術專家認為「市場」將給予所有證券合理評價，但是，「市場」只會給大約上千檔最大型股票合理評價。其他股票則將受情緒和心理所主導，而你則可以透過這些情況來為自己獲益。約翰・梅納德・凱因斯（John Maynard Keynes）曾經以文字解釋過，放空者和市場不理性行爲「對作」一再失敗的原因，他說：「一直到你破產爲止，市場可能還是維持在不理性狀態。」不過我認爲相反，我認爲不理性的市場可能延續非常長的時間，讓你有足夠時間介入，順利賺進超額報酬後還有充分時間泰然出場。當然，認爲股票價格完全反映其價值、且所有市場上行爲都是理性的人，一定會認爲我的方法看起來像在賭博。不過我主張「穩健從事投機操作」，意思就是利用其他投資人的行爲痙攣來爲你自己創造利益。

趁市場趨於理性以前進／出場的第三個方法，應該是在短期內獲取至高利益的最好方法。我堅信研究行爲金融學的學術專家終有一天也會開始採行我的方法，並因此戰勝那些主張理性／效率的人。一旦到達那樣的境界，我的方法將成爲所謂的「基本面」投資方法。不過在此同時，先賺錢比較重要，不需要苦等那些象牙塔裡的人給我們祝福。

我的避險基金從不關心那些限制，有時候，我會投入高達二十%的資金到這些可能創造超額報酬的標的，儘管這些公司並沒有長期的基本面資訊可供參考。我有充分的自由可以這樣做，因爲不會有人緊盯著我的動作說：「你明知 Viant 或 Webvan（兩個已經破產的網路公司）遲早會退燒，所以不要賺那種錢。」沒有人會批判我或我買的股票，因爲儘管這些公司長期而言不可能成爲大公司，但就中期而言，只要懂得適時出場，一定可以利用這些股票得到上乘的報酬。

就我自己的避險基金來說，我稱這個流程爲尋找「火紅股」，這些股票就像是炙熱的馬鈴薯一樣，只能持有幾天、幾個星期或幾個月，除非你中途已經收回原先投入的資本和一部分利潤，否則不應該繼續持有這些滾燙的馬鈴薯，以免成爲它的奴隸。

華爾街分析師之所以推薦某些股票，是由於他們想取得這些股票發行公司的銀行業務，或希望吸引一些新公司透過他們辦理公開掛牌事宜；而我剛成立我的避險基金時，目標就是要和華爾街券商的促銷手法「對作」，我希望瞭解他們的想法，看穿他們要推薦哪些股票。我非常精於掌握這種普遍存在於所有大型華爾街投資機構的腐化作爲，也經常有辦法在他們提升某些股票評等以前，建立這些股票的部位，而當他們眞的調升股票評等後，則是最好且合法的出場點。不過，紐約州檢察總長伊利歐特・史匹哲（Eliot Spitzer）終結了這場遊戲，他認定這些分析師一點都不誠實，就像是電影公司自家雇用的影評人一樣。當然，有時候這些影評人的確會提出一些不錯的建議，不過，他們通常只會推薦一些爛片，因爲這些影片是他們所屬公司出品的。當然，以電影來說，你也不過是付出十塊美金的代價看一部電影，不合胃口就走人算了，沒什麼大不了。不過如果是牽涉到投資的資金，可就不是這麼簡單了。股票並不便宜，但你卻可能因聽信了一些只爲討好企金客戶的腐化研究報告，而付出幾百或幾千美元的代價，去買一些不該買的股票。由於目前研究部門已經不可以那麼赤裸裸的誘惑客戶，所以華爾街促銷機器的預測價值已經不存在了。而且請相信我，我以前所瞭解的研究遊戲已經朝向正面轉變，因為違法的人得坐牢。華爾街分析師在仔細盤算過後，應該都知道不值得為了拿公司發的企業金融業務紅利而去坐牢。

不過，這並不意味我們無法預知另一種強大的促銷力量，這個力量甚至比華爾街促銷專家的力量更強大。我們能預見群眾想要什麼，我們知道那些喋喋不休的群眾在想些什麼：他們不可自拔的自認所有題材都可能創造出下一個微軟或安壯（Amgen）。我們之所以能掌握到這些人的想法，是由於我們手上掌握了很多觀察資料，我們知道散戶喜歡什麼，能接受什麼，什麼東西可以激起他們的興趣，讓他們在網路上天花亂墜、大放厥辭。由於我們能掌握這些資訊，所以我們當然能領先群眾，安心讓他們為我們抬轎。

這些股票是另一種所謂的「必殺」股。這些股票就像是超級新秀，是短暫閃耀的明星，只不過這些明星最後將因它們自身的熱度和能量而爆炸。市場上之所以一直存在一些「必殺」股，原因在於人人都期盼找到下一個家庭補給站、基因科技（Genetech）或雅虎等。由於這些知名股票過去都曾經創造極端優異的報酬，所以市場上自然充斥著這種「尋找下一個飆股」的風氣，只不過有時候，群眾對於所謂的潛在飆股並未抱持應有的懷疑態度，所以整個投資流程看起來有點不嚴謹。如果我們在介入那些看似將成為下一個大飆股（「必殺」股）時，能嚴守買進紀律同時切實執行賣出紀律，快速針對虧錢的股票執行停損，並放手讓有獲利的股票持續上漲，那麼，只要輕鬆坐在那些成天尋找下個飆股的人所抬的轎子上，就可以穩定獲得優渥的利潤。如果能遵守紀律，就可以有效限制下檔風險，至於獲利空間，你可以先收回原始籌碼（成本），繼續用獲利的部分「玩」下去。

自我從避險基金退休後，我培養了尋找看似下一個「必殺股」的敏銳感覺，我發展出一套獨特、系統化、絕不馬虎且可以清楚區分出璞玉及周遭岩石的流程。我這個尋找「必殺股」的方法可以預知群眾心理。用時髦一點的語言來說，我的方法企圖發掘有潛力的股票——我們試著瞭解什麼樣的「風潮」將席捲整個華爾街，帶動相關企業股票大幅上漲到超出一般人所預期的水準。當然，最重要的還是要及早介入這些股票，在這些股票獲得華爾街過多「關愛眼神」前先進場，因爲當華爾街開始密切關注這些股票時，就會形成最大的行情。

要獲得投資界的足夠關注，一個新產業必須能夠將微小且不爲人知的概念逐漸轉變成中型且略具實質重要性的題材，也就是說，這些產業必須具備安迪・葛洛夫（Andy Grove）在他所寫的一本絕佳好書——《十倍速時代》（*Only the Paranoid Survive*）——裡所提及的「十倍速潛力」。葛洛夫在那本書裡提到，市場上存在非常多驚人的題材，像是網路瀏覽器、電子郵件、微處理器等，這些都是改變遊戲規則的概念。葛洛夫寫道：「科技瞬息萬變，大多數這種變化是漸進的：競爭者發動下一波的改良方案，而我們予以回應，接下來他們又發動另一波回應，如此周而復始，不斷改良。不過，有時候科技的變化也可能非常劇烈。市場上有時候會推出前所未見的全新產品或概念，或者一些比目前好十倍、快十倍或便宜十倍的產品或概念」。葛洛夫說，這些「策略性轉折點」並非只侷限在科技領域。這些轉折點可能在很多領域產生革命性影響，從電影（從無聲到有聲電影）到電話公司（最典型的例子是政府對產業民營化後，創造出非常多有競爭力的電話公司）。葛洛夫認爲箇中訣竅是：知道這些變化可能來自「不爲人知的領域」，並學會如何預見這些變化。而我們的訣竅則是堅守「不爲人知的領域」，以便比其他人早一步清楚看到有利的進展。

當然，市面上存在非常多嚮往成爲十倍概念但最終卻失敗的例子，不過我的方法以那些損失爲基礎，同時也接受這些損失。我的方法是利用群眾無法在一大堆注定失敗的概念中，區分出十倍速概念的現實，並在失敗發生以前，順利帶領你買進並賣出這些概念。

讓我們舉一個目前最受關注的領域之一——奈米科技——爲例。所謂奈米科技是巧妙利用微小顆粒來製造新的合成產品。當然，我內心那個憤世嫉俗的操作者認爲，這只不過又是操縱股票的一種技巧，推銷這個題材的目的不過是爲了讓更多公司有機會成立，讓投資機構有更多承銷利益可賺罷了。奈米題材和一些不知名但頗令人振奮的新產業一樣，幾乎所有被冠上「奈米」的股票都會被推升上去。而我所掌握的訣竅是：提前找出市值最可能大幅上升且足以引起華爾街注意的股票，不過，市值是否上升很重要，因爲華爾街通常不願意碰任何市值低於十億美元的股票。

在最原始的階段，我會檢視哪些公司有少量營收、經營階層的血統優良、且其技術展望聽起來至少有那麼一點合理性。我會藉由閱讀貿易期刊、報紙和雜誌文章等來追蹤這些企業，有時候也會參考學術研究報告，瞭解哪些技術可能會有前途，哪些行不通。通常這類股票多如牛毛，而且價格都低於十美元。我喜歡用「總數投注」的方式，因為我並不知道哪一檔股票最終會獲得市場最大的信任。對我來說，這個流程和創投業者所進行的流程很相似，只不過我的機率比較高一點，因為這些股票都已經在公開市場流通，一旦選錯股票，我至少有機會賣掉這些股票，而且我藉由飆股賺的錢遠超過那些爛股虧的錢多。創投業者即使選錯標的，也必須繼續持有到股價跌到〇元為止；不過，我們不一樣，一旦發現某些股票不可能成為十倍速標的，就可以隨時出場。

如果你看不懂上述創業投資的比喻，可以參考以下描述：這就像是在一群藍魚裡釣魚一樣，當你處於那個紛亂的漁場裡，不可能完全沒有捉到任何魚。只要在類似奈米科技那樣的一群「魚」游近時把魚鉤、釣線和鉛錘放到水裡就好。如果你想在極短的時間內得到高百分比的累積報酬，就必須善加利用機會。我買股票時，一定會瞄準這種機會。

以奈米科技為例，要找到可以進行「總數投注」的類股，只要上谷歌搜尋相關企業，接下來看看哪些已經公開掛牌，並利用上述方法來檢視它們的真實性。如果我的起步夠早（判斷的根據為：是否有大型華爾街機構開始研究這個族群），就會發動突擊。如果華爾街已經開始密集研究這個族群，尤其如果連設在紐約的大型投資機構都開始注意，而不是只有內地的區域性投資機構的話，我就會放棄。如果大型機構已經開始研究這些族群，代表我已經「遲到」了，這個概念早就被其他人發掘。

通常如果一項科技夠吸引人，或者它的需求夠強，你當然就可以輕鬆預見該族群的熱度將逐漸升高。你將會目睹這些股票的成交量日益加溫，也會發現股票留言版開始對這些股票議論紛紛，尤其是雅虎的留言版。我的助理負責蒐集留言版裡的評論，接下來，將會有愈來愈多革命性網站（如大街網站）開始報導這些概念。

只要這個族群的某些企業開始達到臨界點，地區性券商的投資銀行部門（而非設在紐約的券商）就會在國內或國際上，四處搜尋看起來有那麼一點奈米科技概念、而且願意讓他們承攬公開承銷業務的公司，他們會寫文章讚揚這些企業，希望未來能有機會從這些公司爭取到業務。

這聽起來有點蠢，好像完全不用大腦，不過，此時最好是盡可能多買一些奈米科技的股票，因爲即使現在華爾街投資機構被綁手綁腳，腐化的情況也有所改善，但一旦出現足以說服大眾的技術，而這些機構又能爭取到大的承銷業務時，已經被廢掉武功的促銷機器依舊能有效產生推升股價的作用。

在大型投資機構的分析師開始推薦這些股票以前,我會陸續加碼持股,而且持續作多（也就是持有這些股票），直到這些族群的股價被推升上去，潛在利潤達到最高時才出場。但是，當你無法利用本益比流程來分析股價上限時（因爲這些股票通常沒有E，所以也不會有M），要如何才能知道這些族群何時「大勢已去」（也就是已經達到最高利潤的程度）呢？答案是：我會讓華爾街的貪婪告訴我何時該出場，貪婪指標的準確度和投資機構衡量企業盈餘成長率（不僅短視且是個反指標）的準確度一樣高。在擴張／發狂的過程中，這類股票將如雨後春筍般紛紛上市，相關上市公司的增加速度快速且猛烈，而隨著整個族群的股價持續上升，承銷案也會一個接一個推出。

不過，當這些狂熱現象即將崩潰時，我一定能透過籌碼的供需分析，提前預知這些崩潰將何時發生。在接近絕對高點（要分辨精確高點是很難的，而且我至今只正確掌握到一次精確高點，也就是在二〇〇〇年三月十五日）的位置時，原本好像三生有幸的人才能參與到的承銷案將開始出現敗象——這時候，原本極端火紅（承銷案一推出就馬上出現大幅溢價）的股票轉趨疲弱：股票在掛牌當天開盤時拉高，但隨即跌破承銷價。次級市場（已公開掛牌股票的交易市場）的情況也好不到哪裡去，這些股票經歷瘋狂大漲走勢後開始大跌，原因是先前受首次公開承銷規定限制而不能賣出持股的內部人，開始倒出他們的股票。由於這些內部人很清楚這些代表股票的紙張已達到不可思議的超漲狀態，而爭先恐後搶著出脫持股，在這些賣壓的打擊下，次級市場也無法止跌。

舉個例子，在網路泡沫的精確高點位置，每一筆交易、每一張股票都開始下跌，甚至跌破原本的承銷價。當時沒有任何一筆承銷案是成功的，這就是出場的訊號了，因爲籌碼的供給已經大幅超出需求。

即使身爲知識分子和股票世界的權威，我當時也一樣遭遇大麻煩，因爲我和其他人一樣，在還有錢賺時，總是會盡可能堅持到最後一刻，不管這些股票的情況有多麼緊繃。我當時之所以繼續堅持，是因爲當獲利達到最高點時，股票的空頭會很想放空超漲的股票，但由於放空這些強勢股票難免遭到軋空，在不堪虧損的壓力下，空頭最後只好用更高價回補這些股票（於是多頭的獲利將進一步升高）。

我之所以經常受到外界的壓力，原因是我好像都只推薦並買進全世界最超漲的股票，這些股票的價格早就遠遠超過其企業主體的價值。不過誠如我一再強調的，企業主體和代表這個企業的股票完全處於不同世界，在某些關鍵時刻，我們可以藉由發掘這些差異來賺取最大的利益。事實上，參與這種「華爾街促銷戰」所能獲得的報酬率，遠超過我們能從股票市場獲得的其他種報酬，當然，前提是你必須在這場遊戲開始**以前**，明確掌握到趨勢，也就是在這些企業尙不爲人知且股票價格嚴重低估時介入。純潔主義者痛恨這種遊戲，也痛恨承認這些遊戲的報酬率遠超過其他投資方法的報酬率，因爲他們根本認定這是賭博。不過我必須重申一點，如果你願意謹愼根據預定的規則從事投機操作，並切實遵守賣出紀律，那麼就完全不須理會這些股票的企業主體是否終將成爲了不起的大企業。也許它們無法成爲大企業，但那又怎麼樣？到那時候，你已經靠發掘這些將來可能變得一文不值的股票賺了一大筆錢，何必關心這個公司未來的命運呢？那畢竟已經不重要了。只要用樂觀主義者的觀點來看這個世界，並毫不遲疑的接納這些樂觀主義者的想法就好。不過，在保持樂觀的同時，也必須堅守靈巧與嚴謹原則，這樣才能預知何時將出現「大勢已去」的結局，因為屆時市場將體會到很多企業不過是騙局或鬧劇一場。只要能在崩盤之前，或在多數人終於體會只有少數公司能因它們的概念而受惠之前先出場，就大可以安心參與這種十倍飆漲走勢。沒錯，有些公司確實能變成下一個微軟和家庭補給站，而依據我稍後將說明的買賣紀律，你將能在適當獲利回吐後，繼續抱住這些好股票。最後，你的投資組合裡將全是類似雅虎和亞馬遜等好股票。我的避險基金就是採取這個作法，我收回本金後，用賺到的錢繼續操作，還放空了一些爛股，並無情地一直抱到這些股票跌到個位數為止。

當這些沒有盈餘的股票看起來好像會一路漲上天，當這些不值錢且虛有其表的企業所發行的股票突然大漲，你反而應該盡快出場。你必須和這些紅極一時的股票談戀愛，但又必須做好心理準備，隨時都要狠心的拋棄它們。這樣也許有翻臉不認人之嫌，不過在操作這類股票時，彈性重於一切。

如果你一開始沒有遲疑，並接受市場上的這些無限可能，你的獲利會有多可觀呢？如果你願意相信市場上也許存在一些十倍漲幅概念，早其他人一步發掘這些不為人知且價值低估

## 原始的火紅股及這些股票所創造的利潤

| 股票代號 | 當天股價 8/30 1999 | 11/30 1999 | 2/29 2000 | 5/31 2000 | 經過以下期間的股票漲跌 3 個月 | 6 個月 | 9 個月 |
|---|---|---|---|---|---|---|---|
| ARBA | 267.5 | 361.1248 | 1058 | 417 | 35% | 296% | 56% |
| BRCD | 179.5 | 289.9376 | 578.2504 | 471.7504 | 62% | 222% | 163% |
| BRCM | 125.3126 | 179.0626 | 394.75 | 260.125 | 43% | 215% | 108% |
| CMTN | 3015.625 | 2085.9375 | 4346.875 | 4178.125 | −31% | 44% | 39% |
| CNXT | 371.9604 | 607.4418 | 1007.278 | 385.7364 | 63% | 171% | 4% |
| EXDSQ | 19.0313 | 26.9531 | 71.1875 | 35.2813 | 42% | 274% | 85% |
| EXTR | 65.625 | 66.375 | 111.25 | 48.875 | 1% | 70% | −26% |
| JDSU | 211.4376 | 457.5 | 1054.5 | 704 | 116% | 399% | 233% |
| JNPR | 210.0624 | 277.125 | 822.9378 | 525.5628 | 32% | 292% | 150% |
| NTOP | 72.625 | 58 | 57.875 | 29.5 | −20% | −20% | −59% |
| OPWV | 1072.125 | 2610 | 2513.25 | 1258.875 | 143% | 134% | 17% |
| PMCS | 94.5 | 103.0626 | 386.125 | 306.5 | 9% | 309% | 224% |
| QCOM | 183 | 362.3124 | 569.75 | 265.5 | 98% | 211% | 45% |
| QLGC | 174 | 226.25 | 624 | 196.5 | 30% | 259% | 13% |
| RBAKO | 56.25 | 69.9688 | 149.25 | 83.875 | 24% | 165% | 49% |
| RHAT | 75.5626 | 210 | 121.375 | 32.125 | 178% | 61% | −57% |
| SPX | 1324 | 1388 | 1366 | 1420 | 5% | 3% | 7% |
| VRSN | 105.375 | 185.8126 | 506 | 270.75 | 76% | 380% | 157% |
| ZOOXQ | 89.75 | 79 | 66.25 | 26.625 | −12% | −26% | −70% |

的股票，你的獲利又有多麼驚人？如果你預知某些概念可能成爲大眾所認同的十倍速概念，你又能賺多少錢？記住，潛力就是一切，因爲如果遵守我的賣出紀律，保證你一定能在大地震來襲之前全身而退，至多只會留下贏來的錢繼續操作（因此無虧本疑慮）。

請參考本頁與第一九七頁的圖表，第一個表列出了我操作避險基金時期與過去十年寫作過程中曾經掌握到的驚人行情。另外，表中還列出了這些行情的延續期間，以及能透過這些短暫行情賺多少利潤（如果你手腳夠快的話）。第二個圖表是我在網路熱潮展開前所製作的一份企業清單，我閱讀了當時許多這類企業的公開說明書，並整理了一些我認為可能成為網路淘金潮裡的飆股名單。當時我和我的一個合夥人麥特・雅各布斯（Matt Jacobs，當時他擔任克瑞莫公司的研究部門主管）實質上就好比創造了一份烤肉聯盟，沒錯，就像棒球或橄欖球聯盟一樣，我們虛擬了一套資金部位，為球隊網羅「球員」（意指為投資組合建立投資標的）。當我們正在網羅「球員」時，這些股票就開始快速上漲，於是，我們很快就把虛擬資金轉變為實際資金，並在極端短暫的期間內賺進了很可觀的報酬率。

從表中可以清楚看出在同一段期間內，投資標準普爾五百（最貼近股市的指數）的報酬率。標準普爾的表現和這些股票的漲幅相去甚遠，這些投機股所創造的利益極端龐大，如果你壓根不想從中賺點錢（當然，也一定要落袋為安），那麼你應該是瘋了。你應該進場，並適時出場，然後坐擁現金，等待下一波行情出現。提醒你一下，這些都是實實在在的獲利，不像那些投資機構廣告所吹噓的「追溯利益」——他們喜歡宣稱假如你採用他們的服務，「應該」可以獲得哪些利益。我確實買過這些股票，也在 RealMoney.com 的電子網頁向投資人推薦過這些股票。我及時出場，只不過當我發出賣出訊號時，我的作法看起來好像愚蠢至極，甚至背叛了我的初衷。當我在二〇〇〇年三月主張大勢已去，應該賣出股票時，遭到嚴厲的指責，

## 火紅的新企業

| 股票代號 | 開始日期 | 開始價格 | 結束日期 | 最終價格 | 獲利百分比 | 標準普爾同一期間的獲利百分比 |
|---|---|---|---|---|---|---|
| BLTI | 12/02 | $5.00 | 1/04 | $21.29 | 326% | 31.58% |
| CHINA | 10/02 | $2.00 | 7/03 | $14.46 | 623% | 30.58% |
| CPHD | 11/03 | $5.00 | 1/04 | $13.21 | 164% | 7.42% |
| DNA | 11/99 | $160.00 | 3/00 | $469.00 | 193% | −0.40% |
| EGHT | 10/03 | $2.50 | 11/03 | $7.52 | 201% | 4.24% |
| FARO | 1/03 | $2.00 | 1/04 | $33.23 | 1562% | 25.70% |
| FWHT | 10/02 | $3.50 | 9/03 | $27.27 | 679% | 30.69% |
| HLYW | 4/01 | $1.80 | 6/02 | $20.68 | 1049% | −8.74% |
| ICOS | 3/03 | $15.00 | 6/03 | $45.17 | 201% | 24.69% |
| IOM | 1/95 | $6.00 | 5/96 | $324.00 | 5300% | 45.92% |
| MACE | 4/04 | $2.20 | 4/04 | $10.15 | 361% | −1.79% |
| MAMA | 2/04 | $4.00 | 4/04 | $15.90 | 298% | −0.25% |
| MICC | 3/03 | $1.25 | 4/04 | $27.80 | 2124% | 2.92% |
| SCHN | 12/02 | $15.00 | 1/04 | $124.56 | 730% | 24.79% |
| SINA | 10/02 | $3.00 | 9/03 | $43.57 | 1352% | 28.58% |
| SIRI | 12/99 | $26.00 | 3/00 | $65.06 | 150% | −3.49% |
| SOHU | 10/02 | $2.00 | 7/03 | $42.68 | 2034% | 27.40% |
| SSTI | 6/99 | $1.75 | 6/00 | $36.25 | 1971% | 10.19% |
| SWIR | 5/03 | $4.00 | 4/04 | $45.03 | 1026% | 21.79% |
| TASR | 7/03 | $15.00 | 4/04 | $356.10 | 2274% | 17.20% |
| TBUS | 3/04 | $2.00 | 4/04 | $14.27 | 614% | 3.43% |
| UTSI | 9/02 | $12.50 | 8/03 | $45.36 | 263% | 15.15% |
| XMSR | 11/02 | $2.50 | 1/04 | $30.96 | 1138% | 23.12% |

這最後一波利潤所衍生的熱度足以把人燒焦。但如果你瞭解我的風格，也體認到不能過度留戀這些超大利潤，那麼，你就能理解這些超額利潤眞的值得讓你冒險一試，並不是所有股票都值得你這麼做。

如圖表所示,如果你買了這些火紅股（也就是「必殺股」）,並在適當時機賣掉所有股票，轉投資到國庫券，靜待下一個泡沫的形成，那麼你的績效絕對會擊敗一般人。就過去的經驗來說，這些超額報酬絕對不容否認，但爲什麼多數人不尋找這些股票？爲什麼投資界的知識分子那麼不願意擁抱這個「必殺股」策略？我認爲理由是這種策略需要做兩個決策，一個是買進，一個是賣出。傳統的買進且長期持有投資方法（基本上我不屑採用這個方法），根本沒有考慮到買進股票後還得賣出,但「買」與「賣」卻是整個投資流程中不可或缺的兩個要素。我的必殺策略被視爲一種賭博行爲，所以**即使這個策略的報酬讓傳統投資方法顯得極端相形見絀**，但人們還是不忍苛責傳統投資方法的教條，不過，報酬率不是衡量投資績效的唯一指標嗎？

迄今依舊堅稱不可能在「必殺股」出現前掌握這些股票、並主張隔離這些股票的人，我只能請你們思考我們在我的ＣＮＢＣ節目上說過的一些題材。所有看過那個節目的人都知道，我們經常在這些小型股開始飆漲前討論並分析它們。以泰瑟公司（Taser）的股票爲例，我是在邀請該公司的經營階層上我的CNBC節目後，才從全國電視網上注意到該公司市值還低於一億美元。

在研究過這個公司的基本面和技術面（包括小量流通在外股票）後，我表示這個公司的市值將在短期內突破一億美元。以當時的情況來說，不難理解爲何泰瑟公司的市值會大幅增加。這個公司的產品非常獨特，那是一種會輕易引起議論的產品（記得嗎，我們就是要做到「預見未來的風潮」），最棒的是，該公司流通在外的股票極少，所以，如果有任何機構要買該公司的股票，就一定會把股價推升到天價，才能買得到籌碼。就在短短六個星期後，市場上的狂熱把這檔股票的市值硬生生推高到超過十億美元。當該公司市值達到十億美元，我開始認爲這樣已經夠了，並建議投資人獲利回吐，因爲市場的熱度已經達到失控的狀態。後來，該公司股價在我提出建議後不久作頭向下，並以陡峭的幅度下跌，和其他市值首度達到十億美元且成交量大幅擴增的股票一樣。成交量擴增意味流通籌碼增加過多，也代表股票上漲軌道已結束。

如果你確實依循我的買進及賣出紀律，就有可能做到及時進場與出場。

有兩年的時間，投資人都一直獨鍾昇陽微系統公司（Sun Microsystems），因爲該公司的股價實在很低，但體質又還算不錯。過去兩年內，昇陽一直都是那斯達克裡交投最熱絡的股票之一，但這兩年，它卻沒有任何表現。眞正的原因在於我們太晚進場，它已經是檔老掉牙的股票，已經有過它的風光歲月，但那樣的歲月卻一去不復返。捷威（Gateway）和易安信也都一樣是過氣的股票。我要尋找有速度的股票——會動而且快速波動的股票，我不想被困在沼澤，所以我不要只能小幅波動的股票。光是低價並不足以讓一檔股票成爲好的投資標的。

造就「大眾心理所推升的行情」的因素是什麼？你應該尋找什麼樣訊號，在這種股票開始飆漲前就先掌握到它們？我把這些要素分成以下幾點：

## 四十%經營階層

包括和企業經營階層談話、評估經營階層持有公司所有權的多寡、最近所有權的變動情況、公司銷售其題材的能力，以及公司資訊的可取得性等。題材是否會被接受、經營階層的信用度都是無法確實衡量的主觀因素，但這兩個要素卻是這個主題其他所有項目的出發點。我會和所有能透過電話聯繫得上的企業經營階層談話，畢竟如果你想搭上這些飆漲的火箭，就必須有辦法掌握到第一手的知識。

## 三十%的基本面

這是指現金流量成長率、盈餘成長率與潛力、資產負債表以及流動性等。可能成爲「必殺股」的股票通常擁有扎實的財務基礎，不是空殼公司。有時候，這些公司也眞的能賺錢，

大塊 LOCUS 文化 **讀者服務卡**

謝謝您購買本書！

如果您願意收到大塊最新書訊及特惠電子報：

－ 請直接上大塊網站 **locus**publishing.com 加入會員，免去郵寄的麻煩！

－ 如果您不方便上網，請填寫下表，亦可不定期收到大塊書訊及特價優惠！
請郵寄或傳眞 +886-2-2545-3927。

－ 如果您已是大塊會員，除了變更會員資料外，即不需回函。

－ 讀者服務專線：0800-322220；email: locus@locuspublishing.com

**姓名**：＿＿＿＿＿＿＿＿＿＿ **性別**：□男 □女

**出生日期**：＿＿＿年＿＿＿月＿＿＿日 **聯絡電話**：＿＿＿＿＿＿＿＿

**E-mail**：＿＿＿＿＿＿＿＿＿＿＿＿＿＿＿＿＿＿

**您所購買的書名**：＿＿＿＿＿＿＿＿＿＿＿＿＿＿

**從何處得知本書**：1.□書店 2.□網路 3.□大塊電子報 4.□報紙 5.□雜誌
6.□電視 7.□他人推薦 8.□廣播 9.□其他

您對本書的評價：

(請填代號 1.非常滿意 2.滿意 3.普通 4.不滿意 5.非常不滿意)

書名＿＿＿ 內容＿＿＿ 封面設計＿＿＿ 版面編排＿＿＿ 紙張質感＿＿＿

**對我們的建議**：＿＿＿＿＿＿＿＿＿＿＿＿＿＿＿＿

廣告回信
台灣北區郵政管理局登記證
北台字第10227號

1 0 5 5 0

台北市南京東路四段25號11樓

# 大塊文化出版股份有限公司　收

地址：

市　鄉／鎮　路　段　巷　弄　號　樓

縣　市／區　街

（請寫郵遞區號）

而且一定有營收，營收成長率也非常高。這些股票並不是被那些密室騙子硬生生推到市場上的雞蛋股。

## 十五％的技術分析

這一部分包括股票的動能、支撐區以及簡單的線圖解讀術。我並不是個線圖分析師，不過我通常喜歡尋找長期處於打底狀態的股票。當這些股票向上突破底部走勢或有人開始點火，股價看起來即將大漲時，我才會比較願意介入。你可以把技術分析的線圖解讀工作視爲尋找尙未被點燃的金士福特火柴公司（Kingsford Match Light）木炭。

## 十五％的所謂大街網站「阿爾發」要素

這是我根據股票流通在外籌碼、成交量相較籌碼流通數量顯得低、股票過去是否對大消息有明顯的回應，以及放空比率等要素所創造出來的一個專利指標。這是衡量一檔股票潛在「放空」壓力的指標，這意味著市面上是否有足夠的有形股票來吸收買方的需求，但又不會讓股價上升到過高程度。我們可以利用這個要素預知一檔股票的波動速度，藉由這個要素，可以大致推算若無地心引力或其他籌碼供應的拉扯，一檔股票從〇元上漲到六十美元的速度將有多快。以這個概念來說，唯有市值過小的股票才會有這樣的表現，而且其市值必須快速被群眾推升到極大的規模。也因如此，我喜歡把焦點集中在流通在外股數最低十萬股，市值一億美元以及價格介於一美元到十五美元的股票。飆股最常存在於上述領域。籌碼的供給（也就是等待要出售的股票）必須非常緊俏，而當供給不再那麼緊俏，行情大概已經結束；籌碼供給必須緊俏到連一個只想買五千股的買家進場，如果不自動把買價提高到有賣方願意賣的價格，都買不到股票，就像是金士福特火柴公司的木炭供不應求的情境一般。

以先前提到的泰瑟公司為例，讓我們進行上述要素的交叉比對。首先，該公司的經營階層相當有經驗，而且在發展震撼槍業務方面的時間相當久遠，只不過一直都沒能打進主要的警力市場。該公司的資產負債表和現金流量表結構非常優異，股價長期打底，且多數籌碼都掌握在少數人手裡，包括內部人。當時該公司的新聞背景相當吸引人：由於警察執法過當案件已經多到逐漸成為可能傷害警界與民選官員整體運作的政治議題，所以全國警察單位突然聯合起來採購泰瑟公司的泰瑟槍。這個現象其實並不難推敲，因為只要有一、兩個主要的警察部門開始向泰瑟公司採購，市場自然認定其他警政機構將立即跟進。邁阿密警察局向來以先進與改革形象著稱，該警局為一些因過失殺人而受困的警官向泰瑟採購標準泰瑟槍，這就是個重要的訊號。由於該公司流通在外股票非常緊俏（流通在外股數幾乎不到一百五十萬股），而可預見的，市場對這些籌碼的需求將無法被滿足，於是股價迅速推升，該公司市值一下子就從一億美元飆升到十億美元。股價持續不斷上漲，一直到市場上到處都充斥籌碼後，行情才結束，但直到行情結束，該公司的新聞背景依舊非常正面。所以，要如何衡量籌碼供給量已逐漸追上需求量呢？成交量的暴增顯示到某個價位後，有愈來愈多人希望退場，於是，愈來愈多股票流向市面，這些新增籌碼改變了原本的供需平衡狀態，並導致股價強度開始趨於疲軟。如果一直等到基本面情況反轉（例如一旦泰瑟槍被視爲嚴刑拷問的工具，客戶可能因觀感問題而減少訂單，而由於此時該公司的股票市值已非常高，一旦失去某重要領域的訂單，就無法支撐這樣高的市值），我們就可能平白少賺很多輕鬆錢。

那麼你也許會問，此時此刻，有哪些股票能讓我賺錢？這是個棘手的問題，因爲這個類別的股票隨時都可能轉向，實在沒有空間讓我們採取買進且長期持有策略。不過這並不代表我完全無法爲你在這個園地裡殺出一條血路。如果你熟悉如何使用網路，既然買了這本書，我想提供你以下網址：www.thestreet.com/stocksunderten。你可以藉由這個管道免費使用一項服務，這項服務會在十倍漲幅的錢在題材發生以前，把這個族群獨立列示出來，而且這些股票的價格都低於十美元。這項服務的名稱爲「股價低於十美元者」電子時事通訊。雖然我很想在此提出一些符合這些條件的股票的清單，但是由於這類飆股的「有效期間」通常很短，所以除了請你直接上這個有我個人評論的網站，別無其他方法。賺錢的機會時刻都在改變，所以你應該親自去試試看。你將發現這種型態的投資（別人眼中的賭博），其實比華爾街那些專家所想的更可預測且值得一試。下一個「必殺股」就在那裡，你也能像個優秀的創投資本家一樣，利用這項服務持有許多這種會飆漲的股票，而且如果當中有任何不理想的標的，你也會在這些股票崩盤前迅速出場，並持續抱牢飆股，享受更大的利益。

很多投資人應該會覺得這個流程看起來很違反直覺，我們對此早已司空見慣。很多投資人在「玩」這些股票時經常被套在高點，這些投資人並未設定嚴謹的虧損因應規則，而且完全不管基本面，但基本面永遠都是重要的考量因素。也因如此，我喜歡以一個荷蘭隧道餐車爲隱喻，向大眾解釋這類投資眞義。以前，在城裡狂野的夜晚喝太多酒時，我和我太太習慣到荷蘭隧道餐車暫停一下，那是個不怎麼樣的小館，不過裡面有一個熱狗煎鍋，我們可以在此吃一些煎蛋三明治來消除醉意。我以前一直覺得這些煎蛋廚師很了不起，因爲那個煎鍋的熱度非常高，所以能在九秒內（我算過）完整煎好一顆蛋。不過如果蛋多停留在鍋裡一秒，這個煎蛋廚師就會把蛋燒焦。

當你在「玩」這種群眾推升的股票遊戲時——也就是在沒有E的情況下推算M——你必須效法荷蘭隧道餐車的煎蛋廚師，你必須操作到熱度達到能完整煎好一顆蛋來做三明治的程度再離開，不過，一定要及時逃出這個煎鍋，一秒都不能多停留，否則你會毀掉整個投資組合。

幸好我們的投資煎鍋和荷蘭隧道餐車的煎鍋不一樣，我們的煎鍋會發出警訊。以個別的

「必殺股」來說，你可以觀察成交量是否大幅擴張，次級市場的行情是否轉弱，還有內部人是否倒出持股。如果是族群同步上漲的行情，則觀察新承銷案推出的狀況，看看股票正式公開掛牌後是否馬上就跌破承銷價。只要用心留意市場上的籌碼供需情況（而不是觀察公司的營運情況），就可以清楚看出圈套所在。當股票在次級市場的交易一開市就跌破承銷價，或者初級市場（也就是IPO）很快就跌破承銷價，就代表市況已經過熱，必須快速撤出。不用擔心，這些警訊很容易掌握。如果這是一個產業行情，那麼一旦承銷案的價格像溜滑梯一樣，快速下跌到嚴重折價的情形，警訊就出現了。過去每一個族群的行情都曾一再重複這種相同的模式，所以，在可怕的金融後果產生前，你還是有時間全身而退。因爲通常在這種該退出的時候，媒體才會終於發現趨勢所在，後知後覺的爭相報導相關的「熱潮」，不過，到這個時候，熱潮已不再是熱潮，它已變成堅實的題材，一個能造就下一個家庭補給站、基因科技或微軟的題材。此時曾抱持懷疑論的人將顯得愚蠢至極，而願意接受「新世代」概念的人則成爲最睿智的人。這時候，市場上資金一定會不請自來，就像是長在最低枝椏上的水果一樣，不用階梯也能輕易摘取。

不過，無論如何，當你聽到這麼積極的捧場言論、閱讀到這類胡扯文章時，一定要做好隨時撤出市場的準備，否則就等著吃燒焦的煎蛋三明治吧。

# 6

# 賴以生存的選股規則

## 操作十戒與二十五個投資生存規則

我最喜歡用一句話描述市場：

「多頭能賺錢、空頭能賺錢、

而豬頭則等著被宰」。

我認爲投資重在「常識」。

「多頭能賺錢」是理所當然的，

因爲當市場上漲，多頭就賺錢；

而當市場下跌，就換空頭賺錢，

至於同時作多和放空，則是非常崇高的事業，

非一般人可爲之。

不過，如果你表現得像一隻豬，

拒絕在大漲後獲利了結，就一定會受傷。

現在，你已經知道我在尋找最大飆股時所採用的全部策略。但要利用哪些戰術來保住飆股的利潤，並在獲利轉為虧損前適時賣出股票呢？

我從八年前開始為大街網站寫文章，我為這個專欄取名為「錯誤」(Wrong)，因為我堅信一旦虧錢，即使只虧那麼一天，都是錯誤。身為一個避險基金經理人，我認為沒有任何藉口可以搪塞操作虧損的事實，絕對沒有，雖然虧損確實猶如家常便飯，不過，經常發生不代表可以原諒。

身為一個避險基金的經理人，我所管理的是一筆沒有耐性的資金（其實所有有錢人的資金都沒有耐性），所以我對虧損的忍受度是有限的。我大可以一再重申：「我真的認為如果願意長時間等待，終有一天可以等到一支『全壘打』」。不過，有時候，獲利的「速度」遠比獲利的「金額」重要得多。這些避險基金的主人對短線績效的關注程度讓我大開眼界，而且從我一九八七年開始操作這檔基金以後，我就開始受到這種觀念的箝制。有錢人關心的是**目前**有哪些「搶手貨」、哪些人正快速賺進大把財富、誰的績效又領先群倫。避險基金行業和全國橄欖球聯盟（NFL）非常類似，因為如果你沒有得到冠軍，投資人就會另請高明。

當我開始操作他人資金時，我以為只要每年提報一次成果就好，不過，當時除非我願意每季提出報告，否則根本沒有人願意把資金交給我管理。反正這是他們的錢，所以我自然同意。經過幾年後，他們開始要求我每個月提出一次報告，又過了幾年，他們要求一週提一次報告，在我管理該基金的最後幾年，很多合夥人甚至開始要求我每天提出報告。理由很簡單，他們不希望在睡一覺醒來後發現自己竟由盈轉虧，所以他們不斷的對我進行「拷問」，希望可以隨時掌握資產的變化。由於一個人能同時作多和放空，所以我心裡知道，這代表他們希望我在市場上漲時賺錢，但當市場下跌，他們也指望我賺錢。尤有甚者，如果我放空，且市場下跌二%，他們就會期待我賺二%或三%，如果市場大漲二%或三%，他們則期待我幫他們賺四%。

我曾向我太太抱怨，我似乎已經成了馬戲團裡那些跳舞的熊（意指空頭）和牛（意指多頭）。因爲我必須不斷交出成果。由於被合夥人纏著不放，所以我經常被迫從事一些不該從事的操作，因爲投資組合永遠都不能縮水，即使是短短一分鐘也不行，否則就等於冒著收盤後被合夥人抗議的風險（我不讓合夥人在盤中和我交談）。我必須在虧損擴大以前趕快執行所有停損，即使這些部位是我深信不疑的部位，依舊得執行。即使我持有好部位（例如我在AT&T無線電話公司下跌期間逐步加碼部位）也抱不住，因爲他們根本無法忍受短暫的未實現損失。他們認爲在走向致富的路途上，任何虧損都是「錯誤」，他們要求盡可能盡快把所有利潤落袋爲安，遑論眼睜睜看著到手利潤又消失。當時，我不得不把操作時間延長到從清晨四點到深夜十一點，只要有開盤的市場都是我的操作標的，包括芬蘭、日本、香港等，一切都是爲了賺取足夠的短線利潤來取悅我的合夥人。

無疑的，我採用的模型——也就是盡最大可能快速賺取操作利益的模式——確實是快速成為有錢人的好方法。不過這個模式不見得完全適合你，除非你為求成功不惜完全放棄自己的生活，包括家庭，就像當時的我一樣。採用這個追求極端短線績效的模式所付出的代價實在太高，即使這個模式能實現超出平均值的績效，都不值得。我在二〇〇〇年年底退出避險基金操作，我發誓絕對不要再讓自己陷入那樣的情境。我心知肚明，那種短線操作風格不可能持久，甚至不見得能超越較長期操作模式的績效，因為長期操作模式較具稅賦優勢。就在我從那個避險基金「退休」後不久，我曾經有過一次機會可以用較慢的步調管理資金，那是一檔共同基金。當時的條件是，我獲得一％的總資產管理費，不過不能抽取獲利（包括實現與未實現）的二十％——這是我管理原本那個避險基金的條件。這樣的條件讓我很感興趣，不過當我發現共同基金產業的兩個可怕事實後，馬上決定不接手。這兩個事實是：一、我必須不斷推銷我的基金；二、我必須隨時接受新的資金，不管我是否需要新資金或有沒有辦法把錢用掉（投資到適當標的）。

避險基金經理人不好當的理由是每天都要拚績效，但共同基金的兩項要求：「銷售基金」的要求與「隨時必須接受新資金」的要求，卻可能對績效造成災難式的打擊。以前我很少開放新資金到我的避險基金，我堅持只當現有基金合夥人的指定授權者，這樣資產才不會快速擴張。理由是如果資金不斷增加，但你又無力處理，那就再糟也不過了。每次有新資金流入，而且我又不能立刻調整好新部位規模時，我的績效幾乎都會受到拖累。身爲避險基金經理人，我的目標是每年賺取二十四％（扣除所有費用後）的報酬率。但是管理的資金規模不同時，要獲得二十四％報酬率，其難度也有很大的差異，例如管理一千萬美元、一億美元跟管理二．五億美元與五億美元的差異是相當大的，更遑論基金規模動輒數十億甚至數百億美元的成功共同基金。以我的避險基金來說，一開始，我每天只要賺二萬美元就能達到二十四％的報酬率標竿，但到我離開時，一天要賺四十二萬三千美元，才有辦法達到我的「業績目標」。我當然有達成，但其實極端困難。

雖然共同基金模型所提供的誘因，是讓基金經理的收入可以隨基金資產成長，而非取決於績效，但是績效卻注定會落後大盤。原因是如果基金規模持續成長，也許到了某一天，我一天要賺一百萬美元才能平我的記錄。所以，「大數法則」是創造高報酬的最大敵人，要一個管理超大型基金的凡夫俗子打敗市場，確實是太難了，尤其如果你的基金規模每天都在成長，而你又把應該留在工作崗位上分析企業的時間用來交際應酬、推銷基金的話，那就難上加難了。

所以，我後來決定放棄這個機會，我不要在避險基金模式下管理他人的基金，那壓力太大；我也不願意在共同基金的架構下爲他人管理資金，因爲績效太容易落後了。畢竟如果不能賺得比別人多，那麼玩這場遊戲的意義何在？

我決定不受這兩種商業模式的限制，改走自己的路。我開始管理我自己的資金，現在，我可以做很多當初因擔心影響避險基金績效而不能做的事。我可以建立許多我喜愛的公司的股票，不須理會短期的興衰起落，並長期持有這些公司的股票。我不再需要擔心每天的績效如何，只要專注在比較長期的績效上就好。我不再因爭取長期獲利的過程中發生的一些短期差錯而遭到指責。我現在可以依照我的意願，使用一套能和這個全新常識型觀念相稱的操作紀律以及投資紀律，而且每當我認爲時機正確，無論短期或長期，我都能從中獲利，不再受投資人的觀點所影響。

總而言之，現在的我和**你**一樣。你知道我發現什麼嗎？像你這樣的民間投資人一定可以打敗上述兩種模型（避險基金和共同基金）。你的績效將能輕易超越短線取向的避險基金，因爲避險基金經理人每天都要擔心是否能取悅其他合夥人；另外，你也能打敗共同基金模型，因爲共同基金不僅擺脫不了持續增長的管理資產規模，基金經理人又得像個業務員一樣，四處推銷。

奇怪的是，大多數人卻不瞭解自己擁有這麼大的優勢。我在廣播節目裡經常接到投資人打電話進來抱怨，哪一檔股票和他們唱反調，或者哪些股票該漲反跌。我通常會說：「你不相信這些股票嗎？你沒有信心嗎？」如果他們回答「沒有」，我會說：「好，無論如何，賣掉這些股票」。不過，如果你是沒有負擔的孤家寡人，而且非常喜歡發行這些股票的企業，該公司股價又只是因偶發性的市場狂亂而下跌，那麼這反而是個機會，一個好運，一個禮物。但是，多數人還是無法管理好自己的錢，他們不具備應有的操作品質，也沒有遵守應守的規則（一種看透一切並打敗市場所有人的紀律）。我所謂的「所有人」包括高薪的基金經理人，這些人有可能在沒有任何理由的情況下亂賣股票，他們根本不把投資人的錢當一回事。

以下幾節內容是要討論成爲高手應遵守的操作與投資紀律，我所說的高手不需要承擔和避險基金與共同基金高手一樣的績效限制。這一章的內容將幫助你取得專業資金管理高手的優勢，並幫助你避開他們的劣勢。你現在已經瞭解很多基礎知識，包括分析本益比的技巧、瞭解驅動股價的循環，也知道應該朝哪個方向尋找飆股。現在的你需要工具，一些能善加操作與投資你的投資組合並讓你致富的工具；我說的是眞正的工具，而非渴望向你爭取業務的券商所宣傳的工具。

# 操作十戒

## 一、絕對不要把一筆操作目的的交易變成一筆投資

這個觀念極端重要，絕對不要把一筆原本爲操作目的的交易變成投資目的。首先，先談談買股票的流程。當我決定要買 Kmart 公司（經過重整的房地產與零售業公司）的股票時，

我必須先設想這個行動是以操作爲目的或以投資爲目的。操作目的的意思是指基於一個特定的催化劑、一個將促使該公司股價上升的理由而買進該股票。這個催化劑也許是一項資料、他人的推薦、認定該公司實際盈餘將比預期好的想法、一些和重組有關的新聞，或者一些可能會發生的題材等。操作存在一個買進時點和賣出時點，不過，你必須在買進股票以前先聲明這是一筆交易。絕大多數的投資人都是基於某個原因買進一檔股票，接下來，會有兩種可能：一是這個原因實現了，但卻什麼事也沒發生，於是他們決定把這筆操作稱爲投資，甚至在股價下跌時加碼更多股票；二是買股票的理由從未實現，但他們卻依舊決定繼續持有這些股票，因爲他們認爲不會發生更糟糕的情況。只可惜，後來一定會發生很多情況，而且大半是不好的情況。所以，正確的作法是：你是基於某個理由才買進某一檔股票，所以當你所預期的理由沒有實現，便沒有理由繼續持有股票。我見過無數投資人把操作目的竄改爲投資目的，並編造一個理由或託辭來欺騙自己，讓自己相信這麼做是對的。這是因爲他們沒有分清楚操作和投資的差異。當我想「投資」一個公司時，我一開始只會買少量股票，接下來期待市場將股價殺低，這樣我才有機會買更多股票。但如果是操作，由於我認爲催化劑即將出現，所以我會在一開始就投入絕大多數的資金。我絕不會在沒有催化劑的情況下進場建立操作部位，我也絕不會因爲希望某一檔股票將上漲就貿然進場建立操作部位，投資操作領域不應存在「希望」二字。如果是投資，我會向下承接，而如果是操作，一旦操作該股票的理由消失，我就會立即執行停損。

## 二、第一筆損失是最好的損失

當一筆操作開始出差錯時，投資人自己應該都心知肚明，知道股票的表現不盡如人意。我在我的廣播節目上經常談論「股票釋放給我的訊號」，股票確實會說話。當然，實際上，股票會告訴每個人所有事，不過多數人卻不知如何去聆聽。如果你是爲操作目的而買進一檔股票，那麼，一旦股價走勢明顯不利於你（例如下跌五十美分以上），代表你可能遇到大問題了。我不是在開玩笑。談到操作，我是非常守紀律的人，我習慣快速執行停損，並盡快克服這些虧損對我的打擊。也因如此，我認爲我的第一筆虧損是最好的虧損。不過，其他所有虧損的層次就低多了，對我而言，第一次虧損以外的虧損的代價也比較高。通常人們在直覺上多少都會感覺到一筆交易是否已出差錯，但基於自尊心或豬頭想法，卻不願留意眼前的危險，繼續按兵不動，直到股價跌到更低水準時才恐慌殺出。

## 三、如果你已經虧過錢，再虧一點也無妨

散戶投資人最蠢的行爲之一就是假裝自己沒有實現虧損，所以不算虧錢。我經常有機會和那些自以爲除非退場否則就不算賺錢或虧錢的投資人談話。不過，虧損就是虧損，無論已

實現或未實現，都是虧損，而且在多數情況下，承認虧損遠比假裝沒有虧錢來得有建設性。我的目標是要讓你在虧損造成大災難以前先實現它，以防獲利被完全侵蝕掉。沒有人有辦法從長期虧損的情況下復原，沒有人優秀到能對長期虧損處之泰然，當然，也沒有人有取之不盡的資金能彌補長期虧損。所以，請立刻執行停損，同時放任手上飆股繼續漲。

## 四、千萬不能放任操作獲利變成投資虧損

假設你剛完成一個不錯的操作，你在菲利普莫理斯公司（Philip Morris，現在的阿特利集團〔Altria〕）即將發布亮麗的季盈餘前買了它的股票，並看著它因盈餘亮麗的消息而大漲四美元。你要把這筆操作的利潤落袋爲安嗎？抑或你開始猶豫，心想：「嗯，菲利普莫理斯比我想像得還要好，我應該繼續持有它的股票」。我也做過一次這樣的事，就是這個公司的股票。有一次，我載著操作女神到機場坐飛機去巴黎，我向她吹噓了一番。我告訴她，我買了幾十萬股的菲利普莫理斯股票，獲利極端可觀。她馬上提醒我，在利潤落袋以前，絕對不要使用「獲利」這個字眼，因爲對她來說，沒有入帳的獲利都不算獲利。一個星期後，我到機場接她回家，她剛輕鬆愉快的從法國歸來，我從未見過她這麼放鬆。看到我繃著臉，她馬上知道是怎麼回事。她問我：「又有什麼事搞砸了？」明知故問，她根本就知道會讓當時的我那麼不高興的事，就是在市場上虧了大錢。於是我只好一五一十的向她描述，在她離開後一天，

有一個法院命令莫理斯公司支付幾十億美元的菸草醫療傷害費給曾經抽過雪茄或菸的每一個人。該公司股票一下子就重挫了十五美元。她提醒我一個重要的原則，操作就是操作，當你把操作變成投資，就會犯下停留過久的錯誤，容易樂極生悲。當時，原本高達六位數的獲利變成大約數百萬美元的虧損。希望我這個虧損經驗能給你一點教誨，將來不要再受到相同的教訓。

## 五、小費請留給眞正的服務生（天下沒有免費的小道消息）

我太太和我都曾經當過服務生。精確一點來說，我當過餐廳雜役，在賓州，年滿二十一歲的人才能當酒精類服務生。我太太則當過女服務生。後來，當我們開始共事後，我太太負責處理所有來自營業員的電話。這代表一個星期內我至少必須聽她斥責那些想「賞」我們「小費」（意指能賺錢的內幕消息，姑且不論眞假）的人四次。我聽到她告訴電話另一端的那些可憐蟲人，我們確實當過服務生，但她要求那些人把小費留給專業的服務生，不要再用小費來打擊我們。爲什麼她那麼強硬？因爲這些小道消息的邏輯（應該說不合邏輯）非常顯而易見。如果你眞的「知道些什麼」，那麼你應該是個內部人，理當不能把訊息傳達給任何人，一旦傳達，就觸犯了證券交易法規；而如果你「不知道些什麼」，就應該閉上你的大嘴巴，因爲你根本就不知所云。因此，幾乎所有小道消息都可說是虛假的訊息，當然，餐廳裡的小費例外。

這個「不要給我小費（小道消息）」是殘酷的一課，因爲那些想給小費的人，都很精於將小道消息包裝成像是眞實的內幕，不過，請相信我，某人給你內幕消息的唯一目的，就是他希望可以藉由散布小道消息的舉動，出淸自己被套牢的部位，因爲如果他無法找到人幫他脫身，鐵定會因這些部位而虧本。

## 六、在持股賣出前都不算賺錢

這個戒律和「不要把一筆操作變成一筆投資」戒律有點雷同。投資人總是容易把「已入帳的實現獲利」和無意義的「帳面獲利」混爲一談。已入帳獲利是指能讓你存到銀行的獲利，而帳面獲利則是沒有意義的，因爲這種獲利隨時會消失。另外，多數人也因不想繳稅而不願意獲利了結。我總是不斷告訴投資人，如果人生可以倒帶，回到二〇〇〇年一月，回到那個所有投資人坐擁數兆美元未實現利益的時候，我們就能充分瞭解這一點，投資人也會眞正體會這個戒律的重要性。沒有落袋的獲利有可能變成虧損，落袋的獲利絕不會成爲損失，就是這麼簡單。我一直強調這一點，因爲我們都被洗腦到不懂得要賣股票，更誤以爲賣股票是邪惡的。這個戒律不過是個常識，一個邏輯，也是唯一可以讓你在這個行業致富的方法。

## 七、控制虧損；不要太關注飆股，它自己會漲

這個行業最令人感到不可思議的事情之一是，人們經常說：「如果我當初沒有買北電，我就賺大錢了」，或者「如果我當初沒有放任朗訊下跌而不處理，我就能在市場上賺到很多錢」。其實，只要有一到二檔地雷股，就足以毀掉整個組合。我投注在地雷股上的時間遠比在飆股的時間多，但我並非受虐狂；這麼做的理由是我知道股票下跌前一定會透露出一些訊息。我最近無意中遇到城裡的一個警察，他原本持有幾百股的恩隆股票。他一直向我道謝，因為我告訴他應該在二十美元賣掉恩隆股票。當然，他原本並不願意這麼做，因為這檔股票不久前還高達八十美元。我告訴他，對所有市場投資人來說，虧損控管是最至高無上的考量，因為飆股（好股票）通常不用靠別人就會漲。他告訴我，如果當初他沒有聽我的話，那他整個投資組合的獲利都會被恩隆的虧損一筆勾消。這是投資產業最典型的例子，一顆老鼠屎眞的會壞一鍋粥。所以，一定要在虧損嚴重到不可收拾以前認賠出場，不要被「股價不漲回原點不能賣，下次我會記取教訓」的概念給誤導了。輸家才會有這種想法，你必須用贏家的思維來思考！

## 八、不要擔心錯失任何東西

我經常因為自己的持股不夠多而心煩不已，那種感覺就像心臟跳到喉嚨那麼難受；我也經常覺得自己非得「介入」不可，因為市場將愈走愈高，不快一點就來不及了。但你知道嗎？每次我有這種感覺，心裡不斷想著「我不能錯失這波走勢」時都會虧錢。想在投資方面獲勝，一定要堅守紀律，這一點最重要，而且有時候這個紀律會要你承認自己錯失機會，一切為時已晚。在一段行情接近高點時，我都會覺得自己錯失了些什麼。在操作基金的最後幾年生涯裡，我通常會把這種心情轉化為獲利，我選擇和市場對賭，因為每次我覺得自己錯失一段好行情時（也就是我感覺心臟跳到喉嚨時），市場通常都已到達行情的高點，而非低點，所以我會和自己的心情對作。請一定要記得，最好的買股時機是在大家都覺得很糟的時候，而不是在你擔心很久，終於開始不再擔心市場可能繼續大漲時（因為此時你終於忍不住進場），尤其絕對不是在市場已經大漲後。

## 九、不要根據新聞標題進行操作

媒體搶報的商業新聞幾乎完全不正確，有時候是因為太趕（原因是路透社想搶先在道瓊社之前發布新聞，而道瓊社則想搶先在彭博資訊〔Bloomberg〕以前），有時候則是因為多數記者根本缺乏處理商業新聞的背景，另外，一部分原因是由於新聞內容過於複雜，光靠新聞標題還是難以讓人掌握整個新聞內涵的全貌。報導情況與數字「優於預期」的新聞標題對操作者來說，就像是一種永不停歇的折磨，因為操作者就是無法理解，為什麼明明新聞才剛報導某企業上一季盈餘比預期好，但自己卻還是做錯。一般來說，真正的原因在於除了新聞標題以外，還有某些不為人知的內幕，例如一些可能很重要的指標，或是這一季盈餘裡包含一次性利益等。我認為應該讀過整篇報導再採取行動比較好，光從新聞標題無法瞭解實際的細部情況。這一點非常重要，因為現在是採用電子交易，很多投資人的動作可以很快就完成。無論如何一定要瞭解整個內容，如果一則新聞標題眞的代表一個大好機會，多花一點時間瞭解也不會少賺很多錢。

## 十、不要跟著人群操作

看著CNBC，你發現有幾筆交易將IPIX或MACE或其他熱門股的股價推高。你會跟著買嗎？這就是操作人群。我曾經接到很多營業員來電表示，他們接到微軟的大買單或易安信大賣單，而我的直覺是參與這些交易，在大單買進時跟著進場。不過這個想法是錯誤的！因為你根本不知道別人為什麼買進，就這樣盲目的跟著別人進進出出，根本是無知。無知的操作者永遠都不會成為贏家。我敢向你擔保，如果你盲目跟著人群操作，虧錢的機率將大過賺錢的機率，即使這個方法看起來很輕鬆。你也許會問，如果他們的見解不正確，為什麼要買股票？答案是：很多人在投資時根本不怎麼思考，所以想搭便車的人實在是非常愚蠢，即使這樣的感覺還不錯。不過，無論我怎麼強調這一點，人們還是一直注意電視螢幕下方的「大單買進」訊息，並隨即跟進。這是愚蠢的行為，你認為他們賣股票時也會通知你嗎？

# 二十五個賴以生存的投資規則

## 一、多頭和空頭都能賺錢，但豬頭卻等著被宰

我最喜歡用一句話描述市場：「多頭能賺錢、空頭能賺錢，而豬頭則等著被宰」。事實上我有一片豬打鼾的錄音帶，在「吉姆・克瑞莫的賺錢之道」廣播節目裡，只要我覺得有誰太貪婪，就會播放那片豬打鼾的錄音帶。我認為投資重在「常識」，可惜我的觀念卻無法打入一般人的投資觀念裡。「多頭能賺錢」是理所當然的，因為當市場上漲，多頭就賺錢；而當市場下跌，就換空頭賺錢，至於同時作多和放空，則是非常崇高的事業，非一般人可為之。不過，如果你表現得像一隻豬，拒絕在大漲後獲利了結，就一定會受傷。我喜歡採用向下攤平的投資風格，因為我相信當我在**投資**時，我是買進一個企業的股票，除非這個企業在我決定進場與分批買進的中途出狀況，否則我就會堅持到底。我把市場的不理性行為和隨機舉動視為有

利的機會，並乘機加碼更多股票。如果我認為一檔股票便宜到不可思議，我最多會把約當整體投資組合的二十五%資金投入這檔股票。市場有可能將一檔股票打壓到極不合理的價格，當然也可能把股價推升到極不合理的價格，只不過很少投資人會這樣思考。差異在於當一支股票不合理下跌，它的股價將顯得愈來愈便宜，而當股價不合理上漲，股票則顯得愈來愈貴；就股票投資以外的所有行業來說，當價格高到一個程度，買方就不會願意買，而當價格高到一個程度，賣方就願意割愛。唯有股票行業不同，投資人無端認為無論如何都應該堅持到底，這種想法實在違背常理，如果你是秉持這種想法的「豬」，我預期你遲早會被宰。很多人問我，為什麼我在二〇〇〇年三月時，知道要在市場的最高點形成後十天內賣光所有股票，並開始放空（這是我繼一九八七年崩盤前高喊「收回現金」以後最準的一次建議，一九八七年那次，我是受到我太太的指點）？答案是：我並不想成為一隻豬。當時我幾乎可說是在很短的時間內就賺到大量的錢，眼看著我的持股的價值面飆高到極端不合理的水準。當然，當時每個人都有自己的判斷和智慧，很多人之所以會留在市場上，也有他們的理由。不過，我的「多頭能賺錢、空頭能賺錢，而豬頭則等著被宰」的哲學，卻讓我及時逃脫後來所發生的慘劇。

## 二、繳一點稅無所謂

當我在二〇〇〇年三月大聲疾呼，建議投資人收回資金時，我接到了近一千封電子郵件，信件內容全都是說，如果他們按照我的建議獲利了結，就必須繳納非常高額的稅金，其中很多是屬於短期資本利得稅。當然，這部分的稅率比長期資本利得稅率高。我一一回信給每個人，告訴他們，如果不獲利了結，就無法眞正得到利潤，無論如何，最不須煩惱的就是稅務的事情；但當時沒有人同意我的話。這很可悲，人們對繳稅義務的痛恨程度竟超越了理性判斷。幾年後，我還是陸續會接到一些來自那些人的道歉信，他們感嘆當時的自己只關心繳稅問題，不關心獲利了結的必要性，結果他們的投資組合從原本賺大錢的狀態，一下子變成虧錢。所以，如果股票的漲幅已經過大、過快，有可能反轉大幅下跌的話，**千萬不要**被稅務問題給蒙蔽。**千萬不要**只爲了等待資本利得成爲長期性資本利得，而堅持死抱一個不值得繼續持有的部位，或一些已達到危險超漲狀態的股票。這是我們這個世代的投資人所犯的最大投資錯誤。雖然這個世紀剛開始時的那個空頭市場導致市值遽降了幾兆美元，但人們到現在還是在犯相同的錯誤。這實在很丟臉。稅務問題不能超越基本面考量，不管你是長期持有或短線操作，危險的股票就是危險；絕對不要根據稅務考量來制訂投資決策。

## 三、不要一次買足，傲慢是一種罪惡

我認爲我是我這個世代裡最有能力掌握市場時機的人之一，由於我掌握到很多大行情，進場點很好，出場點也不錯，所以我有能力快速累積財富。不過，談到買股票的方法，我從不一次買足。當市場下跌，我會緩慢一路向下加碼，謹愼分批進場，以避免情緒問題導致我做出錯誤的決定。相同的，我從未在特定水準一次投入大量資金，而是會分批投入我的資本。舉幾個例子，以我的退休帳戶 401(k)爲例，我習慣把每年的繳款上限分成十二等分，每個月繳納一等分。不過，如果我掌握到市場將出現突破走勢（十%的大幅度突破走勢），我會把原訂下個月要繳的部分一起在這個月繳出去。如果我掌握到超過十五%的突破走勢，我會把原訂下一季要繳的部分一起在這個月繳出去。相對的，在過去十年裡，有兩次出現超過二十%的下跌，此時，我會把一整年內尚未繳的金額全部一起繳足。這樣一來，我就能充分享受市場下跌的利益，並以很棒的價格來攤平。我之所以這樣做，是因爲我知道我很容易犯錯，另外，我也很清楚人類行爲模式和常識，我知道如果我在某個水準把全部的錢都投入，一旦市場大跌，我就會憤恨不平，並開始認定市場不過是一場騙局、市場無法馴服或太難以掌握。在廣播節目裡，我每天都會接到許多人打電話來抱怨這些感受，而我知道要戰勝這些感受，唯有更加謙卑，並認同儘管市場長期走勢有跡可尋，但偶爾也可能深不可測。

同樣的，當我想在股票市場建立一個龐大的部位時，我絕不會一次買足。我知道我在買進股票時難免會出錯。也許市場即將大跌，也許幾分鐘後將發生一些負面事件，導致大量買進動作顯得荒唐。所以，請分批買進。即使這個作法經常讓我的營業員很受不了，但我還是一直採取這個作法。如果我要買五萬股的卡特皮勒（Caterpillar）公司股票，我會每隔一小時或每差二十五美分買進五千股，他們無法理解爲什麼我不一次就買足五萬股。他們希望一次就完成我的所有買單，但我卻希望能適當執行我的買單。不過，你是客戶，你有權力處理你的錢，不要因任何人的催促或壓力，而在同一個價位完成所有買單。你怎麼知道市場明天會不會崩盤？你又怎麼知道明天會不會有機會以更有利的價格買到你最喜歡的股票？請接受「人類判斷經常出錯」的事實，並利用這個事實爲自己謀求利益。我這個方法最糟會有什麼後果？很簡單，不過就是未能在大漲前買到足夠股票，頂多無法賺到預期中那麼多的錢，如此而已。接下來要討論的是我所謂的「高品質」問題。

## 四、尋找爛股票，而非爛公司

多數人心裡總是把發行公司和股票的關係想得太密切，以致無法分辨這兩者的差異。這沒有道理。市面上有很多爛公司的股票很爛，但也有很多好公司的股票很爛。你的任務就是要釐清這兩者的差異，因爲前者無利可圖，但後者卻是物超所值的好機會。經過每次規模不一的下跌走勢後，每年都一定可以找到十幾檔物超所值的股票，市場上永遠都有不合理重挫的股票。多數人會受到爛公司的爛股票所吸引，像是昇陽、捷威以及CMGI等。但其實投資人應該聚焦在股價受到不合理打擊的公司上。我經常在我的廣播節目上說，不要買受創的企業，不過，當一檔受創股票的發行公司的營運逐漸好轉，則應該買進它的股票。要怎麼分辨這兩者的差異？很簡單——勤做功課。我參加過無數個企業討論會，很多企業會在討論會上聲明，即使股票下跌，但公司的營運依舊非常強勁。一年前，全球最好的貨運公司耶路運輸（Yellow Roadway）所提報的盈餘較預期差，原因是合併問題衍生了一些執行上的困難。該公司的執行長比爾・若勒（Bill Zollars）來上我的CNBC節目，說明該公司的營運模式未受到破壞，營運雖然暫時受到干擾，但股價卻沒有正確反映業務干擾已逐漸結束的事實。果然，該公司股票在它提報下一季盈餘時大漲了五十％。這個典型的例子說明：股票表現不佳將導致投資人無法認清公司的實際營運情況。

當市場大跌時，我總是會提醒投資人先建立一個計畫買進的清單，雖然暫時按兵不動，但一旦大跌情況發生，就可以在這些股票下跌時按計畫進場。記住，說穿了股票市場不過是一個大商場，存貨總要出清的。有時候，百貨公司或超市之所以降價，是因爲商品有破損，不要浪費時間去對爛公司進行投機操作，這些爛公司就好像超市在拍賣的爛水果一樣，不値得一買。市場上處處都是好公司，這些公司的股票可能會因一些不合理的原因而遭到嚴重打擊，你可以趁低吸納這類公司的股票，沒有必要去買壞到快爛掉的公司，因爲無論這些公司的股價跌到多低，都不值得。因爲股價大跌極可能只是眞實反映公司的實際情況罷了，除非你極端幸運，否則股價可能並沒有上漲空間。成功不能靠運氣或希望。

## 五、分散投資是唯一的免費午餐

在現實生活中，沒有人願意分散投資，每個人都希望自己的持股全是下一個微軟，每個人都希望把所有錢都投資到少數幾檔將因下一波科技大行情而飆漲的股票。不過，人生並不可能那麼稱心如意，你必須分散投資，才能將風險分散。我經常用一種常識性的方式來解釋這一點：想想你在超市購物的情況：你會把所有雞蛋都放在同一個籃子裡嗎？你願意把所有籌碼都押寶在同一個輪盤數字嗎？當然不願意！那麼，你又怎麼願意把所有錢都投入科技股或醫療保健股呢？怎麼能對同一個產業押寶那麼大的金額？這麼做根本是有勇無謀。

爲什麼人們就是不瞭解這個道理？因爲多數人都無法有效衡量下檔風險。人們不瞭解過度集中投資可能會落得一無所有；但他們卻曾目睹有人藉由全部投資科技股而賺大錢、吃大餐。不過，把所有錢全都用來買恩隆股票的人最終將發現自己的行爲愚蠢至極，就像把一畝田押注在一張樂透彩券一樣。看在老天的分上，饒了我吧，股票不過就是一些紙張罷了，有些紙最後會變得一文不值，包括你認爲很值錢的紙，別懷疑，有些股票的價格就是會跌到〇元。要避免把整籃雞蛋全打破，唯一的方法就是把雞蛋分放在不同的購物車上。

談到分散投資，最困難的部分在於這個觀念讓人覺得掃興。當我的廣播節目剛開播時，那斯達克指數正處於高點，之後一年才大跌。在高點時，我要求投資人賣出一些科技股，買進有發放股息的股票，不過，投資人很不願意接受這個掃興的提議，這讓我很沮喪，於是，我才會設計了一個「我有分散投資嗎？」的遊戲。我個人認爲我幫了成千上萬的人，讓他們的財富免於在二〇〇〇年那一波空頭市場遭受嚴重襲擊。不過，要做到分散投資，必須投入非常多心力。在谷底過後不到一年，我又開始聽到很多人打電話進來說：「我持有易安信、甲骨文（Oracle）、微軟、惠普（Hewlett-Packard）和英特爾」等類似的話。我只好苦口婆心的提醒他們，這些股票的股價連動性很高，一旦市場出狀況，他們將注定在這些科技股中滅頂。如果我們的目標是「留在戰場上」，最好不要把所有錢都投資在同一個產業，因爲這是讓你最快被淘汰的作法。當市場直線上漲時，你也許會痛恨我的建議，但當市場下跌，你投資的類股被賣方打成落水狗時，你就會很愛我。

## 六、買進與勤做功課，而非買進且長期持有

當「吉姆・克瑞莫的賺錢之道」節目開播後，有很多人不願意捨棄他們手上那些慘跌的科技股和生技股。於是我告訴他們，如果他們能答得出幾個簡單的問題，就可以繼續持有這些股票。這些問題是：這些公司做些什麼？目前的本益比是多少？競爭者是哪些公司？沒有人能答出這些問題。他們只是聽從別人的建議，認爲買進後必須長期持有，否則就是投機。我苦思爲何他們會有這種誤解，最後終於發現，其實他們應該要做到買進且勤做功課，而不

光是買進且長期持有。所謂功課就是分析相關的網頁、企業營運討論會、文章、研究報告等等，我先前已經討論過這些主題。如果一個投資人在買進股票後，不願意一個星期花一小時就每一個部位做研究，我會毫不客氣的認定他過於魯莽、缺乏深思。我一直都告訴投資人，身為自己的投資組合經理人，如果沒有做事，不如放棄，如果沒有時間，乾脆直接投資指數型基金，或者把資金投資到幾個不同的基金，並定期檢討基金績效就好。經過二〇〇〇年到二〇〇三年的慘劇後（那時候的遺毒似乎尚未離我們遠去），買進且長期持有概念實在荒謬至極。

如果這個世界上有眞正的仲裁者存在，眞的有一些組織或主體能約束公開掛牌的企業，有一些標準可以衡量這些企業賺多少錢以及資產負債表的品質如何等，那麼你當然可以採取買進且長期持有策略。不過，過去五年來，我們瞭解到一件事：任何人都可以讓任何企業公開掛牌，所以，千萬不要讓股市的超低進入門檻傷害到我們的權益。因此，這個投資座右銘應該改為買進且勤做功課，不是買進且長期持有。請隨時記住一件事：長期來說（以二十年為一期），沒有任何一項資產的報酬超過有發放股息的績優股票。但除非你努力不懈，勤做功課，否則要如何知道你的持股是否夠好，總有一天能配息？如果你不做功課，就不應該買個股，因為不做功課的人很容易誤入歧途，也很容易被股票的長期報酬所迷惑。我曾買過很多好公司的股票，其中有很多後來卻都江河日下。只要勤做功課就會知道哪些公司將會走下坡，也會知道公司的狀況是否難以恢復，應該出場。這個方法的主要目的並不是要幫你找出熱門股，而是要避免你的投資組合被一檔無情的股票給摧毀。

## 七、恐慌無法賺錢

不管我怎麼告誡投資人「恐慌不能成事」，但還是常看到人們在最糟糕的時刻殺掉持股，退出市場。當你在深淵位置加入撤退行列賣出股票，**絕對不會**賣得好價錢；而當你終於殺出持股時，就金錢層面而言，你也許會覺得心情不錯，也會因爲痛苦「遠離」而鬆一口氣。不過，在低點殺出持股通常是錯的。我在管理我的避險基金時，總共進行了數百萬次交易。我盡職的把所有操作記錄放在一個巨大的箱子裡，到年底時，我會逐一檢討每一筆操作，並從中找出最大額的恐慌性虧損交易——沒有人會忘記自己曾恐慌殺出哪些股票。接下來，我會觀察這些股票在我賣出前一天、賣出後一天以及賣出後一週的線圖。你知道嗎？幾乎每一檔被我恐慌殺出的股票（要知道我的交易有數百萬筆）隔天都會反彈，一週後的漲幅更明顯。這並不代表這些股票一個月、一季或一年後沒有大幅下跌，不過卻代表我執行這些賣出策略的時機是錯誤的。耐心、比較不恐慌的操作風格可以創造較高報酬；在不確定性極高的環境下，這一點幾乎是確定的。

在一九九○年代中期，我曾讓一個電影工作人員進駐到我辦公室，協助我製作「前線」

（*Frontline*）的市場紀錄片。在記錄的期間，有一天由於我預期市場將會下跌十%到十五%，所以我用低於前一天收盤價五%的價格，恐慌殺出投資組合裡的一半高盛股票。我一直保留著這個錄影帶的拷貝版，每次我覺得自己快要忍不住從事恐慌殺出股票時，我就會放這錄影帶來警惕自己。因爲就在我覺得一切將轉趨惡化並恐慌殺出高盛持股的那一天，市場其實是大漲的。我希望能把當天的市場走勢視爲一個出乎意料以外的結果，但其實這根本是合理走勢。基本上，在大跌走勢將**結束**時，都會出現恐慌情緒，這種情緒不會出現在下跌的初段或中段。當市場出現恐慌殺盤，代表原本計畫按兵不動的人都已經投降，這就是恐慌殺盤經常發生在谷底的原因。一九九八年十月，我完全把「前線」紀錄片的教訓拋諸腦後，再度恐慌殺盤，那是我在三年內第二次違反我的紀律。當然，當時市場看起來好像也將大跌的樣子，可是在我殺出股票後，市場卻反而大漲。

如果你不相信我，也不相信我的實際經驗，請幫我一個忙，下次你感到恐慌威脅來臨，導致你非常想賣股票時，採取操作女神的方法——「把一個處女丟到火山裡」——意思是先選一檔股票作爲犧牲品，以便阻擋你採取更劇烈的舉動。請記住我的目標：無論如何都要留在戰場上。不耐折磨而在恐慌性底部殺出持股的人最容易被淘汰出場。不要讓這種事發生在你身上。

## 八、持有最優品種的股票，一定值得

這是專家們恪遵的一個原則，不過業餘投資人和門外漢卻漠視這個原則。很多人都喜歡貪小便宜，很多人在看過E×M=P公式後，會說：「英特爾的本益比過高，反正英特爾不會比超微（AMD）好多少。」或說：「我不可能用比高露潔高那麼多的價錢買寶鹼。」抱持這種想法的人很可悲，因爲最物超所值的股票通常是品種最好的股票。外行人喜歡比較「便宜」的股票，包括股價比較便宜或本益比比較低的股票。但專業人士卻認爲本益比較高的華格林比萊德公司好，因爲當大環境趨於惡劣，華格林的經營階層一定比較有能力找出問題所在，不會坐困愁城。所以如果你要在一個產業的二到三家公司之間做選擇，一定要選擇品種最優良的公司，不要太在乎價格，理由是市場對另外兩家公司（品種差一點）的評價很可能是錯誤的，給予過高評價。事實上，在產業競爭的環境下，處於劣勢的一方從未能成爲贏家。

## 九、凡事都要防衛的人，最後什麼也守不住；意即爲何紀律比信心重要

很多人常問我一個投資問題：「你難道從不擔心你的股票嗎？」答案是：我永遠都在擔心我的股票，尤其當股票**下跌**時，我更加擔心；當市場上漲而我的股票卻下跌時，我的憂慮更將加倍。這是「情況可能已經不對勁」的訊號，應該是有人知道了一些我所不知道的事，

所以在找出下跌原因以前，絕對不能貪便宜隨便加碼，反而應該跟著賣出。也因如此，我堅持如果你要親自管理自己的投資組合，一定要有時間和意願打電話、閱讀報章雜誌、研究報告、聽取企業營運說明會內容、查詢網站和文章，以便判斷股價的異常下跌是個買進機會或賣出機會。當然，有時候即使你下苦工研究，卻怎麼也無法發現股價下跌的原因；市場上也經常會出現數字被動手腳或經營階層灌水等問題，但我們卻未能得知眞相；另外還有更糟的，只有少數企業內部人知道眞相（這是違法的），而外界卻到最後才發現問題所在（就像在全球距離最遠的巴都斯洛球場打到第十七洞才發現眞相一樣）；還有一種情況：相對整體市場的可能走向來說，你的持股也許過高——用行話來說，「你太偏多」。在這些情況下，你該怎麼辦？要怎麼在持股發生問題或市場轉趨惡劣的情況下管理投資組合？其實這並不難，我相信在產生懷疑的時候，紀律比信心重要。你必須堅守一套紀律，切實針對所有股票進行優先排序，分出哪些股票是你現在要買，哪些是你現在要賣的（如果你需要資金）。對持股進行排序的目的，是由於所有股票的條件都不盡相同，當情況不對勁時，你必須好好守住幾檔眞正好的股票，並適時向下攤平這些股票，這樣一來，平均成本才有利於你。

我經常因過度自信或因市場長期大漲而流於安逸，最後變得遲鈍不堪。也因如此，我現在針對持股發展了一套「股票排序」四步驟方法。其中代號一的股票是我現在要繼續加碼的股票，代號二者爲我希望低一點再加碼的股票；代號三是反彈賣出的股票，代號四是現在就必須賣的股票。我以前眞的每兩個小時就會離開我的避險基金辦公桌一次，目的是爲了根據這個方法爲我的持股進行排序，接下來強迫投資組合經理人只選擇一到二檔的代號一股票。我的目的是要逼他們選出他們眞正中意的股票。這個排序作業強迫他們遵守紀律，並讓紀律超越信念。有一個睿智的士兵曾說過：「每個地方都想守衛的人，最後什麼也守不住」，在戰場上，這句話代表不要妄想守住每個灘頭堡和每個山谷。如果是在投資領域，這意味不能把所有「喜歡」的股票全都買進來，因爲即使是比爾・蓋茲（Bill Gates）都沒有那樣的財力。這就是我管理資金的方法，我知道我不能保護每一檔股票，所以我選擇自己最信任的股票，並逐步向下加碼，我會「保護」這些股票，並對其他股票放手。在嚴重大跌的時候，我只會持有代號一的股票，其他全數賣出。這個方法不會讓你成爲最艱苦時期裡（當你快被砍斷手指時）進入糖果店的小孩，什麼糖都好。這個方法要求你謹愼檢討每一波下跌走勢，將之視爲可能的行動點。這個方法其實很積極，因爲決定要賣什麼股票的是**你**，而不是市場。多數人之所以賣出股票，是因爲他們承受不了痛苦，但這個方法是建立在痛苦上，並進一步把股票的下跌轉化爲資產。我十年前開始採行股票排序方法，自此以後，我最大的投資利潤都是來自代號一的股票，因爲我會在人人喊賣的情況下買進這些股票。

## 十、如果要操作購併題材，基本面要夠強

就算你偶爾利用購併題材稍事投機，也沒有人能怪你。你應該很想掌握到下一個曼德勒海灣賭場度假村（Mandalay Bay）或下一個納電通訊（Nextel Communications）。你應該會認爲這種報酬相當豐厚，所以值得等待。但現在請聽聽我對此的看法：如果你要針對購併題材進行投機，那你就是個傻瓜。你應該買進一些價值面低估且營運情況不錯的好公司。如果你買一些基本面很爛的公司，然後寄望有人能用高價買走你的籌碼，那麼，你失望的機率將高於稱心如意的機率。在我操作避險基金的最後一年，我研判在貝斯特食品（Best Foods）得到購併出價後，沒有理由康寶公司還會繼續獨立經營下去，總之就是沒有理由，因爲該公司的品牌太強，而且我還知道這個品牌背後的家族開始有求變的心態，同時，這檔股票的股息收益率達到四％。當時還是我同事的麥特・雅各布斯（後來成爲我的研究處長）向我詢問康寶公司的基本面情況。我告訴他，該公司的購併題材再清楚也不過，但如果我眞的深入研究基本面，可能不會買該公司的股票。一年後，公司大幅調降股息，而且還出現幾次嚴重的赤字，這些發展導致我在康寶的股票上虧損了超過十美元（每股）。這個故事凸顯了一個有趣的現象：如果市場不喜歡這個公司的基本面，潛在收購者可能也不會喜歡。當你買進一些爛公司的股票，一旦股價下跌，你一定會試著安慰自己：「也許會有人提出購併的提議」，不過，我

想到頭來，你很有可能只剩下一杯康寶濃湯。請記住本書的一個重要前提：請以我爲殷鑑。我犯過本書所描述的全部錯誤：不要對一個爛公司進行投機操作，不要押寶會有人提出購併請求。但不會有人這麼做的，因爲這些公司太爛，市場上還有更好的購併標的可以選擇。

## 十一、不要一次持有太多公司的股票

你可能會過度分散投資，到最後把整個投資組合搞得像一檔共同基金。由於我的「時間」和「意願」條件限制，所以除非你是一個全職的股票，否則持股不可能超過二十檔，因爲你每個星期都必須花一個小時研究一檔股票的基本面情況。如果是自己管理投資組合，最適當的股票檔數應該是五檔。持股檔數太少無法達到分散投資的目的，但持股檔數過多就無法及時掌握持股的狀況。所以，你應該在能充分掌握所有部位的基本面的前提下，試著找出最適當的持股檔數。

## 十二、持有現金與保持觀望也是不錯的替代性策略

很多人認爲應該隨時都保持持股滿檔，很多基金經理人也認爲持股比例應該隨時保持滿檔。這種想法完全沒有道理。因爲在很多時候，市場走勢就是很糟，在那種時候，應該持有現金比較安全。在很多時點，市場上沒有比持有現金更好的選擇。在操作避險基金十四年的

歲月裡，我的績效之所以超過其他所有經理人，原因在於我會花很多時間把大量投資部位轉成現金，包括一九八七年崩盤那一次。在某些時間點，現金是最好的投資標的，現金和放空不一樣，是最好的避險工具，因爲如果市場像一九九九年那樣跌破所有人眼鏡持續走高，那時候放空的人將會面臨壓倒性的虧損。我認爲現金是價值最受低估的一種投資，因爲當市場下跌時，確實沒有什麼東西比現金讓人感覺更好的了。如果你依據我的方法操作股票，就會知道我將在市場大漲後獲利了結、換回現金，再重新爲後續的下跌走勢部署新的部位。有些人認爲我這種作法是跌深買進策略，不過我並非跌深買進，我只是逢高賣出與逢低買進我喜歡的公司。每次只要有好時機來臨，我都會有足夠現金可以用來布局我要買的股票，原因是我堅信現金的確是理想的投資替代方案。

## 十三、千金難買「早知道」

外行投資人（甚至部分專業人士）最令人不齒的特性之一是「事後諸葛亮」。舉個例子，你打了通電話去買 Newell Rubbermaid，接下來該公司卻提報虧損。你枯坐在那裡，極度不安的想著「早知道……就……」，你也可能在 Cyberonics 股價大漲一倍的前一天賣掉它的股票，隔天滿腦子懊惱的想著「早知道……就……」。這都是沒有意義的，市場要求每個人隨時都必須保持清醒，你必須在投手投出球的前一刻看出球路才行。另外，你也沒有時間抗議，你必須清理頭緒，重新回到原點，如果你眞心想反省且想更有建設性，應該在每個月月底（或每一季季末）留一些時間來評估你的策略。老是回顧過去的決策，只會讓你的思維愈來愈向輸家靠攏。我要提醒你，你必須感覺到痛才行。當我覺得辦公室裡某個小夥子犯了代價高昂的錯誤時，我會要他們在額頭貼上一張便利貼，上頭寫著被他們搞砸的股票代號，一貼就是一整天。不過，我認爲與其浪費時間說一些類似「早知道……就……」的話，不如重新出發，積極尋找下一檔飆股。另外，我太太認爲女人是非常棒的操作者，因爲女人比較不會像男人那麼「事後諸葛亮」。無論如何，她教會我讓自己變得更堅強，擺脫前一天挫折的包袱，隔天重新再出發，開始迎接下一個好球。

## 十四、做好市場將進行整理的心理準備，不要害怕整理

當市場開始進入整理階段，投資人有時候難免會覺得整理走勢顯示市場出了一點狀況，所以不應該介入，最好不要和市場有任何瓜葛。這是另一個極端錯誤的觀念。當市場大漲後，勢必會進入整理，這些都是可預期的，只不過，你不能在市場進入整理時否定市場的趨勢。我每次都是以喬·迪瑪基歐（Joe DiMaggio，洋基隊好手）連續五十六場比賽擊出安打的故事，來說明這一點，他的記錄迄今依舊是美國棒球史上最了不起的事蹟之一。當他未能達成連續第五十七場安打記錄時，你應該把喬・迪馬基歐賣給其他隊伍嗎？他是否從此就一蹶不振？

這種想法聰明嗎？市場也是一樣的道理。整理是必然的，一旦市場進入整理，絕對不應該恐慌。整理走勢甚至可能是最好的進場機會，即便很多人堅持整理走勢將破壞線圖，如跌破長線趨勢的二百日平均線或導致市場趨於惡化等。每次市場大漲後出現幾波大跌，我就會聽到這種譁眾取寵的話。

## 十五、不要忘了還有債券可以投資

我們經常以爲除了股票市場以外沒有其他投資管道，完全不從更廣泛的層面來思考還有其他市場存在。這是嚴重的錯誤，你必須對各種資產之間的彼此激烈競爭情況了然於胸，其中，最重要的競爭對手是股票和債券。當利率處於高檔時，股票根本就難以與債券匹敵，尤其是零風險的美國政府公債，因爲在高利率時期，股票的風險相當高。這兩種資產的拉鋸戰永遠都不會結束，當利率繼續上升，**一定**會有人認爲債券比股票好，因而導致股票承受相當大的賣壓，這種情況屢見不鮮，不過，很多過去十年才介入市場的人根本想都沒想過要投資債券。這種態度無異金融自殺。股市在二〇〇〇年到二〇〇三年間展開空頭走勢，而聯準會也是在同一段時間調高隔夜現金利率（最高到六·五％），這一切並非偶然。聯準會在一九九九年到二〇〇〇年間以及一九九四年所採的利率政策，導致股市遭到嚴重打擊，總之，這種情況將周而復始不斷重現。所以，一定要關心利率和債券，漠視這兩者只會對你不利而已。

## 十六、千萬不要拿賺錢的部位來補貼虧錢的部位

很多爛投資組合經理人和糟糕的散戶投資人都會把手上最好的股票賣掉，但卻保留最糟糕的股票。這種情況屢見不鮮，一看便知。例如當你檢視某人的投資組合時，裡面有一大堆垃圾，你一定會好奇的問：「你的績優股呢？」對方一定會回答：「因爲投資組合現有的股票一直下跌，所以我賣掉績優股來買更多這些股票」。每個人都有這種問題，我審查過許多陷入困境的避險基金後，才發現他們通常會先賣出最好的持股，理由竟是：「只有這些持股賣得掉」，好股票總會有人願意買，這是必然的，不過，很多人同時持有一大堆好股和爛股，但卻因爲爛股「跌太多」或「賣這些股票會進一步壓低股價」（如果是小型股），而不賣這些爛股。我瞭解法人操作者難免會遭遇到這些問題。不過散戶們，請不要用賺錢的部位去貼補虧損的部位。如果你手上持有一些基本面逐漸走下坡的公司（而不是股價走下坡的好公司），請一定要賣掉這些爛股票，認賠出場，把賣掉爛股收回的錢重新布局到好股票上，現在就開始吧。

## 十七、投資等式裡不應該有「希望」存在

在投資行業裡，你必須避免情緒對你造成干擾。我經常聽到人家說：「我希望」某一檔

股票上漲。這並不是運動賽事，投資牽涉到的是錢。我們沒有加油打氣或懷抱希望的空間。我們買進股票的原因，是由於我們認爲發行股票的公司基本面良好，所以股價將上漲；避開某些股票的原因，則是因爲發行公司的業務走下坡。在這些理由當中，有出現過「希望」嗎？當然沒有。有時候，投資人把「投資」這回事變成像宗教一樣，以爲只要多祈禱就能成事——也許會吧。另外，有些人甚至和這些悲慘的股票談戀愛，寄望自己的愛能得到回報。現實一點吧！希望、祈禱、愛、加油打氣等行爲都是做好選股工作的天敵。唯有努力工作、研究、對前景抱持務實的態度，才對選股有幫助。我到現在還能清楚聽到過去我和我太太的一段對話，有一次我和我太太暫時離開操作辦公桌，她問：「爲什麼要買 Memorex 的股票？」我回答：「我希望它可以爭取到一筆大合約。」她大聲喊叫：「希望？希望？靠這檔股票賺錢需要**希望**嗎？賣掉它，買一些比『希望』對我們更有利的股票吧！」不過，很多時候，她根本連問都不問，一聽到我說出「希望」，她就二話不說的賣掉股票，看看我會不會又把股票買回來。不過，我沒有一次買回這些我「希望」有好事發生的股票。

## 十八、保持彈性

大街網站的讀者在二〇〇〇年春天時想必非常痛恨我，因爲我那時由多翻空。他們瞧不起我翻臉如翻書的作法，痛恨我對待某些我曾熱愛過的股票的方式，因爲當時我突然由一個月前的作多轉爲放空。他們認爲我不夠嚴謹，甚至像個小丑。我還收到很多要置我於死地的威脅，讓我擔心可能因爲我突兀的急轉彎而有生命危險。但你知道誰認同我的作法嗎？企業內部人！我的觀點之所以大幅轉變，主要是因爲我在聽取企業營運簡報時（全都可以經由網路收聽），聽到了一些蛛絲馬跡，因爲很多企業內部人說「情況將不像以前那麼好」。這些訊息都非常不明顯，例如，北電的前任執行長約翰．羅斯（John Roth）在會議裡談到：「過去幾個星期，公司的業務略微趨緩」，另外，思科公司派的說法是：「這一季情況的掌握度還是沒有到十拿九穩的程度」，但該公司去年的此時對那一季的營運情況卻是十分篤定。從這些談話就可以見到情況的細微轉變，那時企業的業務情況改變了，讓人有「好景隨時可能落空」的感覺。

也許你並不關心這些，而且你打算長期持有，但如果你「玩」的是螢火蟲、「必殺」型的股票，一旦他們的營運遇到阻力，股價也很快就會遇到阻力。而以我個人來說，除非我第一次聽到公司派對前景預測比較沒有信心或營運狀況趨緩，否則我從不會猛然對一檔股票由多翻空。這就是做功課、聽取企業營運簡報以及閱讀公開文件的重要性，因爲企業一旦要發表營運轉趨疲軟的言論，就必須在公開場合發表，所以你必須在同一時間收聽這些會議內容，至少不能太遲。如果你一個星期只花十五分鐘在每一檔部位上，就沒有足夠時間做功課，當然就無法掌握到由盛轉衰的轉折點了，二〇〇〇年大空頭市場裡的多數投資人都曾遭逢相同的厄運。

## 十九、當企業高階主管離職，一定有問題

我不認爲應該在釐清問題以前就貿然賣出持股，因爲我認爲一定有足夠的時間，可以瞭解一檔股票究竟發生什麼事，但有一個例外：重要的高階主管意外離職。我的重要的原則之一是，當企業執行長或財務長突然去職，就不應繼續持有該公司股票，我會直接賣掉這檔股票。也許我事後會以更高價買回這些股票，但無所謂，總之我不喜歡持有執行長或財務長突然離職的公司股票。有時候這種倉卒賣出的行爲可能會導致我虧本，但萬一我持有的十檔股票當中，有一個和恩隆公司一樣（該公司執行長傑佛瑞・史基林〔Jeffrey Skilling〕在二〇〇二年夏天，突然以老套的「家庭因素」爲藉口而離職，當時該公司股價四十七美元，但不久後就跌到〇元），如果我不趕快賣掉股票，那可就慘了。一般來說，深受公司倚重的人不會爲了家庭因素而離職，因爲他們根本離不開。關於這種藉口，沒有人會知道眞正的原因，但如果有人因這種藉口離職，代表有人在「聲明」些什麼，此時你也應該表達自己的意見：賣出股票。

## 二十、耐心是一種美德，放棄價值是一種罪惡

有時候你喜歡的股票根本就不漲不跌，而且是長期不漲不跌。如果你是避險基金的專業投資人，這種等待會讓人忐忑不安。因爲每天都會有人打電話來問你的操作績效如何。如果你持有很多不漲不跌的股票，這些投資人遲早都會把錢抽走，導致你被迫賣出這些持股。不過，散戶就不須承受這種痛苦，股票愛持有多久就持有多久，可惜當我勸告投資人要有耐心時，散戶就開始坐立不安。他們會說：「如果這檔股票夠好，現在就會漲了，哪需要等待？」但你知道我是多有耐心的持有英特爾股票嗎？在一九八〇年代末期，我眼看著英特爾在整整十八個月的時間內不漲也不跌。不過，我卻依舊堅信它會有表現，我繼續持有該公司股票，因爲當時我的合夥人不多，也不會每分鐘追問一次資產淨值變化。從那次以後，我再也沒有機會持有一檔股票那麼久的時間。很多題材需要時間才能慢慢發酵醞釀，很多企業要花上十八個月甚至兩年才能開創明顯轉機。當你買進一檔可能要花很多時間才會有轉機的股票，你應該把這個「等待」的認知烙印在心裡，這樣才不會因爲不耐久等而中途賣掉股票。很多長期被困在泥淖的股票一旦被「釋放」，就會飆得像純種馬一樣快。你有耐心嗎？如果沒有，就讓別人幫你管理資金吧！

## 二十一、就算有人在電視上大肆吹噓某檔股票，也不代表這檔股票眞的值得買

這是我最喜歡的教條之一。電視上每天都會出現非常多丑角，那些人其實都很無知。有時候，那些人之所以能上電視，有的是因爲很上相，有的是因爲長得好看，有的是非常優秀的公關人員，另外有些則是我們的朋友或我們欠他們人情，當然，有時候是因爲他們眞的很優秀，最後一個原因是例外。我實在不知道應該怎麼形容媒體有多麼不重視來賓的績效，他們根本連問都不好意思問。媒體不願意爲這些人進行評等，也不想判斷究竟誰好誰壞，因爲如果這樣做，就不會有人願意再去上他們的節目。沒錯，媒體必須塡滿節目時間，這是最主要的動機，媒體的動機**不是**要讓你們盡可能瞭解股票。當然，並非所有節目都是這樣，不過這種爛節目的比例遠比你所想像的高很多。不過，我常聽到人們說：「我聽了這個聰明的傢伙在電視上說，他喜歡 Covad 的股票，所以我就進場買這檔股票。」好，那麼我要問你幾個問題：你知不知道他在推薦這檔股票的時候，有沒有藉機賣股票給你？我是上電視的名嘴當中唯一肯公開揭露持股部位的人，這是一個奇怪的情況。我自願藉由這個舉動來保護每個人——我的聽眾和我自己——免於被「掠奪」。除了我以外，沒有其他人自行設定這個限制，即使這種「掠奪」行爲是違法的。不過如果我們要求這些經理人發誓，宣示自己不會利用電視

網乘機賣出自己的股票，他們會願意上我的節目嗎？他們不是有義務做對股東有利的事嗎？如果有人推薦 Covad 股票，而在他們推薦後，該公司股價上漲了十五%，你眞的相信他們會按兵不動，繼續持有股票嗎？如果你眞的這麼認爲，請再思考一下。不要相信你所聽到的任何消息，勤做功課才是王道。如果你的確喜歡他們推薦的股票，那就直買無妨，但**絕對別想**從電視上聽到任何賣出建議。絕對不會！

## 二十二、企業預告盈餘後，一定要等待三十天後再介入

沒有什麼比在一檔股票因盈餘預告低於預期而大跌時進場買該股票更誘惑人的了；不過，也沒有什麼比這種行爲更有勇無謀。原因是：導致一個企業季盈餘預告數字不理想的原因，有可能並非淡季因素（淡季因素不言可喻），而是因爲公司已經找不到出路，情況也愈來愈糟。如果你受不了誘惑，就等於是在企業正逐漸走下坡的中途進場。我的建議是，如果你依舊堅持要買進這種股票，至少等預告時間過後三十天再進場。屆時壞消息和正在醞釀的壞消息大致上都已經反映在股價上，此時，你可以開始預期公司可能會有正面的發展。總之千萬不要因一個企業的盈餘預告數字低於預期，導致股價下跌而買它，這麼做絕對不會成功，我敢保證你一定會虧本。

## 二十三、千萬不能低估華爾街促銷機器的力量

當華爾街開始追蹤某一檔股票，該股票的漲勢就會超過其基本面應有的程度。以前華爾街機構爲爲了彼此競爭，經常主動「贊助」企業，因爲一旦這些企業的股價飆漲，這些華爾街券商就能順利爭取到企業的生意。現在這種情況並沒有改變，不過，券商和企業之間的關係不可能再像以前那麼密切，因爲投資銀行業者依法不能再聘請那些會搞鬼的分析師，這是紐約州檢察總長伊利歐特・史匹哲的美意。另外，當一個企業的股票因獲得大型企業的買盤而被推升時，股價漲幅將超過實際的價值。我通常喜歡在這種買盤「贊助」出現時，賣出我的股票。記住，我認爲就短期來說，股票價格的波動原本就不容易反映其基本面情況。長期來說，股價確實會反映基本面，但短期來說，如果市場上有「贊助」買盤介入，反而應乘機賣出持股，而不是盲目跟著買進。這正是我倡議「逢低買進、逢高賣出」的理由之一。如果華爾街機構的買進建議導致股票被不自然因素推升（由於這些機構鮮少提出賣出建議，所以不須理會那些建議），應該利用這個機會做一點不自然且有違直覺的事・賣出股票。

## 二十四、對其他人說出你選擇某些股票的理由

網際網路對選股來說眞的是最糟糕的事情之一，因爲網際網路導致投資流程中的一個重

要段落被省略，這個流程是：和另一個人討論爲什麼要買特定股票。買股票是一件孤單的事，非常孤單。誠如我常說的：每個人都會犯錯，有時候甚至會鑄下大錯。減少犯錯的方法之一，是強迫自己表達爲何要買某些股票。我在管理我的避險基金時，會要求投資組合經理人先向我推銷他們想買的股票，也就是說，像個業務員一樣對我推銷股票，這樣我才會答應進場。如果你是爲自己選股，那麼應該找一個人來聽聽你的想法，由你向他陳述買這些股票的理由、買進這些股票的哲學，以及你爲何挑上這些股票。利用推銷「意見」這個簡單的步驟，再配合一個清楚補充詳細理由的流程，通常會讓你發現一個以上的缺失。每次我太太扮演聆聽者角色時，都會像個記者一樣提出很多問題來問我，以下是她每次都會問我的問題，其中有一些問題經常導致我取消買進的決定：

一、什麼因素會促使這檔股票上漲？

二、爲什麼這檔股票會像你想像的那樣上漲？

三、現在眞的是買進這檔股票的好時機嗎？

四、我們是否已經錯失了很大一波漲幅了？

五、我們是否應該等股票回檔一些再進場？

六、關於這檔股票，你知道哪些不爲人知的事嗎？

七、你的優勢何在？

八、你喜愛這檔股票的程度超過目前其他持股嗎？爲什麼？

最後一個問題特別重要，因爲我太太在增加一檔持股以前，一定要先賣掉一檔股票，一部分理由是因爲她認爲一個人不可能同時對十幾檔股票擁有優勢。這的確是非常寶貴的建議。如果缺少這樣一個可以用來試探意見是否可行的人，你的決策就會不夠嚴謹。如果你有困難，儘管在星期五打電話到我的廣播節目，向我陳述你的理由，我將會在「閃電巡視」單元，給你最坦率的建議，幫你進行最後的信心測試。買股票好比買車子，有很多因素要考慮。不要擅自縮短評估的流程，或者像我太太所形容的「找藉口不做」，因爲在你進場買股票以後，這些問題一定很快就會浮上檯面。

## 二十五、市場上永遠都存在多頭機會

我每天都會在廣播節目的尾聲重複這句話：「吉姆・克瑞莫要提醒你，市場上永遠都存在多頭機會。」我之所以這麼說，是因爲我實在無法忍受一些專業人士和門外漢老是抱怨市場上沒有好股票可以買。其實，隨時都會有處於多頭狀態的市場、產業和交易所，即使在二〇〇〇年到二〇〇三年間的空頭市場高點，你都可以藉由某些股票獲得優異的績效，先是食品和啤酒股，再來是白銀與黃金股。不過在打底階段，不會有轟動的火花出現，而是一些實在、穩定而且容易掌握的多頭走勢。很多專業人士和門外漢極端不願意嘗試去觀察新市場或新股票。他們厭惡找新市場或新股票的主要原因，是要花很多精力去學習新族群，而他們也認爲你有能力學習新知識。這完全沒有道理，原因和我在指標那一段所討論的一樣。無論是哪種情況，E×M＝P的眞理不會改變，而且公式永遠有解。更重要的是，只要觀察盤面上的各種交易所指數基金（可藉由十幾個網站找到），就能淸楚看到多頭類股的本質。如果你想瞭解最好的多頭市場處於哪些產業，富達公司有爲它的投資人提供一份很棒的半年刊——《富達產業基金報告》（*The Fidelity Sector Fund Report*），這本刊物是瞭解目前產業景氣情況與相關緣由的最理想刊物。十年來，每次這本半年刊一出版，我就馬上把它看完。這是一個非常棒的文獻，將對你很有幫助，就像它對我助益匪淺一樣。在任何一個時點，世界上都存在一個值得你去掌握的多頭市場，不要再抱怨思科、英特爾和微軟爲什麼不動如山了！

# 7

# 建立專屬於你的投資組合

## 自行管理資金的祕訣

除非你的投資組合有五檔以上的股票，
否則無法做到像我那麼分散投資，
但這卻也意味你一個星期
要空出五個小時來管理自己的資金。
不過，別嚇壞了，
看一個下午的足球賽要花掉五個小時，
去看一場棒球賽也要花五個小時，
如果是看電影，至少要花四個小時。
這些活動比錢更重要嗎？我可不認爲。

也許你是一個剛剛繼承了五萬美金遺產的戰後嬰兒潮人士之一，也許你是一個年輕的主管人員，好不容易從薪水裡存下一萬美元，也許你剛結婚，希望可以從市場上賺一點錢，因為你不想被動等待退休指數基金的成長。你想建立一個投資組合，而且希望自己管理這個組合。這時候，你該如何跨出第一步？你是直接採納一些券商推薦榜上前幾名的股票，或是選擇一些獲得量化追蹤器最高評分的股票，接下來就不顧一切勇往直前買進股票？你認為還需要考慮其他因素嗎？

如果你和大多數人一樣，在這件工作上遇到困難，每個星期都找不出一個小時的空閒時間（遑論每天），但偏偏你又想投資個股，那麼我要告訴你一個壞消息。我不想跟你「玩」，我不會為你這種持有個股或建立投資組合的想法背書，因為你根本沒有足夠時間可以自己做好足夠的功課，你沒有時間也沒有意願，就這樣。你的作法將導致你虧大錢，所以，請把錢交給共同基金經理人！

過去五年來，我花了很多時間，為那些在股市全盛時期自行建立投資組合的散戶投資人進行修補的工作，我站在這些散戶的立場來設想可行方案。這些散戶辛苦工作賺來的錢，被第一商業（Commerce One）、網路資本（Internet Capital）、里科斯（Lycos）給燃燒殆盡，他們的錢被裁成碎片，投到冷酷的木炭上，最後被燒得無影無蹤，什麼也沒有剩下。演變成這般局面的主要原因，在於人們不瞭解基礎常識，沒有做功課，同時漠視一個最根本的原則：

分散投資以降低被單一產業擊潰的風險。

我知道你的藉口，也能瞭解你目前的心情，你應該在想：「反正專業投資人也沒有做得比較好，他們一樣虧大錢。所以我一定能改善，我不會付出那麼大的代價。」但問題是：資金管理是件很困難、花費很多時間且消耗心力的工作，再者，所有出自美國教育體系的人全都沒有資金管理的經驗，幸運一點的人也許學過股票和債券的差異，但最多不過如此。你很可能有自己學過如何平衡支票簿的收支，但除此以外，理財事務應該都很讓你頭痛。如果是這樣，你還好意思要我幫你自己所建立的投資組合背書嗎？別做夢了！我每天都和很多叩應到我的廣播節目的投資人談話，他們盲目根據一些不實在的投資工具和建議，粗心大意買進一些爛股，以爲這些工具和建議可以讓他們的績效改善，但最後卻毀掉自己手上的那一籃雞蛋。

不過你既然付錢買了這本書，至少到目前爲止，我已經爲你做了基礎訓練，也一再警告你，自行建立投資組合的可能問題與要求，但你還是堅持要自己來。你認定你可以控制自己的財務，不想讓一些營業員圖利於你，或平白被一些共同基金剝削。你堅定的認爲自己這次可以做得更好。如果是這樣，我會給你協助，不過，你必須遵守以下條件：

一、確實完成我在先前章節所介紹的那些曠日廢時甚至冗長乏味的功課。這件任務沒有捷徑，一件工作都不能少。記住，在我的世界裡，唯有買進且勤做功課才會贏，而不是買進且長期持有。我知道很多人買進並持有一些原本就不該買（更別說持有）的爛股，所以，你必須切實聽從我的建議。你必須切實聽取企業營運簡報，這很耗時間，而且這種說明會經常舉行。另外，請切實閱讀相關文章，並取得企業的年度報表／報告和季報等，深入瞭解箇中的資訊。如果你做不到以上要求，我一定會對你提出警告，就像對待紐約皇后區的聽眾桃樂絲一樣。去年她打電話到我的廣播節目，宣稱她已經做好所有必要功課，準備進場買進國際電玩科技公司（International Game Technology）的股票，而且「已經準備好要出手」。不過，她說，她希望知道爲什麼這個公司看似非常好，但股價卻下跌三美元。我問她：「你有聽這個公司這一季的營運說明會內容嗎？」她回答沒有。我告訴她，如果她有聽的話，就會知道該公司經營階層說，今年的盈餘將和過去幾年穩定成長的情況相反，開始變得起伏不定。你原本是因爲一個公司的營運穩定成長而買它，不過當穩定成長企業的賺錢能力突然開始變得起伏不定，就應該殺出持股，因爲現在這檔股票已經從成長股變成價值型股，而這個蛻變時間需要好幾季，股價也會跌好幾塊錢。桃樂絲差點被這個流程給剝掉一層皮，因爲她以爲讀完一些和印度電玩市場潛力有關的文章就算做足功課，但其實她並沒有找出充分的理由來支持自己的想法。謝天謝地，她有打電話進來我的節目，因爲這一檔股票不久之後就一瀉千里。

當我具體對打電話進來我節目的人舉出「功課」的定義後，多數人都承認他們沒有做足功課，連最基本的功課都沒有做好。請不要自願去做一個受害人，只要用你七年級時做社會研究實驗的方法來研究股票就好了。你買新車前一定會做功課，股票的價格甚至更高，而且連保固都沒有，最重要的是，股票不保證你能拿回原本投資的錢！到目前爲止，股市買家依舊必須當心「自負盈虧」的問題，雖然侵權律師一直想改變這個情況，但依舊不見任何成果。

二、這讓我想起第二個警告，如果你想自行管理自己的資金，不交給其他人管理，那麼要得到我的祝福，你必須同意一件事：你必須承諾一個星期至少花一個小時在一個部位的研究工作上。我知道這個承諾聽起來很沈重，不過其實不然，這是常識。要維持一個健康的投資組合，必須做很多事情，而我自己每個星期也一定會花至少一個小時來瞭解每個部位的情況。這是我堅決把投資部位控制在二十五檔以內的原因。我每個星期只有二十五個小時的空閒時間可以用來做研究，因爲我還有其他工作要做。如果我的部位超過二十五檔，我就沒辦法把工作做好，無法掌控所有情況。另外，針對我持有的企業，我做研究和蒐集資料的速度都很快。關於這個原則，最爲難的部分在於除非你的投資組合有五檔以上的股票，否則無法做到像我那樣分散投資，但這卻也意味你一個星期要空出五個小時來管理自己的資金。不過，別嚇壞了，看一個下午的足球賽要花掉五個小時，去看一場棒球賽也要花五個小時，如果是看電影，至少要花四個小時。這些活動比錢更重要嗎？我可不認爲。如果你眞的沒有時間，請直接跳到第二七七頁，因爲你不夠格成爲一個好的投資組合經理，因爲你沒時間。如果你只有四個小時，乾脆把錢交給我所推薦的基金經理人就好。這四個小時就足以讓你成爲最棒的客戶。

三、你必須對特定行業、對促使產業景氣上下波動的因素很感興趣，而且必須自己做研究。你有興趣去瞭解一個企業如何賺錢、應該用什麼指標（如毛利率、營收、座位里程、平均單位銷售價格等等）衡量企業績效等，對企業的成長性也必須有自己的看法。如果你沒有意願去瞭解這些事，就不會知道一檔股票的下跌是否代表買進機會，也不知道應該在何時進場承接這些股票。而如果你無法判斷一檔股票是否該買、該在何時買等因素，我保證你一定會虧錢。如果你無法在三十秒內向我解釋一個企業的業務、你認爲這個公司將達成什麼成果，那就請你當個好客戶，因爲你無法成爲了不起的投資人。我並不是要你成爲和我一樣的股票癡，只是要求你在買進任何公司的股票以前，必須有一點依據和好奇心。

四、必須要有人能聽你描述你的想法，這個人不一定要是個營業員，只要是你信任的人就好，這樣在眞正進場以前，至少有機會參考其他意見。我以前不信這一點，不過摩根史坦利公司最優秀的策略分析師拜倫・維恩（Byron Wien），在網路泡沫形成初期，對我灌輸了這個觀念。當時我把我對大街網站的想法告訴他，我說，將有很多人會開始「爲自己而活」，投資產業將逐漸走向「自己動手做」的趨勢。他笑著說，這絕對不可能發生，因爲人類畢竟容易犯錯，每個人都需要透過和其他人類的互動，來印證自己的想法是否正確，甚至必須直接向營業員尋求意見，以便釐清自己的想法會不會太過愚蠢和魯莽，會不會不可行。我告訴他，數以百萬甚至千萬計的人將湧向網路交易。他告訴我，這些人遲早會血本無歸，一部分原因是，如果能在在買股票前先向其他人解釋你的理由（解釋你爲何持有某些股票、爲何這檔股票值得持有等），就等於是獲得其他人的監督。他認爲付一點佣金換取其他人的意見和共鳴是值得的。當然，我和他的見解都對了。確實有數以百萬甚至千萬的人透過網路買股票，但這些人卻也虧掉了數百億美元，一部分原因眞的是由於他們從未向另一個人描述他們荒唐可笑又古怪的想法。他們從未能陳述爲何自己喜歡某些股票。人們雖省略了這個尷尬的交流過程，但最後卻讓自己陷入更尷尬的局面。所以，在進場前，先找一個人來試探自己的意見。如果你找不到對象，可以打一—八〇〇—八六二—八六八六到我星期五節目的「閃電巡視」單元，或打到我任何一個有提供參考意見的節目，我一定會給你一點協助。再重申一次，如果你不願意這麼做，請把錢交給其他人管吧。

五、最後，我不想讓你覺得沮喪或退縮，但這整個流程是一個耐久戰。你可以把投資想像成長跑。有時候，你應該把所有裁決型的資金全部放在現金，有時候則應該把所有錢拿去押注。不過請切記，我說「押注」並不是針對退休帳戶，這個帳戶的錢太神聖，不應該拿來「玩」，除非你已經有把握能打敗市場，否則就應該把這些錢交給別人管。我一再聲明，我對待退休資金的態度十分保守，我認爲這部分資金應該投入一些優質的股票，並盡可能分散投資，例如指數型基金或類似指數基金的智慧型共同基金。對於退休基金，我們不能掉以輕心。當你愈來愈老，持有股票的比重必須降低，債券則須提高。不過，我們在此所談論的並非這種類型的投資。我現在所談論的是自己建立一套投資組合，並遵守必要紀律來維護、檢討、精選與修訂這個投資組合。我將在本章稍後內容提供非常精確的建議，告訴你如何像個高手一樣，爲投資機會進行排序。我們知道，就每個二十年期間來說，世界上所有資產類別的報酬率都比不上有發放股息的績優股。不過，我們也知道很多人在市場艱困時期，因無法繼續忍受痛苦而殺出持股，殺出持股的原因，不外乎他們無法繼續承受痛苦和股票的品質無法通過考驗。請把投資眼光放長，不要在意短暫幾年的波動，這樣就能解決掉多數的問題。

好，現在你已經都看過我的警告，也已經瞭解以上五個先決條件的內涵。現在你應該已經準備好要建立一個投資組合，爲自己創造財富。我要假設你將建立一個含有十檔股票的投資組合，這代表你一個星期至少願意花十個小時到這個投資組合。如果你無法投入十個小時，就減爲五檔持股，只選擇最好的五檔股票。

我不想操縱你去買任何一個公司的股票，不過我擬訂了一份選單，這份選單的設計是要幫你建立並維護一個投資組合，讓你能利用自己的專長（也許連你都不清楚自己有這些專長）來選股。我希望你可以偏離我的選單，不須覺得猶豫。不過如果你從這些選單下手，各個領域和類型的股票應該進行適度分散，這樣一來，風險將降到最低，報酬則將超過你過去所曾達成的報酬。我是依照產業或風險／報酬概況來條列這份選單。你必須自行選擇股票，因爲畢竟這是**你自己**的投資組合。利用我的選單後，我知道你將不會只是持有五檔科技股，你將開始分散投資，不再因爲行情走空而受到嚴重打擊。另外，你將非常投入這個投資組合，因爲這些股票都是你選的，不是我。我不可能成爲你的「大師」，因爲沒有人知道我何時會放開你的手，讓你獨立。你必須成爲自己的大師，不過，我會提供一些指標，這些指標可說是一種安全圍欄，讓你不會從橋上掉到充滿一些妄想靠一己之力管理資金的人的虧損深淵裡。

一、你的第一個選擇應該是設在鄰近地區的公司所發行的股票，也就是你比較熟悉且和你有關係的股票（也許你認識這個公司的員工，或者比較容易打聽到該公司的消息）。舉幾個例子：我選的第一檔股票是我家鄉的飛機零件製造商，這個公司在我大學畢業後不久就開始大肆徵人。根據我的瞭解，這個公司過去總是定期雇用新員工，也會定期解雇員工，但我從未見過像一九七九年那麼大陣仗的徵人活動。於是，我察看該公司的財務報表，它的負債並不高，另外，我也閱讀了當時公開流通的文件（當時這種文件很有限，現在可多了）。於是，我買了這檔股票，大約在七個月內，股價就上漲了一倍。我選的第二檔股票不曾上過商業雜誌，我對這個公司和它的所處產業一無所知，那是一個女裝公司，最後，我在七週內虧掉大約七十%的資金。當然，並非買鄰近地區企業的股票就絕對安全，不過如果這些股票開始下跌或受到打擊，至少你可以比較容易找朋友或鄰居問問是怎麼回事，總比買一些不熟悉的公司股票好一點。從那次以後，我都會選擇接近我家的企業，或至少投資我能得到第一手資訊的股票。

採用這個「家鄉優勢」來選股時，一定要特別小心。我曾經買過一個設有飛機儀表板精密儀器製造廠的公司的股票，原因是有一份地方性報紙一直報導那個工廠在大量增聘人才，而且還爭取到大訂單。不過這個工廠畢竟是大公司的一部分而已，它的母公司其實承擔了非常沈重的負債壓力。所以，就算你使用我的方法，也不能免去做功課的步驟。但這個方法能讓你抓住踏實的感覺，因爲你平常可能都是不著邊際的買一些你不懂的科技股，而你所不懂的那些事情將可能導致股價下跌，但同時你卻可能不知所以的繼續向下攤平。這樣盲目投資是不對的。

以前，在我的布魯克林住處隔一條街的位置，有一家玩具和新奇玩意兒的商店。我每天都會經過這家店，順便買一些小玩意兒回家給小孩，小時候我父親也經常這樣買東西給我。每天我都會聽到經營這個商店的老弟們談論哪些產品正紅，哪些又已退流行。從他們的對話，我成功在美泰兒（Mattel）的股票上賺了一大筆錢，這個故事先前已談過。有一天，我聽到他們在咒罵股票市場；他們並不知道我的來歷。其中一個人買了希捷（Seagate），另一個買的戴西系統（Daisy Systems）。我在結帳時告訴他們，我一直都對股票很有興趣，我很好奇他們究竟對希捷和戴西公司有什麼瞭解，因為我的避險基金最近剛放空這兩檔股票。他們坦承自己什麼都不知道，只不過聽了電視上的名嘴說這兩檔股票是熱門股，就直接進場了。我笑著告訴他們最好該馬上出場。之後，希捷的股票很快就被腰斬，戴西公司則聲請破產。這是非常典型的情況：他們的存貨讓我賺了錢，而他們自己卻去買了一些完全不懂的股票。

你是否找不到像美泰兒這種接近你的公司，這種可以得到地方消息的股票？你可以察看所在地的地方性報紙商業版。這些報紙經常會報導當地企業的消息。當然，除了閱讀報紙外，你也必須隨時掌握最新情況。「勤做功課」的所有原則都適用在這個情況，不過，閱讀地方性報紙是很好的起步。近幾年，很多報紙都加強了商業報導內容，而我依舊認為這些商業報導對尋找新投資概念很有幫助。最好的報紙是地方性報紙，也就是只報導你所居住的區域、郊區等那一帶消息的地方週報。最好的投資概念都來自這些報紙。

二、下一檔應該選擇石油股。我從來都不會因任何一個投資組合持有石油股而感到非常受不了。石油股是表現最穩定的股票，這些股票的股息收益率不但高，公司的現金流量也很優異，而且當國際上有衝突的時候，這些股票的表現特別好。我堅信全球對石油的需求將持續增加，除非找到理想的優質替代能源，否則都應該持有這些公司的股票，如埃克森、英國石油（British Petroleum）、德州雪佛龍（ChevronTexaco）、柯諾科菲利普（ConocoPhillips）以及柯爾麥奇（Kerr-McGee）等公司的營運，都可能繼續維持長期榮景。由於這些公司的現金流量增加速度遠比其他產業高很多，所以它們勢將實施股票買回政策，同時提高股息。石油正處於我們所謂的「極長期多頭市場」，意思就是這個產業的生命週期和很多企業的傳統循環性本質完全相反。看起來，無論經濟是好是壞，石油都將一直穩居高評價原料商品的地位。想不出要買哪一檔石油股嗎？想想你是加哪一個品牌的汽油就好，沒錯，就是這麼簡單。

我剛介入石油產業的股票時，這個類股佔標準普爾五百的比重一度達到二十％，之後一路下降，兩年前，這個類股的比重一度降到五％。我寫這本書時，石油類股佔標準普爾五百的比重回升到七％，而我認為至少應該回升到十％才合理。一旦石油類股的權值上升到十％，如果你願意的話，可以開始獲利了結。不過，在此之前，請續抱。這些股票的走勢遠遠落後原油價格，長期來說，這種情況將會轉變，而你將因此受惠。

三、你必須選擇一檔目前股息收益率超過二・五%的品牌績優股。在每個時間點，多多少少都會有一些這類股票遭受嚴重的賣壓襲擊，此時你必須找出哪一檔眞正適合投資。至於爲什麼要規定二・五%的股息收益率？原因是標準普爾成分股的平均股息收益率低於二・五%，而一旦股票遭逢嚴重賣壓，高股息收益率多少能提供一點保護作用。股息收益率超過二・五%的股票很少會大跌，因爲它們的股息收益率會自然形成一個支撐平台。當聯準會停止提高利率，這個平台會降低，不過，我認爲最糟糕的事情就是股價下跌使你的股息收益率升高。如果你實在不知道要選擇什麼股票，可以從大型化工公司或綜合型企業著手。在選股的時候，最好選擇過去曾經提高過股息的公司，不過，千萬不要買那些借錢（貸款）來發放股息的公司。我想你應該知道如何分辨這種企業，因爲我已經在本章稍早的內容裡警告過這一點。記得，一定要趁市場表現弱勢的時候，買進符合你的條件且發放股息的績優股。

四、一定要持有金融股，金融類股是佔標準普爾五百權值最高的類股。我個人偏好持有地方性的金融股，我曾因持有地方性銀行或存放款機構的股票，而在某一段二十年期間獲得極端優異的報酬率。商業銀行（Commerce Bancorp）是讓我賺過最多錢的股票之一；這個銀行剛在我們附近開幕時，我深受它全週無休的營運模式所吸引，於是我們決定和這個銀行往來。大約在我們把錢存在這個銀行三個月後，我告訴我太太，我要去參加一場由該銀行執行長主講的演講會。她要我幫她轉達她對該銀行的意見：她說下午時間的強烈刺眼陽光，經常讓她看不清楚自動櫃員機的螢幕。我當然照辦。我設法和維農・希爾（Vernon Hill）談上話，我告訴他，我們是商業銀行的客戶，不過我太太不喜歡她那個分行的刺眼陽光。他問我是哪個分行，我隨即告訴他地點。那天是星期六，而星期一我太太去這個分行時，銀行已經加裝一個遮陽板。這就是我要的服務，當然，這也是我要的股票。另外，我以前住在賓州多伊爾斯敦時，第三聯邦儲蓄機構（Third Federal Savings）的服務，也讓我有相似的正面感受。當時我要申請一筆房貸，他們根本不用我開口就在晚上來我家。我查了一下他們的分行，檢視了它的財務情況，最後買了很多該公司的股票，當然，這些股票也讓我在幾年內大賺一筆，外加非常優渥的股息。每個城鎮都會有一些公開掛牌的銀行，如果你和某些銀行的往來經驗很不錯，只要它的盈餘和配息記錄不錯（你已經承諾要做功課，所以查這些資料應該難不倒你），就直接買它的股票。直接去拜訪你的銀行，就可以進行一些根本的檢驗，經過這些檢驗，一旦該銀行的股票下跌，你就知道應不應該加碼這檔股票。當你買進股票以後，有時候它的股價可能會下跌甚至大跌，就像當年的商業銀行一樣。我不在乎你是買存放款機構或銀行的股票，重要的是這個機構的內部人必須站在買方才行，至少要讓我覺得這些內部人對他們的所屬機構有信心。當然，如果該機構的股息比市場上其他股票高，那就更好了。我最喜歡的是可以讓存款戶認購ＩＰＯ的新存放款機構。對成千上萬在尋找往來銀行的投資人來說，這是最大的獲利來源。

五、美國國內所有理財作家都不會坦白讓你知道我接下來將要告訴你的眞相，不過我卻非常重視這一點。我知道你渴望投機，我也知道有些投機的機會可以賺大錢。我不願意像其他很多理財作家和名嘴一樣，拒絕承認這種感覺的存在。這個作法讓人感覺過度壓抑而且很不自然。我知道你無論如何都會投機。這是人類的本性，投機的道理和賭博與樂透彩券一樣，不管你多堅持認定這是輸家的遊戲，但很多人還是會受這些活動所吸引。也因爲如此，我同意你選擇一檔稍微有點風險的標的——也就是即將變成下一個微軟或家庭補給站的股票，讓你這個由五檔標的組成的組合更具完整性。你也許可以選擇「低於十美元的股票」時事通訊所推薦的投機標的，我個人有參與這份時事通訊的編製。另外，你也可以選擇一檔可能有潛力成爲大型企業的科技或生技公司。我之所以認同這個作法，主要是由於我認爲投資很像養育子女，如果你不給孩子們一點空間去冒險或犯規，那麼他們最後一定會違背所有規則，讓你眞正感到頭痛。我建議你把二十%的資金用來投資一些你認定將會非常棒的標的，有可能讓你打一支大號全壘打的標的！不過如果你眞的把資金投資到這種標的，我希望你能把投機的比例控制在總資金的二十%以內，一點都不能超過。你必須發誓做到這一點，你必須對我發誓，投入投機活動的資金絕不超過投資組合的二十%，而且絕不能在這檔投機標的崩盤時去攤平（即使你很想這麼做）。你必須做好心理準備，這部分的資金可能會完全虧光，一旦發生這個情況，你也應該接受。不過，我不希望你的虧損超過投資組合的二十%，因爲如果你的虧損超過二十%，幾乎不可能利用投資組合的其他穩定成長型企業賺回這些錢。數學就是這麼殘忍。

另外，我還要提醒你，如果你有時間又有意願，可以把投資組合的這二十%投資到一個由許多投機股票組成的「組合」。過去曾讓我賺最多錢的投資標的當中，有一些就是由一籃子爛股所組成的組合，這些爛股最後不是變成壁紙，就是讓我賺大錢。舉個例子，在二〇〇二年十月，我推薦了一籃子的電訊股，當時這些股票的股價全都低於二美元，包括朗訊、北電、JDSU、康寧（Corning）以及奎斯特（Qwest）等。我認爲由於這些股票都已經反映下檔風險，所以其中某些股票很可能會漲好幾倍（幸好股票價格不會跌到負值）。我分階段賣出一部分這些投資，其他則續抱。另外，二〇〇二年時，我也做了類似的總數投注（field bet），我是投資在一些商業能源公司，像是戴尼基（Dynegy）和艾爾帕索（El Paso），這些公司的股票因時運不濟而跌到七美元以下。總數投注可以作爲投資組合用來投機的那一部分，和你要尋找下一個安壯一樣。一般來說，總數投注的五檔股票裡將有一檔會跌到〇元，另外一到兩檔不漲也不跌，但剩下幾檔則會創造優異的報酬，讓整個投機組合賺錢。每次一整個類股完全被投資人唾棄，股價跌到即使再跌空間也不大的情況時，我就會開始對這個類股下注。當然，投資組合投機部位佔整體投入資金的比重不宜超過二十％，否則你的風險就會過高。另外，我喜歡在被賤賣的領域裡進行總數投注，所以你可以密切注意我打算幫 ActionAlerts.com（這是我私人的帳戶，我會在採取行動以前，發出電子郵件宣布我將採取什麼行動）建立什麼樣的總數投注。我的操作是公開的。只要在 www.thestreet.com/actionalertsplus 上登錄，就可以開始試用。

現在你已經從幾個分散的產業中選擇五檔股票，你可以就此打住，但如果你有時間也有意願，可以再進一步分散投資，當你的資金增加時，可以加入以下五種標的：

六、善加利用我先前提到的類股輪動走勢：市場玩家會在聯準會將積極降息時，賣出安全性高的股票，轉而投資較積極的景氣循環股，但此時正是建立這種穩定且實在的公司的好時機，這些公司包括寶鹼、家樂氏（Kelloggs）、高露潔、BUD、通用麵粉和吉列（Gillettes）公司等，也就是所謂的藥箱、冰箱股。選擇好五檔分散投資的股票後，可以慢慢等待時機，等到市場認爲所謂軟性商品的安全成長型股票退流行後，再建立第六檔股票。反正你有的是時間，在所有人都不再青睞這些股票時，運用你的睿智選擇適合的股票。利用類股輪動的投資方式，就可以用非常便宜的價格買到這些股票。就這一次，請利用下跌走勢來爲你的投資組合創造利潤，而非虧損。這些股票經常在某一季結束後大跌，這通常是某個或某些共同基金對這些股票的營運成果感到失望所致。不過，此時卻是建立這些品牌公司股票的好時機，因爲它們高品質的營運成果將帶動股價逐漸恢復上漲。所以，不要害怕在最糟糕的時候買這些在超市擁有很大貨架空間的股票，這就是我的衡量方式，我用我的眼睛來判斷。

七、現在，要讓前述軟性商品的投資效益得以進一步擴大，我要你在經濟情勢看似即將嚴重惡化、且煙囪型股票再度被唾棄時，買進一檔績優的景氣循環股。我最喜歡的這類股票包括道瓊、迪爾（Deere）、杜邦、卡特皮勒、波音、英格索蘭（Ingersoll-Rand）、聯合科技（United Technologies）以及3M。這些股票和上述類別的股票一樣，如果你願意耐心等待，**遲早**會被摜壓到極低點，而就長期來說，這種低點將讓你獲得相當程度的利潤。所以，你必須把類股輪動視爲一種機會，就像在冬天買一頂知名的稻草帽或在七月買雪鞋一樣。不要像很多專業資金經理人一樣，老是受「存貨」疑慮的影響。沒有人會從背後捅你一刀，也沒有人會天天檢討你的投資組合，所以請善加利用這個優勢來吸納專家們亟欲擺脫的股票。他們之所以要擺脫這些股票，是爲了展現他們「知道些什麼」的立場。這些公司都是非常優秀的美國企業，但每年都會有幾次因市場莫名其妙的賣壓而被打壓到極低檔。你必須隨時做好準備，在這種股票跌到低價時進場承接。

八、科技公司的風險很高，但過去二十年當中，如果你完全沒有投資科技公司，就冒了非常大的風險，只有三年的時間例外。所以，當你選好前述七檔股票後，應該留一個位置給科技股。我非常保守，所以只喜歡有股息的科技公司，這就是一些已經成熟且穩定成長的科技公司，而這些科技公司的成長率大致都還能維持二位數的成長。如果你認為我這個選擇方式很笨，那麼還有一個輕鬆的方式可以選擇：把科技股當作你的投機部位。我見過太多由一堆表現其差無比的科技股所組成的投資組合，所以我不希望你投資太多資金到科技股。我很不希望在你打電話到我週三節目裡的「我有分散投資嗎？」單元時，對你潑冷水，對你提出警告。當然，我也知道科技業被視爲經濟的活血，但已經有很多人持有大量科技股（而且都把科技股列爲前幾個首要投資標的），這種作法終將爲他們的投資組合種下禍根，所以我希望你不要那麼重視這個類股。除非其他人都放棄科技股投資，否則過度偏重這個類股的投資實在太危險。還有，切記，我是個英特爾癡，但這卻是我的衷心建議。

九、加入一檔剛成立不久的零售業公司，這種零售公司的銷售據點必須尚未遍及全國各主要地區；在國內據點的設立方面，最好只在一個地區達到飽和狀態，目前才剛要跨入其他區域，成爲全國性零售商的公司。投資人都認同零售業是非常好的投資標的，但卻不知道不該泛指所有零售商，必須鎖定在目前正在全國各地擴張的零售商。事實上，一旦這些零售公司到處都設有據點時，就會變成很爛的投資標的。所有曾經持有過梅伊（May）、Federated 或甚至沃爾瑪公司股票的人，都可以證明這一點。我喜歡在零售商成立初期介入，不過，我會選擇營運模式在某地成功且可以順利推及全國各地的公司。我以前利用這個標準選出很多優異的零售商，包括紅極一時的高成長股如 Limited、Gap、沃爾瑪百貨、柯爾（Kohl's）甚至洛斯（Lowes）與家庭補給站等公司的股票。不過，一旦這些公司的據點遍及全國後，我就會賣掉這些股票，而且絕不回頭。現在我鍾愛的是卡貝拉（Cabela's）的股票，這是一個高檔的露營與打獵用品店，它還要好幾年的時間，才能將據點推及全國各地。不過，一定要抱持謹愼的態度，在介入以前，必須先做必要的檢討。

十、最後，買進一檔「明日之星」的非科技股，例如生技股或標準普爾六百成分股裡的另一類公司，標準普爾六百是中型股指數。很多這類公司最後都有可能成爲明日的安壯和星巴克。合法的公司才會被列入標準普爾六百指數，這是標準普爾五百成分股的試煉場，所以，在這些股票裡尋找潛力股是很理所當然的，這是很棒的選擇清單。如果你從中找不到任何吸引你的標的，可以試著從《投資人財經日報》（*Investor's Business Daily*）所彙編的新美國指數（New America）的成分股裡，尋找你要的標的。《投資人財經日報》在篩選中型企業方面的績效，向來很優異。當然，你還是必須做功課才行。《投資人財經日報》是無可取代的好工具，是尋找下一檔飆股的絕佳起點，它可以爲你提供很多實惠的概念。

現在你已經選好股票了，接下來就必須學習如何爲自己的投資組合買進與賣出股票。

我絕不否認我經常出錯，你該也知道這一點。我也喜歡讓市場爲我效勞，市場經常會出現跳樓大拍賣的好機會，而我喜歡利用這些拍賣機會，趁低吸納我要的股票。也因如此，我才會催促你盡快建立好自己的投資組合，唯有如此，你才能適時利用這些跳樓大拍賣的機會吸納股票。類股輪動的拍賣機會就像是耶誕節過後的拍賣一樣，你一定知道這些拍賣將在何時「舉辦」。不過，買股票和買耶誕節禮物不一樣，你是爲自己買股票，不是爲別人。所以，應該等待拍賣展開後再去撿便宜貨。

我不建議你在特定水準一次投入太多資金，因爲我知道市場將盡它的最大力量來愚弄多數人。所以，爲什麼要被騙？爲什麼要認定你的第一批買進動作一定是最後一批呢？你應該在市場低迷時分批建立部位。這樣就不會全部買在最高點，如果你想一直留在戰場上，絕對不能老是買在最高點！這一點極端重要。我知道多數人都認爲自己被市場欺騙，這是因爲他們經常在買進一檔股票後，股價馬上不漲反跌。想想，如果多數人都在抱怨這一點（人們總是在我的廣播節目上抱怨這個問題），我們就應該針對這個問題採取一點因應措施才對。

現在，假設我想買進二百股的卡貝拉股票。這是要作爲投資組合裡的零售股部位，原因是這個零售商目前只在國內少數地方設有據點，成長空間無限大，根據我的估計，起碼要十年的時間，卡貝拉在全國的布局才會達到飽和狀態。這意味著只要股價明顯下跌就是好買點。

我習慣先買一百股，接下來等待機會。如果股票下跌一到二美元，我會再買一點，但如果股價上漲，就算了，最糟不過就是比預期少賺一點錢而已。我都是這樣買股票的，我喜歡逢低買進。相似的，我喜歡逢高賣出。當我決定要賣掉哪些股票時，我會等到這些股票上漲時才賣。而且我不會一次就賣完所有股票，而是分批減碼。這是最好的方式，不要受制於你的營業員，被他們強押著變成大戶，一次賣出所有股票。

不管是在什麼時間點，我都會製作一個清單，上面列出我要買和要賣的股票，我把這份清單視爲投資組合的一部分。我不知道市場上何時會出現賣壓，只是假設賣壓將會出現，而一旦賣壓出現，我就會即刻採取行動。我極端反對在同一個水準買進所有股票，我甚至會事先設定幾個「出手」的水準；另外，我也會依據市場當下的強弱情況來擴大或縮小買進價格差異。舉我在二〇〇〇年到二〇〇二年的作法爲例，如果我認爲市場將大幅下跌，導致我買進後隨即受創，我就會拉大買進價差。另外，如果市場顯得太便宜，看起來好像隨時將走高，我會縮小買進價差。另外，我會等到市場賣壓出現時，以更好的價格買進我要的股票。

當然，有時候你的行動難免會過度激進，市場的表現也可能極端殘酷，畢竟每個人都難免會誤判市場。如果是過於保守所導致的誤判，我覺得問題不大，最糟糕不就是少賺一點錢罷了。我認為在錯誤的時機抱持過度積極的態度比較嚴重，因為你將會面臨被斷頭的風險。當然，誤判的程度和我們所建立的資產的風險程度有關。所以，除了利用向下承接的價差來因應犯錯的問題外，如果市場好像即將變成世界末日，而我的股票看起來會全部陣亡的話，我會針對所有持股做一個投資評比排序，進行一種類似戰地分類的作業。我每週五都會把我的持股區分成一到四分的類別，這個作法讓我得以在殘酷的時期做出冷靜的判斷；分類完成後，把分類結果運用到喧囂的交易日裡（我不喜歡在交易日做這些評比，因為交易日的恐懼會讓我做出不客觀的分類；要知道當市場有交易時，恐懼的力量是非常大的）。把持股區分成四類以後，整個流程就簡單多了。你可以把這個策略運用到你的投資組合。分數一代表若手邊有多餘資金（在場邊觀望或新增的現金）就要立刻加碼的標的，從這一點可以看出這種標的有多好。分數二代表我會在股價拉回五％至七％或下跌幾塊錢時加碼，分數三是如果股價上漲五％至七％或者上漲幾塊錢，我會開始減碼的股票。分數四是分數一的相反，代表我希望盡早賣掉的股票，這也許是由於這檔股票已經漲得夠高，也許是我認為這檔股票將嚴重下跌。由於我事先針對持股進行評等，所以一旦情況變得險惡，我會固守在分數一和分數二的股票，放棄分數三和分數四的股票。而如果我覺得我很有可能被市場給壓垮時，一定會火速的把持股從十檔降為五檔，賣掉評比較低的股票。另外，我也知道，如果投資組合裡有某些股票是我現在不想買的，那麼代表我對這些股票的信心不夠或投資比重過高，一旦市場狀況極度惡化，我一定會恐慌殺出這些持股（如果你完全看不懂我的意思，請試用我的 ActionAlertsPLUS.com，我經由這個網站公開操作我自己的資金。裡面有很多非常棒的概念，我也是利用上述的投資評比排序系統來制訂所有的買進與賣出決策）。

股票投資評比排序是測試你是否守紀律，是否有足夠信心的絕佳方法。如果你現在不想用某個價位加碼某一檔股票，這其中一定隱含一些意義。這代表一旦情況轉趨嚴峻，你將會匆忙殺出這檔持股。我們所要追求的目標以及投資評比排序的目的，是爲了讓我們可以**歡欣迎接**「弱勢」。這些方法讓我們扭轉心理面的感受，把恐懼轉化成一種「在你所想要的條件下買進你要的股票」的方法，以免在市場的擺布下賣掉這些股票。

另外，我喜歡在股票一路上漲的途中賣出四分之一或甚至三分之一的持股，我喜歡這種機動性。逢高賣出是我的另一個特色。如果你想在一個商店的拍賣會上買東西，你會不會希望萬一買貴了可以退貨？經我這麼一比喻，你應該已經瞭解我爲什麼要逢高分批賣出了。如果股票回跌，我隨時都可以把賣掉的股票再買回來；如果股票持續大漲，只不過是少賺一點錢罷了。就是這個逢高分批賣出的策略，才讓我得以堅守「多頭、空頭和豬頭」的格言，沒有成爲豬頭。不過我依舊會放手讓飆股繼續上漲，這一點非常重要，我發現投資人即便做了非常充足的功課，還是經常錯賣一些眞正能繼續上漲的好股票，還把賣這些飆股的錢用來買一些爛股。所以，一定要放手讓你的飆股繼續往上飆。

一定要使用股票評比排序系統，不要妄想防衛所有股票，因為一旦你妄想防衛所有股票，最後一定會落得一事無成；另外，一定要學會等待那種會導致你所喜愛的股票下跌的大盤賣壓湧現（不過這些賣壓和你目前買的股票無關），這是維持優異投資組合的必要紀律。這兩者（股票評比與等待賣壓出現）是落實紀律化方法的重要關鍵，這個紀律化方法不僅將讓信心為你賺錢，也能在空頭市場（絕不可避免）出現，每個人都極端恐懼的時刻，幫你限制住損失的規模。你必須勇敢面對賣壓，千萬不要被這些賣壓嚇到無力做任何反應。你必須認清楚一個事實，市場上的賣壓不會比梅西百貨的拍賣會更嚇人。如果你能接受這一點，那麼當其他人都痛苦不堪甚至棄械投降之際，你卻將更茁壯。

如果你沒有時間或意願為你的裁決性存款建立並維持一個投資組合，有沒有其他替代方案可以採用？我在此要建議幾個選擇，每一個都不是最好的選擇，不過應該都可接受。首先，只要買進股價指數基金，就可以同時達到分散投資與打敗所有共同基金經理人的目標。幾乎每個大型投資機構都有發行指數型基金，其中先鋒基金最先成立標準普爾五百指數基金，我認為這檔基金是市面上最便宜且績效最好的一個。

為什麼大多數的經理人都無法打敗指數型基金？因為要管理那麼大量的資金並不像想像

中簡單。如果你管理了一檔傳統的共同基金，你的績效很不錯，那麼很快就會有大量資金湧入申購你的基金，大量的新資金將會導致你被迫改變投資風格，長期下來，除非你絕頂優秀，否則你的績效將開始和指數型基金「看齊」，只不過你對投資人收取的管理費比指數型基金高罷了。

約翰·伯格（John Bogle）堪稱業界最誠實的基金經理人，也是指數型基金的始祖。在我專業管理資金十個年頭後的某一天，他受邀上我的電視節目。他說，長期下來沒有任何成功的基金經理人能打敗指數型基金。我告訴他，這個想法不正確，因為我就是一個活生生的例子，我的績效一直都能打敗指數型基金。於是，他回問我一個問題：「你是否有限制新資金的流入？」我告訴他，我不僅限制新資金流入，也不對新投資人開放我的基金。

接下來，他問我管理多大的資金規模。當時我管理大約二億美元的資金。他說，只要我的資產規模低於五億美元，而且永遠不對新投資人開放（只仰賴管理資產的增值），那麼如果我的狀況還是維持得不錯，我應該能繼續打敗市場。不過，一旦我管理的資金超過五億美元，同時改變我的排外政策，到最後，我勢必也會變成一檔光芒閃耀的高收費指數型基金。我把這一席話牢記在心，所以我的資產規模從未超過五億美元，當然，我也沒有被市場打敗過，理由如上。

大多數共同基金的薪酬結構都和避險基金不同，而且不能排擠新資金。避險基金可以抽取獲利（含已實現與未實現）的某百分比作爲獎酬，我個人是抽取獲利的二十％。共同基金是抽取資產規模的特定百分比作爲薪酬費用，通常大約是一％。由於華爾街裡的每個人都要求成長，所以要提高收費金額，最好的方法就是接受更多的資金。所以，就本質上來說，共同基金的資產規模本就容易快速擴張，尤其如果你的績效很好，基金的擴張速度就更快了。就像伯格所說的，這正是導致基金績效落後市場的原因。然而，市面上還是有一些非常優秀的經理人，他們有辦法克服伯格所提出的問題，可惜這些人猶如鳳毛麟角般稀少。你可以把基金管理業務視爲ＮＢＡ球賽，九十九．九％的球員都不夠格進入ＮＢＡ，而在進入ＮＢＡ的人當中，能成爲眞正超級巨星的人也只有少數而已。

在我介紹這些優秀的基金經理人以前，我要先聲明，我很不喜歡推薦共同基金。我在五年前爲了做實驗，投資了五十檔共同基金，每檔投資二千五百美元，我希望能藉此找出表現優異的基金經理，並寄望從中發掘一些明星，一些値得一寫的人。不過，只有三檔基金爲我賺錢，而且這些基金爲我賺的錢實在微不足道，不値得我在此寫出它們的名稱。所以說，伯格的見解是對的。

不過，我還是要推薦幾個基金經理人，因爲這些人眞的有能力從全世界的股票裡選出値得投資的標的。請注意，我會同時告訴你經理人和基金的名字。**如果**這些基金經理人離職或退休（基金界不會讓投資人知道基金經理人離職或退休的消息，它們的這種行徑早已惡名昭彰），你必須立刻抽回資金，因爲在這個行業，你投資的是經理人，不是基金。

第一個人是富達反向基金（Fidelity Contrafund）的經理人威爾・丹諾夫（Will Danoff）。丹諾夫在一九八〇年代和我太太共事過一段時間，每次她誇讚丹諾夫和我一樣聰明時，我都會妒火中燒。我猜如果她沒有和我結婚，她應該會跟別人說丹諾夫比我聰明，我很愛吃醋。我想，要平衡這種心態，唯一的辦法就是把一些錢交給這個「也許」比我優秀的人，也因如此，我把很大一部分的個人退休資金投資在反向基金。丹諾夫確實有料，他從一九九〇年開始管理這個基金，雖然他最近五年的績效不怎麼樣，年報酬率只有一・六九%，但他的基金卻像是一檔有大腦的指數型基金，因爲這段期間標準普爾五百指數下跌了負二・三%。我喜歡把丹諾夫的反向基金用來作爲指數型基金的替代品，因爲他的基金表現比指數好一點，但風險卻更低。就一個大型基金來說，這樣已經非常難能可貴了。

我推薦的第二個人選是美邦積極成長基金（Smith Barney Aggressive Growth Fund）的李奇・佛瑞曼（Richie Freeman）。佛瑞曼實在很了不起，他選股功力一流，而且他和我一樣，好像沒有股票就活不下去。他極端專注，而且一直都能超越市場平均績效。你一定希望他能做你的後盾。佛瑞曼的表現一直都很好，不過我特別喜歡在他遇到困難時去投資他的基金，因爲他的競爭力實在超強，所以，當市場處於最糟的階段，就是最適合把錢交給他的時候。李奇從一九八三年起就進入這個行業，過去五年他的平均報酬率是五・八三%，二〇〇二年的情況雖然很糟，但他依舊順利度過了困境。

我推薦的第三個基金經理人是約翰漢考克典型價值基金（John Hancock Classic Value Fund）的瑞奇・詹納（Rich Pzena）。瑞奇大約和我同時進入這個產業，他是非常了不起的價值型投資人。我會願意把所有資金都交付給他，因爲他選的股票都是風險最低且報酬最高的股票，就這個功力來說，目前爲止，市場上應該無人能出其右。瑞奇過去五年的平均年報酬率是十三％，了不起！

勞倫斯・歐瑞安納（Lawrence Auriana）曾經有好幾次擔任我的CNBC節目的嘉賓。他和他的合夥人漢斯・阿斯區（Hans Utsch）共同管理聯邦考夫曼基金（Federated Kaufmann Fund）長達二十年的時間。他們會尋找一些新成立且優秀的醫療與科技公司，幾乎可說是萬能的投資者，不過就我所知，他們的操作模式比其他經理人都更穩定。這兩個經理人的長期績效非常搶眼，過去五年的年度報酬率達十二・五％。

我最後要推薦的基金經理人是奧克馬克股票與收益基金（Oakmark Equity and Income Fund）的經理人克萊德・麥克葛瑞格（Clyde McGregor），在整個推薦名單裡，他是唯一一個我不認識的人。這一檔基金和其他所有基金的不同點，是它持有非常高部位的債券，所以應該算是最保守的一檔基金。由於該基金的風險程度較低，所以十一・七六％的報酬率實在值得喝采。

記住，共同基金本身已經有進行分散投資，所以不需要一次持有很多種基金。我經常接到投資人的來電和電子郵件，他們說自己持有十或二十檔共同基金，這有一點荒謬，因爲沒有人有辦法應付得了這麼多基金。如果你是保守型的投資人，可以投資奧克馬克股票與收益基金；如果你願意承擔一些風險來獲得更大的報酬，可以投資美邦積極成長基金，如果你和絕大多數人一樣，屬於較中庸的投資人，則可以投資反向基金。如果你只想投資一檔基金，我會推薦反向基金。我覺得投資這些基金不需要想太多，因爲我相信這些基金經理人的績效都將繼續打敗指數型基金，原因很簡單，這些基金經理人比九十九%的經理人更優秀。

假設你想投資避險基金，不要投資共同基金，那該怎麼做？你希望得到像我當年爲我公司的合夥人所提供的服務，隨時可以和基金經理人討論，隨時都能瞭解資產狀況，而且永遠領先市場（共同基金不會即時公布資產內容，所以你必須完全信任基金經理人）。如果這是你的想法，那我要告訴你一些壞消息。我不會推薦任何避險基金給你，首先，避險基金只會接受「合格」的投資人。所謂合格就是指有錢人。第二點，我不知道有什麼適當的對象可以推薦給你。不過，我可以告訴你，你必須親自和基金經理人面談，確定他是否不管時機好壞都能創造優異的表現。有一件事非常重要，基金經理人必須提供兩個推薦人名單，好讓你打電話向他們打聽這個基金經理人的資料，如果他無法給你名單，就不要考慮他了。另外，基金也必須有一個可以幫合夥人把關的外部會計師。這個會計師是爲你工作，他會負責取得所有確認函和文件，並讓你知道基金目前的情況。如果沒有以上所提及的安排，我不敢把錢投入這個基金，因爲避險基金和共同基金不一樣，不受證管會的監督。

在某些投資人利用價格不一致現象，以淨資產價値將基金股份賣回給避險基金的醜惡事件被揭露後，你是否應該擔心共同基金界的詐欺問題？應該不用，因爲主管機關已經介入處理。不過坦白說，還有比詐欺事件更糟糕的事，那就是管理不善以及扣除費用後的報酬率普遍不佳。我所推薦的經理人當然都收取費用，不過他們扣除費用後的基金淨報酬率還是比其他基金的平均報酬率高，眞正重要的其實是淨報酬率。

如果你選擇不要把資金投入避險基金或共同基金，而決定把資金委託給一個個別營業員，那麼，我只能說「祝你好運」。我的經驗是：世界上沒有一個好到能穩定爲客戶賺錢的營業員，尤其如果你的資金不超過二十五萬美元，那更是想都別想。當然，很多人不會認同我的觀點，所以，我的建議是：先找一個資金量和你差不多的人，請他推薦一個營業員給你。這是一個口耳相傳的行業。券商本身對我的意義不大，營業員才比較重要，因爲任何券商都會想出千奇百怪的方式從你身上撈錢。你需要一個能幫你找出最佳機會、又能剔除爛股的人。我對口耳相傳的推薦敬謝不敏，我並不想推薦任何營業員給你。我對券商產業並無偏見，只不過，這是一個一對一的行業，就像醫療保健業一樣，你必須自行尋找一個能讓你最安心的營業員。

如果你的資金低於二十五萬美元，但又需要一個營業員，我不敢保證你會得到理想的待遇。所以，你必須學會自己來，或者把錢分散投入到先前所推薦的基金經理人。

我知道我的觀點聽起來有點憤世嫉俗，也有點多疑。不過我曾經做過收佣營業員、投資顧問和避險基金經理人，也曾經答覆過數萬個投資人的來電或電子郵件，所以我深知這個產業的缺點。我不會刻意美化這個行業，如果你在意自己的辛苦錢，希望可以穩定用這些錢滾錢，不要讓它毀於一夕，那麼你一定要慢慢來，並培養去做上述事情的意願。我們一定可以共同完成這件事，其他方式的成效一定會低於你所應得的收穫。

另外還有一件事，對熱門基金一定要保持戒心。我和我太太一起工作時，有一次，我在基金表現優異的某一季對外開放基金，當時大約是我和伯格談話前十年。新認購的資金大約和我原本所管理的資產規模相當。你知道發生什麼事嗎？我小時候有一個遊戲節目名爲「超市大風吹」（*Supermarket Sweep*）。節目的角逐者要推著推車繞行整個超市，他必須在幾分鐘的時間內盡可能收集最多昂貴的商品。拿到最高總價商品的人贏得遊戲——「看！他要拿火腿！」

我就是那樣！當時的我必須盡快開始運用那一大筆錢，因爲我認爲投資人認購基金不是爲了讓我觀望。於是我衝向火腿！當然，我受到教訓了。當我把錢「花」完，馬上就發現我錯了。最後，在兩個星期內，我的基金縮水了十%，後來，我整整花了一年時間才把這些虧損彌補回來。

爲什麼會發生這樣的事?原因有幾個:其中一個是我覺得對新資金有責任。我覺得必須給新認購的投資人一點交代,而唯一的交代就是把錢投資到各種商品裡。

第二個原因是,當資金管理數額突然增加一倍,買進的規模和戰術等都會改變。你將突然不知道每一個水準應該投入多少資金,不知道要如何買進投資標的。如果以前每次都買五千股,現在應該買二萬五千股嗎?我自己搞砸了整個局面,因爲我原本的方法——每次買五千股——似乎已經太慢了,最根本的問題是我太積極接受新資金了!

第三點,在二千萬美元基金規模下行得通的作法,不見得適用在規模五千萬美元、五億美元甚至五十億美元的基金。也許你第一季表現優異的祕密,在於你找到一些不錯的小型股。在接受很多資金後,你覺得一定要把錢投入市場,但卻遍尋不著符合你的嚴謹條件的小型股來投資,於是,你就勉爲其難接受一些不怎麼理想的標的或價格。這是另一個更嚴重的錯誤。

最後,資金的壓力傾盆而下,達到任何凡人都無法承受的地步。這時候,主要的任務變成是要處理這些新增資金,而不是選股,即使是最偉大的選股人都會因此折損。我先前推薦的基金經理人全都處理過這個議題,他們正面迎戰,以他們的任期和力量向行銷部門宣示:「我現在已無法再處理這些錢了」。這就是我對他們深具信心、但對新基金經理人感到不安的原因。

# 8

# 精準掌握股票底部

## 處處都是底部？

底部承接需要的是非常多的耐心，
另外還需要一種判斷力——
當你覺得自己即將放棄時，
反而就是最好的進攻時刻。
在底部時，絕對不能倉促行事，
做這件事不需要太多科學研判，而是要憑感覺。
投資人在尋找底部方面最常犯的錯誤
就是認爲處處都是底部，隨時都能找到底部。

如果有人問我以什麼維生？我的一貫手法是什麼？我會告訴他們，我的密技是瞄準股票的底部。這是我的專長，我最精通於這項技巧。我非常善於在一檔股票下跌且無人理會的時候去買這檔股票。大多數投資人都會受到動能的擺布，一般人總是在股票大漲時才慢半拍的搶進，寄望從中獲得一些利益。他們喜歡追高，不在乎用高價買股票，他們喜歡買一些升遷速度類似部長級人物的股票，只爲了掌握那最後五個官階。不過，我要的不是這些。這種股票的報酬太低，相對的，風險卻太高，尤其我又特別瞭解企業的股票極可能嚴重偏離發行公司的基本面。所以我不當追價者，我是典型的底部承接者；我會在股票已經下跌到某種程度，跌到我認定已達到不合理低價的時候買進股票，也就是說，當股價完全且清楚低於發行公司本質的情況下，我會進場買進這個公司的股票。我選擇在這種下檔空間有限的情況下買進股票，因爲我認爲如果這種股票的價格繼續下跌，對我來說，它將是難得的禮物，而不是無法應付的意外。由於我們認同「股票表現理當和基本面情況同步」的觀念，所以一旦這兩者不同步，顯然就是介入並利用偏離現象獲利的好時機；也就是說，當一個基本面良好的企業受到暫時性打擊，導致股價跌幅脫離企業本質，就是進場的好時機，因爲此時企業的長期價值已經完全和股價表現脫節。

理所當然的，這個道理也可以推及整個市場。有時候，被所有人當作標竿的標準普爾五百，也會在恐慌性賣壓下出現完全失常的走勢，而那斯達克甚至道瓊平均指數也會出現相同情況，此時的投資人根本就把所謂的投資金律拋諸腦後。不過，這些賣壓可能和相關企業或經濟現況完全脫節，而這種走勢最常見於底部時期。此時正面的現實因素完全不受重視，而怪異、不經濟且不理性的的恐慌幻想則導致股價殺低，不過，這正是你發動突襲的好時機。

就其本身來說，「底部承接」並不是一種「技術」，這個作法迥異於「股價自五十二週高點回檔十%買進」或「大跌時進場買進」這類「技術」，這類「技術」對我來說太過短線。當然，「底部承接」也不是一種公式，它和「等待股價低於成長率所反映的價値」，或「股票成交價相對市場呈現二十五%折價或本益比十倍時再出手」等公式，截然不同。以現實面來說，這些公式的難度太高，而且時機一縱即逝，難以掌握。另外，很多爛公司的股票跌了二十五%以後，還可能再跌七十五%。如果用這種方式「捕魚」，除了能抓到幾條鮭魚以外，還會捕到幾隻殺人鯨。以理財面來說，這些殺人鯨就像謀殺財富的殺手一樣可怕。相對的，我的底部承接方法匯集了許多種合理可行的模式，長時間以來，這些模式無論是對個股或大盤都很管用。我喜歡用運動來比喻這個方法，底部承接需要的是非常多的耐心，另外還需要一種判斷力——當你覺得自己即將放棄時，反而就是最好的進攻時刻。在底部時，絕對不能倉卒行事，做這件事不需要太多科學研判，而是要憑感覺。投資人在尋找底部方面最常犯的錯誤，就是認爲處處都是底部，隨時都能找到底部。我所談的底部是極爲罕見且非常戲劇化的底部。眞正能持久的底部不會每天、每個月或甚至每一季出現，不過這些底部的出現將足以讓有耐心的人致富，讓不追趕時髦的買家獲得優渥的報酬。

在選擇個股時，多數人總企圖利用線圖（也許是陰陽燭線圖或有股票二百天均價的線條）來掌握底部。他們會看看股票是不是已經跌得夠久，是否已經跌到正常值以下，所謂正常值是指五十二週的均價，當然，他們也會觀察目前股價是否已經開始「不再流血」（止跌）。對很多技術分析者來說，他們認為這樣已經足夠，但卻完全不管股票不再流血的原因是由於它已經死掉，還是因為傷口已經痊癒。我認為以技術線圖來作為底部承接參考訊號是很魯莽的作法。技術線圖經常會太早傳遞出訊號，導致你在眞正底部形成以前，就介入一檔股票或市場，當股票再度跌破這個水準時，根本不知道會在何處止跌。對我來說，「線圖上的底部」不可能讓你賺錢，只會給你一種造作且毫無保障的自信感受。所以，絕對不可能從一張線圖看出眞正的股市底部。即使是自認最優秀的線圖底部掌握者的克瑞莫太太都曾經慘遭滑鐵盧。她有時候會只用線圖來認定股票的底部，但某些股票卻從她所認定的底部位置又再跌五十%。所以，線圖底部對我來說實在太危險。

套裝軟體或網站也都無法成功找出確實的底部，即使很多人竭盡全力的想讓這些產品更大眾化，但絕對不要被那些無恥的江湖術士給騙了，事情哪有那麼簡單。千萬不要使用所謂能指點出明確軌道或成功進場點的套裝軟體，這些都是假貨，只會讓你多賠一倍的錢，甚至害你在最糟糕的時刻殺出持股。我對底部的認定方式，和那些互相模仿且經常涉及貪瀆行為的華爾街研究機構完全不同。避險基金、共同基金和賣方公司（主要是指券商）的分析師經常狼狽爲奸，他們要求分析師對外宣稱基金的某些重量級持股已跌到底部（以便吸引無知的散戶進場），若分析師不這樣宣示，基金經理人就會威脅將轉向其他券商下單。不相信有這種事嗎？那麼你應該沒聽過我嚴厲斥責那些分析師，要求他們走出黑暗，站出來公開捍衛思科和英特爾（當時我持有這些股票）。我以前經常這樣做，謝天謝地，我已經不在那個戰場了，我再也不會爲了瞄準股票的底部，癡癡的在企業盈餘報告季節裡密切觀察和收聽那些「假造」的盈餘報告。即便企業盈餘報告經常會超出預期或低於預期，但根據我的研究，沒有一個底部是因這些報告而形成。反正這些報告幾乎都是假造的，只不過是企業和分析師間私相授受的一種工具。情況是這樣的：分析師先低估企業盈餘，而企業則配合分析師，公布高一點點的實績，以便吸引一些毫無戒心的新股東或投資人介入。經過沙賓法案（Sarbanes-Oxley Act）爲主體的企業改革後，這種情況理當不復存在才對，但事實不然，他們依然故我。所以，不能依賴這種專爲迷惑人而設計的方法來判斷長期跌勢下的底部，太不可靠了。

另外，我所謂的底部承接也不是指金融交易底部的掌握。我並不想說服你採用我操作避險基金的作法，利用法人機構的買賣單來獲取短線利益。在市場上，經常會有賣方爲了出場而窮凶極惡的將一檔股票打壓到極低檔，而當這些賣盤終於結束，暫時被嚴重壓抑的股票也即將反彈。在這種時候，平常有付出龐大佣金的人，才可能接獲來自營業員的「賣盤已結束」

通知。這種短暫的底部不會讓你賺大錢，不過，反正你也不可能掌握到這種底部，除了那些利用殺盤來獲取利益的人以外，只有避險基金操作者才有機會獲得這種短線的利潤，當然券商也從中賺到不少的佣金。

華爾街分析師也從未就我過去曾發現的重大底部發出買進建議，而就我目前正試著介入的幾個底部來說，也沒有任何分析師提出「持有」到「買進」建議，更別說事先預測到這些底部了。這些人多半是因爲運氣好才多少幫你賺了點錢。幾乎所有大型機構的主要分析師，都是因爲非常有辦法爲公司招攬大量銀行業務才受重用（爲公司引進新的承銷案），而不是因爲選股能力強。如果你非得參考這些分析師的意見，一定要先確定他不會以銀行業務爲重，至少這樣你才能確定在他們心目中，你才是眞正的客戶，而不是他們機構裡的投資銀行部門。我研究過數千個股市大盤或個股的大型底部，不過，我發現從來沒有任何一個分析師曾精準捕捉到上述任何一個底部。事實上，情況正好相反，我發現由於他們根本沒有能力看出眞正的底部即將來到，所以反而一窩蜂在底部時期調降對股市或個股的投資評比，而不是調高投資評比。所以，我過去操作避險基金的專長、整個產業各類營業員的建議，或我個人和全國各地數十個分析師的密切聯繫，全都無法做到本章的主題：「精準掌握股票底部」。事實上很悲哀的是，當你愈接近資訊的漩渦（如同當年坐在舊辦公室的我），雜音就愈多，但底部卻非常可能在這諸多雜音中逐漸浮現，而且這些雜音經常是形成底部的重要導因。

我所謂的底部是「超大規模底部」，是那種一旦掌握到，就足以讓你吹噓好幾年的底部，那種底部只在極端惡劣情況且嚴重下跌後才會出現。在這種底部階段時，相關的股票看似將永久受創，即使股票的發行公司本身不過只受到一點小挫折而已。這個主題的內容，是以我過去對數千個股市和個股眞正底部的檢驗和研究成果（儘管我也曾錯過某些底部）爲基礎。當你在這種底部進行投資時，幾乎完全不須煩惱我在本書所提出的告誡和勸告，因爲當你介入後，多頭市場還會持續一段時間，也就是說，你要很久以後才有可能成爲「豬頭」。你不需要擔心馬上會有超漲的問題，因爲你是在一檔股票最嚴重低估的情況下進場，而以這場遊戲來說，鐘擺擺盪到另一端的速度並不是那麼快。此時你的潛在報酬將遠超過風險，所以你可以儘管放輕鬆，在這個行業當中，可以這麼放鬆持有一檔股票而且又賺那麼多錢的機會並不多。你將會擁有很大的空間放手讓獲利增長，這是最棒的一種利益，如果你能順利賺到這些錢，就足以彌補很多爛股所造成的損失。

我把這種底部區分成兩種型態的底部：投資型底部和操作型底部。操作型底部的延續性比較短，不過利潤卻非常豐厚，在目前這種低佣金且交易頻繁的環境下，我認爲絕對不宜錯過這種底部。相對的，投資型底部的延續性比較好，你可以藉由這種投資型底部爲你的裁決性存款或退休存款賺進可觀的財富。另外，有些個股的長期底部會和大盤的底部同步出現。

在這個世界上，我最喜歡談論的話題就是個股，我認爲自己能比其他人更早掌握到某檔個股的止跌訊號。不過，儘管有這種天分，我還是不諱言，不管你對個股波動的預言能力有多強，絕大多數個股的底部都會發生在市場的底部位置。這是因爲「押寶」在「指數」（標準普爾五百）的資金實在太多了，所以，如果能掌握到標準普爾五百指數的底部，就能掌握到大多數股票的底部。不過，凡事總有例外，黃金類股的交易和指數並不同步，當指數表現低迷時，這個產業表現反而很好。石油類股也一樣，這些類股都是和指數反向的。不過，如果你精準掌握到指數的底部，就幾乎等於立於不敗之地。所以，我們要先來討論市場的底部。在市場底部區位置，至少會有五百到六百檔股票創新低，而如果你掌握到眞正的底部，即使是最爛的股票都會反彈。

在過去二十年裡，市場出現四個重要底部，依序是：一九八七年崩盤的底部、一九九〇年伊拉克／科威特問題所形成的底部、一九九八年長期資本管理公司（Long-Term Capital）事件所形成的底部，以及二〇〇二年到二〇〇三年間網路泡沫幻滅後／二次伊拉克戰爭前所形成的底部。如果你精準掌握到以上這四個底部區，而且有事先準備好現金，並適當運用這些資金，那麼這些底部都是極端優異的買進時機。如果你在這些時機把全部資金都投入股票，一定會領先絕大多數的基金經理人，爲你自己和投資人創造可觀財富。在這幾段研究期間裡，市場上也曾出現一些假底部，不過這些假底部的潛在報酬全都不符合標準，不值得在這種底部積極把大量的資金投入市場。無論如何，最重要的是，在這幾次底部位置，所有指標都達到極端低檔，這就是告訴你，此時「降落」資金是安全的。我選擇以「降落」來做比喻，理由是我喜歡用駕駛員在濃霧季節無法光靠目測方式著陸，而改用檢驗儀表板降落的方式來看待市場。我喜歡把各項指標視爲判斷是否介入市場的一種核對清單——我會觀察是否有足夠條件符合標準，是否有訊號顯示可以開始進場。所以，我會以核對清單的方式來說明底部訊號，當市場達到多數市場大師和專家所認定的安全狀態時，你就可以善加利用這個核對清單，這個方式會讓你更瞭解如何做判斷。

我深入研究過這幾個底部，我是以參與者和歷史學家的角度來研究這些底部。這些底部分別都具備一些獨一無二的特質，不過儘管各個底部的特色不盡相同，也不代表我的研究成果無用或沒有預測性。其實這些底部擁有很多一目了然的共通性。所以，非常值得追溯、值得你去發掘與投資，最重要的是，值得你去等待。

每一個底部都是由許多不同的事件所造成。一九八七年的底部是發生在一九八七年大崩盤的一天以後，當時美國國內許多企業不斷進行合併與收購活動，由於美國企業發現那一天二十二%的可怕跌幅，並不是因爲經濟將走向衰退所造成，而比較屬於電腦程式交易所造成的混亂殺盤（從那次以後，美國市場就沒有再出現過類似的跌幅，因爲紐約證交所推行了一項敏感波動系統來控制股市下跌的速度），股市的底部因而出現。一九九〇年的底部是發生在伊拉克入侵科威特之後，伊拉克採取行動後，原本大漲的油價開始反向大跌，於是造就了股市的底部。一九九八年的下跌走勢很明顯是因爲聯準會降低利率而打住。二〇〇二至二〇〇三年（二〇〇二年十月與二〇〇三年二月）的雙重底部，則是發生在伊拉克戰爭即將展開與正式宣戰時。

由於這些事件完全不同，加上事件的本質很不尋常，所以投資人傾向於認定市場底部極端難以掌握（所以，一般認爲下一個市場底部可能不會出現在下一個伊拉克戰爭之後）。由於市場底部很少重複歷史軌跡，所以漸漸就衍生出一種主張「底部無法探測，所以應堅守長期投資的策略，不須過度操心」的投資哲學。這個概念有一個很確定的邏輯：美國第一位股票歷史學家傑若米・席格的學術研究顯示，在每二十年的期間內，績優股的投資績效超過其他所有資產類別，所以你大可以說，如果你原本就已經爲了更大的循環而持有一些股票，那又何必費事去掌握所謂的底部？事實上，如果以退休爲目的的投資，我是認同這個觀點的，以這個目的而言，是否掌握到底部並不重要。我每個月都會把十二分之一的退休預備金定期用來投資，不過如果市場大跌，我會加速投資腳步，我對市場大跌的定義是下跌二十％。階段性投資的模式，再配合大跌期間偶爾出現的重挫走勢，讓我獲得了超出平均的成果。

不過，如果是更重要的裁決性資金（也就是要爲自己「加薪」的資金），則應該隨時準備好資金，利用市場底部來爲自己謀求利益。對於這種裁決性資金，我幾乎一定會保留至少十%、至多二十五%的資金在現金部位，一旦發現市場開始形成底部，我就會利用這些現金來爲自己多賺一點錢。

關於底部，讓我們先來檢視這四個市場底部的共通性，也就是市場開始止跌以前發生了什麼樣的情況。附帶一提，這些資訊全都可以輕易取得，只要綜合閱讀《今日美國》（*USA Today*）、《紐約時報》、《投資人財經日報》以及《華爾街日報》（*Wall Street Journal*）就可以取得這些資訊。如果你覺得這樣要花太多時間，我會持續更新這些資訊，你在試用大街網站的期間內都可以找到這些資訊。

## 一、市場情緒

要判斷底部是否已經形成，我們必須檢查的第一個指標是市場情緒，情緒其實很難衡量。市面上有很多有趣的指標和服務宣稱可以掌握底部，不過我認爲這些指標和服務的有效性很令人存疑，因爲長期而言，它們幾乎沒有任何意義。我們要衡量的是「痛苦」程度，也必須衡量「痛苦」在何時達到最高點，當痛苦達到最高點時就是底部；在過去二十年的四個大型底部期，市場情緒都達到最痛苦的邊緣。

以下是我的情緒／心理面核對清單，這些是底部時期一定會發生的情況。除非看到全部指標都已出現，否則不應投入大量資金到市場，要不然你就是傻瓜，你的行爲就會像在倫敦大轟炸（London Blitz）時，還沒等到警報器解除就跑出防空洞一樣。

**第一個指標：**「痛苦」成爲《紐約時報》的頭版頭條。這個指標是克瑞莫太太最愛的指標之一，幾乎從未失誤。雖然這麼簡單，但其準確性非常值得我們去深思。首先，我們的推論是：在極端痛苦的期間，有很多人會出現在報紙商業版、商業雜誌媒體和商業電視，他們都會宣示底部即將來臨。通常說這些話的人大半是爲了讓人們以爲底部眞的已經到了，原因是：他們通常是那些對市場最有信心而且來不及出場的人，不過，有些則是爲了自己短期內的業績著想（不管是什麼業務）；另外，有些是管理不能放空的共同基金的經理人，所以他們當然認爲「隨時」都是投資該公司基金的好時機；有些則是經營劵商業務的人，由於佣金是他們的收入來源，所以絕對不能從他們口中說出「我現在不會進場買股」這類的話。由於股票最大的利潤來自股票發行，其中又以承銷爲主，所以對賣方來說，這部分的銷售費用比什麼業務都來得高，因此信任這些人是很荒謬的。

另外，就判斷底部是否來臨的層面來說，《紐約時報》的商業版或《今日美國》的綠色「錢」版的重要性固然很高，不過，即使這兩個版面看起來「血流成河」，痛苦等級達到最高，也不能就此判斷底部已來臨。根據我對底部的研究，我發現在最大規模下殺行情展開**以前**，這些版面早已刊登過數十篇和「痛苦」與「虧損」有關的文章。不過，一旦《紐約時報》或《今日美國》把市場的痛苦刊登在**頭版**的重要位置時，空頭就已接近尾聲。很不可思議，在每個底部位置時，這些媒體都一定會刊登和「市場慘絕人寰」有關的文章，但如果市場的災難故事還沒有被搬上那些報紙的頭版，很簡單，請再等等，底部尚未來臨，因爲在這種情況下，小小金融世界以外的世界，還感受不到足以形成底部的痛苦。這個指標準確到極端不可思議的地步，在我找出的每個可怕的底部階段，都曾出現這個情況。過去二十五年來，市場經歷過很多次嚴重的空頭市場，我每次都會和我太太爭辯底部何在的問題，而她總是好整以暇的問我，《紐約時報》是否有在頭版刊登市場災難文章。如果答案是否定的，她會要求再觀望，因爲底部未到。當然，這個判斷方式一定會讓你錯失一些短暫的底部，不過，所有重大底部都具備這項特色，這種底部出現後，股市通常都會大幅上漲，而且持續很長一段時間的漲勢。

**第二個**情緒指標也從未曾有過失誤，而且也都精準掌握了這四個大型底部，這個指標是基金經理人的投資人情報（Investors Intelligence）調查。這個指標和《紐約時報》指標一樣，是個反向指標，唯有在瞭解這份調查的動態後，才會瞭解這個違反直覺的訊號的道理。

二十年來，「投資人情報」這項全國性服務會詢問時事通訊作者對行情是偏多或偏空。雖然你可能認爲所有經理人都偏多時，一定是投資的好時機，但其實那卻是最糟糕的投資時機。所有回覆這項調查且回答自己偏多的人，等於承認他們喜歡市場。那麼就理論來說，如果一個人喜歡市場，代表他已經進場；因此我們可以大膽推論，如果每個人都偏多，代表每個人都已經把錢用來買股票了。這就是我那麼重視這個指標的理由，除了《紐約時報》頭版指標以外，我最重視的第二個情緒指標是：絕大多數受調查的基金經理人表示看空市場。當多／空比率顯示絕大多數人看空，或者空頭佔上風而多頭比率低於四十％時，就情緒指標而言，你是安全的。不過，我必須提醒你，光是「多頭低於四十％」這個數字並不足以構成底部。請記住，這是一份核對清單，而這個指標至多不過是清單中最重要的指標之一而已。一定要密切觀察，才不會產生錯誤解讀的問題。如果多空比率尚未到達這個標準，你就自認底部已來臨，並過早投入資金，那你通常都會犯錯。其他各種指標很難達到這麼高的確定水準。不熟悉這項指標的人，可以從《投資人財經日報》找到這項指標，它會刊登在每週四的早報上（羼雜在許多指標當中）。千萬不要不信邪，我曾因不信這個指標而付出數千萬美元的代價。既然我已經用血淋淋的虧損經驗證明給你看了，你又何必再虧一次錢呢？千萬不要太早判定多空比率有利於你。

我所採用的很多情緒指標，都是利用很多市場人士的犯錯本質來獲益，這有點悲哀。不過請記住，在預測底部時，一定要確定是否所有人的希望都已破滅，每個想要賣股票的人都已經賣了。這就是我爲什麼認爲我的**第三個**指標是最「卑劣」但又最好用的指標之一：共同基金贖回情況。所有重要的底部位置都會發生這種情況，如果共同基金的資金沒有連續流出（被贖回）至少兩個月以上，底部就不可能成形。當然，有時候稅賦考量或某些導致投資人受到驚嚇的事件，都可能導致共同基金連續流出一至三週。不過，如果是穩定且持續流出長達幾個月的時間，通常大底部也會接著來臨。我們每週五都可以透過一個名爲AMG的機構取得這些數字，通常星期六或星期一的報紙也都會刊登這些數字。所以，這也不是極端難找的資料。總之，如果沒有見到基金大量流出，底部就尚未來臨。

在我的情緒指標當中，最難懂與無法在地方性報紙上找到的，應該是**第四個**指標：VIX。VIX也稱爲波動率指標，用來評估整個金融體系的壓力程度。這是由買權和賣權（我稍後將會解釋這些用語）的各種比率所彙編而成的「憂慮指數」，用來衡量投資人的自滿度或恐慌度。恐慌代表一種受驚嚇的賣壓，當這種賣壓出現，市場底部通常即將來臨。當VIX（衡量市場的恐慌程度）的數值超過四十，代表可能市場已達底部，事實上，只要該指標的數值高於三十五，就代表底部可能形成；但過去四個大型底部出現時，VIX都超過四十。如果這個數值低於三十，代表底部並未確定。有一點必須特別留意：第一次出現三十五以上數字時，通常會再出現第二次。如果你有時間等待，我的研究成果顯示VIX第三週超過四十是最安全的買點。

當我第一次聽到「擺盪指標」時，我心裡想著：想必這又是華爾街的另一個胡扯，一個自以爲能告訴你股票是否「超跌」的指標。一個衡量下跌時刻與痛苦水準賣出筆數，以顯示投資人賣股票意願強烈與否的指標，要如何幫我們判斷底部是否已到？不過，當被我視爲全世界首屈一指的技術分析師，每天都要透過大街網站的海倫・麥斯勒（Helene Meisler）所寫的專欄，衡量每天市場超漲／超跌情況時，我也不得不對這個工具肅然起敬，我不敢小看它預測底部的力量。這就是我的**第五個**底部指標。

在多數時間裡，市場都是處於均衡狀態，買方在接近最後一筆賣單的合理水準買進，而賣方則在接近最後一筆賣單的合理水準賣出。不過，有時候市場人士會強烈採取一致行動，以源源不斷的買盤將股價推升上去。他們不等待供給和需求達到平衡點，只管競相追逐股票，結果促使股價上漲。

相似的，有時候賣方也會爭相出場，他們等不及買方出現，極力在市場上尋覓所有可能的買家，而此時這些買家通常只願意用遠低於目前價格的水準買進。擺盪指標就是衡量這些壓力的指標（擺盪指標有很多不同的形式，標準普爾公司每天傍晚都會更新一個，這項服務需要一千美元的費用，不過我個人比較喜歡海倫・麥斯勒自己算出的數字，你可以在RealMoney.com 找到這個資訊）。

當擺盪指標居於中間位置時，會出現均衡買盤，這個中間位置是0±2。正二的數字或負二的數字都沒有意義，只有極端的數字是重要的。在非常負極端的位置（負五以下），就是買進股票的絕好機會。我所研究的四個大型底部的擺盪指標都是在達到負七後，底部才浮現。擺盪指標和ＶＩＸ不同，是可以馬上看出結果的指標。一旦擺盪指標達到這麼低的位置，又有前述其他指標出現的話，代表你已經處於底部了。

當擺盪指標數值達到負七、VIX數字超過正三十五達三週以上、共同基金持續遭到贖回、投資人情報調查的多頭比率低於四十，以及《紐約時報》或《今日美國》頭版刊出市場導致投資人痛苦不堪的故事時，代表所有情緒指標全都指向大型底部已來臨。

這聽起來很簡單，但就現實情況來說，要利用這些指標圖利，必須極端有耐心。過去四年裡，投資人打過無數電話向我訴苦，他們說：「我覺得好痛苦，市場應該已經到達底部了。」每次接到這種電話，我都會重新和他們檢視這份核對清單，讓他們領悟目前的情況。他們通常會說：「那好吧，我可以堅持下去。」不過我要告訴你一個祕密，沒有人能忍受從「極端興奮」擺盪到「絕望」這麼大的痛苦，即使操作女神都不例外。所以如果你覺得喉嚨好像被掐得愈來愈緊，胃好像被打好幾個結，但擺盪指標距離負值還很遠，投資人情報的調查結果也尚未接近超級空頭情況，我建議你應該減少持股，甚至應該大幅減碼。我通常會這麼建議打電話到我的廣播節目的人。

## 二、投降行爲

要找出可投資的底部，下一組要觀察的指標是投降行爲的衡量。在每一個大型底部位置，都會先出現我所謂的「一波強過一波的賣壓」，接下來「絕佳時機」才會浮現。在一波強過一波賣壓浮現的過程中，我們會見到大規模的投降行爲——也就是說，原本希望堅持到底不退場的投資人終於放棄，因為他們無法繼續承擔任何痛苦。

要掌握一個賣壓漸次增強的底部並不如想像中那麼容易，不過我們還是可以從一般的日報找到一些明顯的指標。在一個賣壓漸次增強的底部位置，大量的賣方會突然聚集在一起，把股票打壓到不尋常低價且脫離基本面的水準。所有賣壓漸次增強的底部通常都會出現一個主要現象：創新高與創新低家數達到極端不平衡的情況。在我發現的值得投資的底部當中，創新低家數都達到四百到七百家，但只有很少數股票創新高。一定要出現這種投降行為，才能判定絕大多數賣壓已結束。如果創新低家數只有百餘家，代表賣壓漸次增強情況所造成的破壞，還不足以讓市場達到可介入的底部。

賣壓漸次增強底部的第二個特質是——營業員執行強迫賣出（俗稱斷頭），這是所有主要券商都會要求營業員執行的規定。在盤勢下跌的過程中，融資買家和投機者會不斷企圖去掌握底部。由於他們不夠有能耐，因此他們這種測底的行為反而顯示底部尚未到達。所以，我們必須密切觀察他們的賣出行動，看看賣壓是否已經結束，這些人是否已經被洗出場。幸好這種指標性的賣壓幾乎只會發生在下午一點三十分到二點三十分間。因為此時各地的營業員可能因客戶違反融資規定的交易而受害。相關的規定是：當客戶利用券商融資所買進的持股部位價值降低，導致擔保品價值低於規定時，除非客戶增加股票擔保品金額，否則券商必須將客戶的部位出清，以取回現金。券商會在早上通知所有顧客，而如果顧客在聯邦電報系統於下午一點關閉時沒有存入足夠資金，券商就會開始採取行動，融資辦事員將殘忍的把超額融資客戶的持股賣光。這種賣壓將持續到下午二點三十分左右。在長期下跌的行情中，這段「融資辦事員時間」是一天當中賣壓最沈重的時段。如果你一定要在下跌段中買股票，一定要等這種強迫賣出時間結束之後再進場。

不過，就掌握底部的角度來說，我們必須察看這個小時的交易是否已不再對市場形成額外的壓力。如果在二點三十分時，市場上並沒有強大的賣壓，代表融資負債已經達到可以令人接受的水準，市場體系裡的投機風潮已經降低。整體來說，除非投機風潮消失，否則我們很難見到眞正的底部。你可以等到證管會公布每個月的融資數字，不過，我發現只要聚焦在下午一點三十到二點三十的「融資辦事員賣壓」，就能掌握因融資買進所引發的賣壓是否激烈。不過，這個指標只適用在下跌行情。你必須觀察在經過一系列（或甚至幾個星期）的下跌走勢後，這個小時的賣壓是否已減輕或消失，這是市場底部是否浮現的關鍵。

一直到十年前，市場上並沒有任何一個集合性資金的規模大且莽撞到足以導致市場產生投降行爲。不過從一九九八年的底部發生後，情況便已改變。當時一個超大型避險基金——長期資本基金對幾項商品的大額押寶失敗，導致該公司「壽終正寢」，這個基金也因此被迫清算，那是發生在當年九月底和十月初那幾天的事，這個事件創造了一個値得操作的底部，也是唯一一個不是因眾多投機者的大規模投降行爲而產生的底部。我之所以特別提出這一個底部，是由於一九九八年的底部並未誘發散戶端的融資賣壓，只有避險基金端的賣壓而已。幸好避險基金的下跌都有很詳細的記錄，所以比融資賣壓（我所研究的其他底部都是導因於融資賣壓）更容易衡量。在行情大跌時，我在下午一點三十分到二點三十分那段時間一定很賣力投入工作，因爲我必須瞭解強迫性賣壓的程度，並搜尋市場上是否出現任何意味融資散戶已被帶到「屠宰場」的不均衡現象。一旦他們永久被趕出市場，底部才比較容易出現。在二〇〇〇年時，融資負債金額相當高，一直到二〇〇二年十月才明顯降低，當時強迫性的融資賣壓大到嚇人，而當這股賣壓結束後，幾個星期內，底部就正式浮現了。

賣壓漸次增強底部的第三個特質是各交易所的成交量突然大幅竄升。天天盤跌但成交量低迷的情況無法創造出底部，唯有長期下跌後成交量突然擴大（意味很多賣方被清出場），才會出現這種底部。

以前我一直都無法有效掌握這種賣壓漸次增強底部的方法，一直到一九九〇年代中期，我自己變成一股小型賣壓的一分子後，我才終於瞭解這個方法的眞諦。當時「前線」要製作一個以投機爲主題的特殊紀錄片，我答應讓一個影片工作人員進到我的辦公室，把我的避險基金操作製作成影片。當時市場有長達兩個月的時間表現非常糟，而由於我們預期這種「賣壓漸次增強底部」可能出現，所以都一直站在買方，最後甚至買到基金可容許的最極限程度。影片工作人員進入辦公室的那天早上，市場看起來極其糟糕，我們感覺勢必要再承受痛苦的一天。也因如此，我們在開盤前到高盛公司（我們最好的往來券商之一）去，向該公司轉達我們想賣出十分之一部位的股票，大約值三千萬美元。這麼做的原因是我們被嚇壞了，所以希望保留一些現金。該公司估算了我們的賣單，最後以每檔股票低一美元的價格向我們買這些股票。完成後，我們鬆了一大口氣，因爲燙手股票已經賣出去了。而在開盤半個小時後，高盛公司又找上我們，願意以每股高〇・一二五美元的價格向我們買更多上述股票。到十點時，華爾街的成交量突然大幅擴增，幾個月來從未出現過這麼熱絡的交易。我們依據這個現象判斷，很多人也終於加入我們的恐慌賣出行列，而買方則因股價已達合理水準而突然現身。這個小時內成交量突然大幅增加的現象，充分證明買方意願開始升高，賣方已經有辦法大量出清他們的持股，以前每天只能零星賣出一點股票的情況已經改觀。這個現象和融資辦事員賣壓如出一轍，散戶賣方全被清出場。當然，我們在底部賣出的動作也被記錄在文件上，我希望這個教訓可以作爲你的借鏡，不要在長期下跌之後突然爆量的關鍵時刻賣出持股。這時候反而應該是買進時機，不是賣出。當時雖然一個小規模的「漸次增強賣壓底部」浮現了，但我們卻不幸成爲賣方中的一員。

另一個能證明投降行爲的訊號是承銷股票的流動情況。券商靠承銷賣出股票而活，對券商來說，這種收入僅次於合併與收購案件的收入，對很多大型賣方券商來說，這是非常重要的活血來源。由於這項收入很重要，所以除非完全找不到買家，否則券商無論如何都會盡力推動這些承銷案件。當買家完全沒有意願承接時，券商就會停止推出承銷案，因爲如果他們無法順利完成交易，將會被困在一大堆包銷股票上。此時，除非他們能把舊承銷案的股票全部出清，否則一定不會再承接任何新承銷案件。所以你必須等到最近的承銷案都順利完成後再投入資金，因爲這代表整個體系裡的超額存貨終於降低，而警報解除訊號也終於發出，此時，又開始會有大量閒置現金流入承銷體系。所以，承銷情況確實是驗證底部是否即將來臨的重要依據。

請務必切記股市承銷循環的順序，因爲這個循環將預告整體股票市場的循環。當承銷案熱賣且股票一掛牌就大漲（股票第一天掛牌就持續飆漲），且每個星期都有很多新案件推出時，代表承銷市場已經過熱，是頭部正逐漸成形的訊號（稍後再詳細解釋這一點）。所以，此時應該做好大量賣出股票的準備。當這些承銷新股上市當天股價文風不動，溢價很小或根本沒有溢價可言時，就顯示市場需求已經滿足，你應該把持股降到最低。當這些承銷案件掛牌後表現失敗，就意味市場疲弱，不過此時承銷商依舊會貪婪的推出承銷案。這時候千萬不要輕舉妄動，雖然很多人會進場，但千萬不要跟進；那是假底部，唯有等到所有承銷案件一個接一個失敗，新股票供給量逐漸衰竭，眞正的底部才會出現。此時投機的風氣將完全從市場上消退，現金部位則逐漸上升。當不再有新股票發行時，股票的供給和需求情況將開始明顯轉變。原因是在下跌的過程中，企業將會漸次買回股票，而券商方面則因被承銷案件所困，因此逐漸減少新股發行案件。在這種情況下，隨著資金自然的逐漸回到市場（透過401〔k〕和其他退休帳戶），整體可供買進的股數又自然降低，供給和需求情況也會逐漸走出不利的局面。

不過，即使承銷案件開始減少，也不見得就是底部，因爲融資帳戶裡的多餘籌碼依舊非常龐大，而這些帳戶全都等著要賣股票。如果新承銷案件銷聲匿跡一到二個月（不能超過這個時間），又開始見到很多IPO陸續掛牌交易，而且這些IPO上市後股價並不會下跌，這個訊號意味市場已經度過「賣壓漸次增強的底部」，應該開始進場買股票了。不過，你必須等待整個循環結束再採取行動。在新承銷案件價格再度出現溢價情況前進場買股幾乎是自殺行爲。券商很清楚自己在做什麼，在這個階段，他們不會輕易冒險，唯有瞭解市場情況已經好到足以作多後，他們才會將股價炒高。

賣壓漸次增強底部的最後一個指標，是一些**只在**有市場底部才會出現的奇怪現象，這是「停止操作、下單不均衡」的訊號。這個訊號之所以很難掌握，原因是你必須坐在機器前面觀察，事實上，它是唯一一個無法藉由看報紙而得知的底部（賣壓漸次增強的底部）訊號。這種訊號很罕見，不過在那四個大型底部的投降行爲出現期間，都曾有幾天甚至幾個星期出現這種情況。

如果個別企業傳出類似高階主管辭職、盈餘低於預期、企業欺詐行爲等壞消息，就會發生個股下單不均衡的狀態，使股票一開盤就大幅跌破前一個收盤價。不過，有時候整個市場也會出現「停止操作、下單不均衡」的訊號，此時很多股票一開盤就同步大跌，但卻找不出任何消息。一九八七年股市崩盤的次日就出現了這種典型的行爲，那是近代股市史上最好的一個買進日，另外，一九九〇年、一九九八年九月與十月及二〇〇二年十月也都曾出現這個情況。如果市場上不斷有下單不均衡的消息，就可以確定投降行爲已經達到極不合理的水準，此時應該開始買進了。

我喜歡股票大跌後所出現的下單不均衡訊號，因爲這些訊號將在短暫的期間內清除所有恐慌賣家（你不會希望與他們同處「一室」的）。這是最完美的、也是最安全的進場時機

## 三、催化劑

瞄準漸次增強賣壓及核對各項情緒指標的終極目標，是要考量市場將會發生什麼狀況，同時衍生我所謂的「絕佳時機」——也就是絕不可錯失的買進良機。一九九一年經歷過七個月的空頭市場，及二〇〇三年經歷過三年的空頭市場後，都曾出現過一個相同的催化劑：伊拉克戰爭的開打。以這兩次情況來說，我們原本就大致知道事件將在何時發生，而這兩個期間也都出現了我所謂的「極糟事件症狀」，也就是某個新聞事件受到極多關注，導致其他可能進展被忽略。在這種時候，股市通常都已充分反映所有負面因素，但卻完全沒有反映正面因素。

一九九八年時，促使股市大漲的催化劑是聯邦基金利率「意外」調降。我之所以將「意外」兩字加上引號，是由於聯邦儲備理事會刻意先讓一些親近該機構的人告訴媒體，應該注意利率可能即將調降。這是股票即將大漲的訊號。

一九八七年時，底部催化劑也是聯準會，當時由於聯準會見到很多股票遲遲未能開盤，於是公開承諾要提供所有必要資金以維護市場秩序。

在每一次賣壓結束後，都會出現一個不同的觸發因素導致大盤指數開始反轉。要掌握這種走勢，最困難的部分在於如何事先察覺是否有足夠前兆，唯有如此，你才能做好準備，在催化劑出現並導致市場方向轉變時，即刻採取行動。此間的關鍵並**不是**要知道或預測催化劑是什麼，因爲很少人知道這個催化劑會是什麼。絕佳時機的結構比較容易預測，遠比實際推升市場的觸發因素更容易預測。畢竟每次促使底部反轉的催化劑都不一樣，不過，每次在底部時，市場都會消化所有負面因素，但卻都不會對正面因素做任何反映。所以說，結構才是關鍵，即使催化劑依舊像謎一般，但絕佳時機的結構卻總是不斷再現。你可以把它想像成即將發生的森林大火。賣方的庫存——也就是讓森林保持濕氣的液體已經乾涸。此時，你一定會知道火苗已經做好準備，絕佳時機即將出現。即使你不知道火花將在何時或何處出現，也知道情況一觸即發。

我在電視節目上精準點出了二〇〇三年大漲前的「絕佳良機」，我是在眞正的底部（距離道瓊實際低點上下一百點以內）提出我的呼籲。很多人認為我是個天才，因為我是在伊拉克戰爭開打前提出這個看法，當時我的所有指標都是呈現最明亮的「綠燈」。當然，這並非易事，只不過如果你知道要追蹤哪些訊號，當時訊號同步出現，你一樣可以掌握到底部。我不會魔法，也沒有神奇的力量，只是依據一些既定的模式，所有曾研究市場過去三十年情況的人都能找出這些模式。

對某些我所認定的「死空頭」來說，由他們所構成的這些指標和絕佳時機還是不足以吸引他們投入資金。不過，我將會舉出一些論證讓這些死空頭知道，任何條件都不可能完美到讓我們掌握到精確的底部。但如果能正確辨認這些情況，即使判斷錯誤，未能在絕佳時機進場，也不會因為介入市場而受傷。以那四個大底部來說，上述情況都維持了四個星期以上，底部才真正浮現，但即便如此，我們的資本並沒有損失，這已是夫復何求了。

要如何知道你已經錯失底部或太晚介入？有十幾個附屬指數會在整體市場的底部到達後出現底部。不過，其中有一個指數每次都會和市場底部同步或領先市場出現底部，那是銀行指數（BKX）。如果你發現銀行指數上升十%，代表市場已經進入多頭走勢，此時你應該等待市場出現幾天獲利了結走勢，並稍做整理後，再投入資金會比較好一點。我總是把BKX放在我的專欄文章左上角位置，也就是在標準普爾指數底下，因為這個指數就像煤礦裡的金絲雀一樣，有能力察覺即將展開的大行情。可惜有時候BKX的大漲也會形成幾個錯誤的訊息，所以一定要確定其他指標也都指向同一個結果，再積極進場。BKX也能預測下跌走勢，只是不太有效，不過在眞正的底部出現以前或出現時，我們確實可以利用這個指數來確認底部。

另外還有一個考量因素：有時候底部的情勢非常險惡且難以理解，所以在底部眞正出現以前，應該先牛刀小試，探測一下水溫就好，不要馬上就大幅建立部位，以免底部未能成形，結果又演變成重挫行情。關於在底部建立部位的問題，我要提出幾個盡可能將虧損金額控制到最低的建議。在底部當天的早上，先不要買進你最喜歡的股票，先買一些可能得到當沖客（譯注：在同一天進行買與賣動作，完成沖銷的操作者）和機構法人支持的股票。另外，你可以買一些當天早上被調高投資評等的股票。如果市場依舊未能翻轉直上，調高評等建議所引發的人爲買盤，至少可以爲你用來測試水溫的股票提供一點下檔緩衝。不要聽天由命或買當天不會有法人支撐的股票。因爲如果你買這種股票，萬一市場又反向大跌，這檔股票的賣壓可能會很沈重，你也只能筋疲力盡的等待下一個底部。眞正的底部可遇不可求，不過你可以利用這個方法來測試每個底部，這牽涉到的代價並不是太高，也是用最小痛苦去「感受」底部的絕佳方法。

不管你信不信，個股的底部比大盤的底部更難掌握。原因是股市裡的數千檔股票傾向於同步波動，所以預測個別主體的行爲反比揣測幾千檔股票的行爲更難。

究竟有多難？大約在十五年前，我建立了龐大的控制數據公司（Control Data，也就是目前的席瑞迪恩公司（Ceridian））股票的部位，因爲我企圖掌握一個打了多年的底部。那時，股票已從一百五十美元跌到十五美元，所以我認爲底部已接近。於是，我開始用我所謂的「大規模」方式建立部位，這個方式是每當該股票下跌一美元，我就買進一批股票，當我認爲股價達到不合理的荒謬水準時，會多買一點，很像金字塔投資風格。那段期間，我是和我太太一起操作，而她卻傾向於採取「嚴謹」的規模；也就是說，她並不想脫離原本的規劃，不想武斷認定某個水準就是底部，因爲十餘年來，控制數據公司的底部一直都難以捉摸。當該公司股價跌到十美元時，我們已經建立了大約二十萬股的部位，因爲當股價每下跌一美元，我們就加碼五萬股。接下來，該公司股價又快速跌到九美元，於是，我只好搭飛機到明尼亞波里斯市去拜訪該公司。我花了一整天的時間和公司的經營階層會談，並信心滿滿的回家，因爲當時該公司的執行長對前景相當看好。當我回家後，我決定要在八美元加倍買進攤平，因爲該公司的經營階層實在很樂觀。不過，凱倫卻認爲當時還沒有到達最大痛苦水準。她堅持繼續採用原本的規定，每下跌一美元加碼五萬股。沒錯，股價的確跌到八美元，於是我們加碼了五萬股，接下來，又跌到七美元，我們又加碼了五萬股。讓人驚訝的是，該公司的股價竟然一路下跌。我不斷打電話給公司的經營階層，他們還是要我放輕鬆，不要擔心，一切都很好。當年我們是在巴克斯郡（Bucks County）住家的花園小屋裡進行操作，而我太太一直要求我打電話給那個公司，並反覆做分析，以確認我的判斷是否正確。

接下來，到了某個星期五，市場的表現特別糟糕。而控制數據公司的股票跌到接近六美元，我們還是依照慣例加碼五萬股。不過，此時凱倫卻說她認爲「投降」訊號已出現，因爲當時賣方殺出持股的速度加快，賣出數量也增加，賣方到處詢問哪個券商有買盤。她說應該已經接近加倍買進攤平的時機了。

對我來說，她看起來有點蠢。當時我們對彼此的認識還不是那麼深入，所以我還不是很能理解她那種德式的鋼鐵般意志。我是擔心得要命，當時賣方的力量如潮水般湧來，而我們卻要站在這裡不動。我問她：難道我們不應該觀望一下嗎？我們是不是應該再降低加碼規模，或者乾脆放棄？畢竟當時賣壓實在極端沈重。

她很不可置信的看著我，好像我完全不知所云一樣。她直接拿起電話，接到我們的操作線上，確認我們六美元的買單是否還在，而在此同時，賣方全都急著恐慌賣出。

幾分鐘後，電話響了，凱倫接了電話並告訴我，「吉姆，一個叫賴瑞的人找你。」我大大的倒抽了一口氣。難道是控制數據公司的執行長賴瑞・帕爾曼（Larry Perlman）？難道他會打電話給這個住在巴克斯郡，手上只持有三十五萬股該公司股票的傢伙？（但這個部位可是約當我的基金的四分之一。）

沒錯，是他。賴瑞希望知道他們的股票究竟出了什麼問題。他說公司的營運非常好，異常的好，所以他無法理解賣壓從何而來。他絞盡腦汁都想不出原因。我告訴他，我也希望知道爲什麼，因爲這實在很難熬，接下來我窘迫不堪的掛上電話。

凱倫問我，爲什麼臉色變得那麼蒼白。我告訴她，我剛接到一個緊張的執行長的來電，他希望知道在一切都很好的狀況下，究竟是誰在打壓他的股票，以及爲什麼要打壓。究竟是什麼因素導致股票受創？我告訴她，如果連執行長都擔心了，那麼我的自信也許顯得很蠢。我認爲我們應該加入賣方行列。

她回答我：「胡說，正好相反。」平常只有在連環漫畫裡，人的頭上才會出現電燈泡，不過，我發誓，當時我確實看到她的頭蓋骨上方的某處出現了一些光芒。她打電話給我們的帳戶的部位交易員吉米，並說：「以六．二五美元買進十萬股，同一個價位持續買進，直到買滿三十五萬股爲止。」

她要在這個價位、這個時間點加碼一倍！

我告訴她，應該分批加碼，我說她簡直瘋了。我說：「我們才剛接到執行長的電話，他都不知道出了什麼問題了，而你卻憑直覺加倍攤平？」

她說，當然要這麼做。她說底部的定義是：當全世界最看多的兩個人——她老公和公司執行長（對公司的瞭解比她老公更深入）——都感到恐慌時，就是底部，當我束手無策的呆站在這裡時，就是底部！

一開始，這個行動讓我感到更痛苦。當我們以六．二五美元買滿三十五萬股後，她調高（注意，不是調低）買價，以六．五美元再掛了十萬股的買單，當然，馬上就買到。該死的賣方馬上就滿足我們的買單。她說：再買。那時，我們的基金已經有大約一半資產是投資在控制數據公司了。

當然。第二次的買單並沒有買足，賣方的籌碼逐漸減少，買方則跟了上來。請看看這檔股票的長年線圖，從那時以後，股價從未回到那個價位，而接下來幾年，我們則盡情享受控制數據公司股票部位為我們創造的利潤。

沒錯，個股的底部是可以掌握的，不過，底部通常是出現在熱愛這檔股票的人終於舉手投降時。此時冷靜的人會介入，並利用這種投降行為獲利。在底部位置時，即使是執行長都會感到困惑，但此時反而是接納這種混沌局勢的時候。

股票的底部可能難以捉摸，但我們一定可以利用一些徵兆來掌握個股底部，這一點和市場底部一樣。只要記住你所要尋覓的要素：股價已反應所有負面因素，但尚未反應任何正面因素。

掌握個股底部之所以比掌握大盤底部更難，原因在於大盤指數很少跌到○元，即使是產業指數都很少跌到〇，包括DOT，也就是大街網站所彙編的網路股指數，即使在網路泡沫破滅後最糟糕的時期，這個指數也未曾跌到〇。由於很多營運良好的企業曾因負債問題，導致股價跌到〇元，所以，我強烈建議你不要妄想探測高負債公司的底部。不過我會給你一份核對清單，讓你知道在探測個股底部時應該觀察哪些因素。

首先，一檔股票必須幾乎完全失去所有支撐性買盤，才可能出現眞正的底部。在二〇〇四年那種艱困的行情裡，上漲的股票並不多，不過每一檔表現優異的股票都是在幾乎失去所有買盤的支持後，才出現底部並開始回升。亞馬遜、雅虎、eBay 等當年表現最優異的股票的底部，都是出現在分析師前仆後繼調低其投資評等甚至提出賣出建議時。這是最典型的訊號，當股票失去華爾街的所有支持時，底部通常會浮現。分析師的選股方法讓個股的底部變得可預測與可信。通常他們會建立一個盈餘模型，當他們發現某些股票相對其盈餘成長率顯得便宜時，就會出手買進，可惜，企業的業務並非像這些分析師所想的那麼容易預測。當企業做出估計值時，分析師會重申他們的買進建議，當企業營運成果超過估計值，分析師會把投資建議從持有調整爲買進，但當企業未能達成估計值時，無論是否爲暫時性因素，分析師都會降低該股票的投資評等。因爲所有分析師都不評估企業眞正的內含價值，只採用這些盈餘模型，所以每個分析師經常會基於相同的原因，同步降低股票的投資評等。於是，當最有耐性、最遲鈍且使用相同評估方法的分析師都降低股票評等時，底部大概就會浮現，因爲分析機構的經營階層會覺得，把這麼爛的股票放在推薦名單上很丟臉。不過，在伊利歐特．史匹哲完成調查工作後，這個流程變得簡單多了，因爲以前分析師調降股票投資評等時，只會從「買進」降到「持有」，但現在他們終於開始會對股票提出「賣出」建議了，原因是在上個崩盤期間，他們的「賣出」建議太少（事實上幾乎沒有賣出建議），主管機關對此並不是很滿意。在二〇〇二年到二〇〇三年的底部區，幾乎每一檔優秀的股票都因經濟的暫時性走緩，而被調降到「賣出」評等。博通公司（Broadcom）在大漲一倍前不久，竟有高達四個分析師建議賣出該公司股票——多棒的指標！朗訊、北電和康寧的股票大漲前，也都出現類似的情況。

只是，藉由賣盤來掌握底部的缺點是：股票可能要經歷幾季的賣壓才會開始回升，因爲除非企業連續幾季營運表現好轉，否則這些分析師不會輕易轉向，這當然是由於他們不想丟第二次臉。不過，優點在於當每個人都陸續調降某一檔股票評等時，如果該公司的資產負債結構很好，那麼你的下檔風險其實很有限。此時，最危險的情況就是你沒有建立足夠持股，沒有賺到原本預期中的行情。你不會再因爲任何「降低評等」的消息而受創，所有「降低評等」的行動都已發生。

第二個底部訊號是：壞消息全都浮上檯面，且股價止跌。這個指標很簡單，而且每個底部都會出現這個訊號。原因是當所有賣方的賣壓都結束後，市場上就不會再有人因爲新的負面消息而殺出持股，此時底部才會逐漸成形。不過，請切記這只適用於資產負債結構良好的企業，因爲一個資產負債結構差的企業有可能因任何負面消息，而受到某種程度的損傷，最後，股東的權益甚至可能落入債券持有人或票券持有人手中。我喜歡類似易安信在二〇〇三年時的情況，當時該公司的季報表現平平，這導致分析師紛紛調低該公司的盈餘估計值，不過後來公司表示一切營運維持穩定，股價也因這則消息而上漲，因爲已經沒有人有籌碼可以賣了（該賣的人在調降盈餘估計值時都已經殺出了）。這是一個典型的底部，一種絕對值得等待的底部。不過，在止穩回升之前，易安信的股價共跌了四十%。

個股底部的第三個指標是：內部人是否持續大量買進公司股票。內部人賣出股票的原因有很多種，包括稅賦考量、遺產規劃、離婚與其他規劃等。但他們買進股票的理由只有一個：賺錢。不過，請注意，企業經營階層非常清楚，只要他們象徵性買進公司股票，或者全部董事會成員同步買進少量公司股票，就足以吸引市場對公司的注意。所以別被這種造作的買盤給愚弄了。就算看到企業高階主管小額買進自家公司的股票，也不要上當，他們有可能只是以這些小買盤來拉抬股價罷了。內部人買進自家股票的金額起碼要達到數百萬美元以上，才比較沒有惡意引誘投資人進場或欺騙媒體記者的嫌疑。另外，除非有很多內部人同時大量買進自家公司股票，否則也不應該進場。畢竟董事會成員裡面，難免有些人有過多現金需要消化（他們買進股票的行爲也許只是個案）。如果有很多內部人持續且大量買進公司股票，通常代表內部人認爲業務將好轉。這是非常理想的信號，而且經常是該公司股票的絕對底部。

個股底部的第四個指標是：一個公司的股票雖受負面謠言所苦，但股價卻文風不動。不管是在任何時間點，很多避險基金都希望股票下跌，好讓他們的空單獲得高額利益，有時候他們會成功，有時候則失敗。另外，市場上總是存在一些寡廉鮮恥的人，他們經常對其他人（尤其是媒體）散播和某企業有關的消息，以便伺機打擊該公司的股價，因爲他們知道營業員將會利用這些消息來爭取股票空頭的生意（吸引空頭放空，自己卻逢低買股票）。對多數人來說，這種事情看起來好像極端狡詐，你應該會認爲，那些放空者到處散布謠言以便打壓股價的行爲相當不道德。不過我卻會反向思考，我反而會從中尋找一些代表「警報解除」的訊號，來爲自己牟取利益。舉個例子，假設我聽到一則和某公司有關的謠言（透過網路、全國性報紙、網站或雜誌等管道，大肆散播的負面謠言），當原本好像應該被這些謠言打擊得一敗塗地的股票卻文風不動時，我會把這個現象視爲股票從弱勢轉爲強勢的一種訊號，尤其如果市場人士在這之前買了很多該股票的賣權時，底部訊號就更加強烈，因爲這些賣權將成爲推升股價的強大力量。當然，我不是主動設計圈套讓放空者因自己的漫天謊言而受困，也不是刻意要讓他們感受股票不跌反漲並被迫進場賣掉賣權的痛苦（因爲賣出賣權的行爲將促使股價上漲）。特別是由於購買賣權的營業員可能會把消息告訴其他看空者，而當負面情況發生但股價卻不跌時，這些追隨者將會開始感到恐慌，並回補標的公司的股票。

所以我喜歡追蹤股票的已知負面訊息，以便釐清是否所有負面消息都已反映在股價上。

這通常代表某些正面消息即將浮現，或者重大損害已經結束，此時試圖去推測底部應該是安全的。

我要找的最後一種底部是以總體面考量為基礎的底部，這些底部是指產業輪動底部，是獲取異常高獲利的關鍵。因此，我要花一點時間在這上面，尤其這些底部通常都是最違反直覺的底部；不過如果你能用反約定俗成的觀念來思考，就可以輕易掌握到這些底部。這些底部通常和大戶的資金決策有關，這些資金從某些過熱股票出場，轉而介入一些受總體經濟決策如聯準會緊縮或放寬貨幣政策等因素打擊，而變得極端冷門且幾乎完全不受關注的族群。每一個循環都會出現這種總體面考量的底部，所以應該特別注意這些訊號。

要掌握產業底部（也就是看好某個大類股並從中選擇個股），就必須回歸到我先前說明過的盈餘模型和聯準會貨幣政策。這些輪動有一個簡單的主軸：當你認定聯準會緊縮貨幣政策將開始產生作用時，你就會發現大額資金連續四到五天不斷流入家樂氏、吉列、雅芳、寶鹼以及金百利等公司的股票，這些公司都是製造廚房用品和醫藥用品的公司。以前我習慣在接近整個循環的緊縮貨幣階段的中期，開始押寶這些股票，不過，近幾年來，很多人都有辦法預測到聯準會的動向，所以，我建議最好在第一次緊縮貨幣後就開始逐步買進。通常在經過一段長時間的通貨膨脹後，聯準會就會開始實施緊縮貨幣政策，而在通貨膨脹上升期間，這些重要連鎖公司的價值一定會受到侵蝕。不過，當聯準會開始緊縮貨幣政策時，經濟會趨於停滯，此時，這些公司的價值將不再受到壓抑。此外，當聯準會開始緊縮貨幣政策，投資人將開始擔心景氣循環股的來年盈餘將低於今年，或者擔心這些極端依賴經濟擴張的企業的未來展望將轉趨惡劣。也因如此，你應該提前布局。我之所以能安然度過二〇〇〇年科技股的嚴重下殺行情，其中一個原因就是我採用這個輪動底部法，把投資組合轉向食品、肥皂、醫藥和化妝品公司，也就是不受聯準會提高利率影響的產業股。

當然，當聯準會開始放寬貨幣政策時，就會發生相反的情況。一般來說，此時必須轉入和經濟景氣相關性較高的類股，通常是指汽車和零售業類股。當企業盈餘持續上升，就該把資金轉向更典型的景氣循環股，到最後，你必須滿手持有製造最多污染的一些股票，如鋼鐵、銅和鋁業公司。

我提出以上幾點的目的，並不是要叨絮先前所討論的內容，而是要讓你知道，營業員、電視上的投資權威和共同基金經理人，都會在經濟擴張中期推薦「便宜」的食品和藥品股，或在這些股票剛起跌時推薦你買它們，賭這些股票將反彈。不過你必須想清楚，這是假底部，這和景氣循環股的道理一樣。當景氣循環股顯得最貴時——也就是盈餘遭受打擊而顯得極端超漲時——反而應該買進；但當這些股票的本益比下降時（例如菲爾普斯道奇以明年盈餘計算的本益比僅六倍），則應逢高賣出，因爲這些公司將無法達到那個盈餘目標，甚至連一半都達不到。此時將是衰退的開始。千萬不要在景氣循環股顯得便宜時受不了誘惑去買它們，而當防禦型股票顯得極端昂貴時，又選擇賣出。這些股票的底部都是違反直覺的，而且都是由聯準會循環所形成，而不是因這些企業的內含盈餘能力。

另外還有很多其他種類的底部值得注意，有一些股票在跌到極低價位且可能被其他公司收購時，也會出現底部，不過，我不會投機一些沒有基本面支撐的購併題材，除非所有風險都已經消除，而且要像先前所描述的底部位置情況一樣，當沒有人想買這些股票時，我才會有興趣。

還有一種類型的底部值得在此討論：稅賦損失底部。每年到十月底時（多數基金的會計年度），基金都會實現它們的虧損。一般人以爲要等到十二月才應該買那些將衍生稅賦虧損的個股，不過這是謬傳，因爲唯有機構法人的賣壓才會導致股價下跌，非散戶的賣壓。十月的第三和第四個星期就是這類賣壓最重的時候（現在你終於知道爲什麼那個期間總會有那麼多股票大跌了吧）。

我個人的經驗是，如果你要針對稅賦虧損賣壓進場買股，多數部位應該等到十月的最後一個星期再建立，不過，要留一些錢來因應偶發性的「合理」賣壓。這些錢可以留到十一月的最後一個星期。我不喜歡只因爲稅賦虧損賣壓消失而進場買股票，因爲畢竟股票下跌的原因有千百種，但是，我很瞭解如何利用這種再清楚也不過的季節性模式來牟利。

# 9

# 瞄準股票頭部

## 何時賣出比何時買進更重要

買進且長期持有的作法不合理地假設頭部
（當股價達到特定高點後
再也無法回到此一高點）不存在，
不過每星期總會有數十個頭部形成，
這些頭部可能會導致你因「買進且長期持有」
而賺到的錢化爲烏有。
頭部是所有投資的禍害，
在頭部位置時，買進且長期持有是你的敵人，
保本才是第一要務。

形成股市日常交易緊張氣氛的兩大投資主題是：資本增值和保本。我們以前把「買進且長期持有」誤當作資本增值的代名詞，我認爲這是不對的。我已經說明過，「買進且長期持有」在投資詞彙當中並無立足之地，「買進且勤做功課」才是正道。買進且長期持有的作法不合理地假設頭部（當股價達到特定高點後再也無法回到此一高點）不存在，不過每星期總會有數十個頭部形成，這些頭部可能會導致你因「買進且長期持有」所賺到的錢化爲烏有。頭部是所有投資的禍害，在頭部位置時，買進且長期持有是你的敵人，保本才是第一要務。

不過，所有投資準則都不太重視掌握頭部，與避免在頭部出現後持有股票的問題，但頭部卻可能對你的投資組合造成損害和浩劫。如果有關當局一開始就確實監督股票的上市，同時推行嚴謹措施；如果市場上能有一些嚴苛的評論，讓我們知道哪些股票「適合」投資，那麼，我們就不需要擔心頭部的問題。所有股票都有創造優渥報酬的潛力，這些報酬將遠超過少數讓我們虧錢的股票。無法創造利潤的股票就如同逃也逃不了的偶發性意外事件，不過，最多就是這樣而已；只要有一個分散的投資組合，就可以緩衝任何偶發性頭部可能衍生的損害。

可惜我們對市場上的爛股總是束手無策，事實上，只要是能發行股票的公司，除了它們的證券名稱、排行和序號以外，其他都沒有受到聯邦政府嚴謹監督。最近證管會公布了三十檔市值超過數十億美元但卻無實體公司的股票。沒錯，這些是不存在的公司，也就是空頭公司，沒有盈餘、營收，有些甚至更誇張，沒有企業總部或員工。這些不存在的公司在市場上自由交易了好幾年，換手的股數超過數億股，但卻沒有任何主管機關提醒投資人要注意它們。一直以來，除非股票跌到〇元，否則政府都很少出面關切，也就是說，在毫無戒心的「投資人」（如果你認爲這叫投資的話）虧掉數十億美元的財富以前，政府是不會插手的。在政府終止這些空頭公司（毫無價值的工具）的交易以前，外界都以爲它們有眞實的財務和營運。在整個過程中，並沒有任何政府機關站出來說：「小心，這些不是眞的公司」。不過，別指望證管會或交易所能保護我們免於受騙子的打擊，畢竟這個產業存在太多貪瀆行爲，證管會實在沒有多餘時間可以解決這些評價問題。評估一檔股票是否有價值並非政府的責任。

另外，你也不能仰賴市場明確的把這些股票挑選出來，市場在這方面的表現一直很失敗，所以，請不要相信目前整體市場的篩選與評價流程。不過，即使市場存在這種不合邏輯的情況，但很多人到現在還是沒有覺悟，因爲華爾街機構不斷以「買進且長期持有」的觀念來對大眾洗腦，以防止**人們**把錢從**它們**所管理的基金裡撤出。如果你早知道這些華爾街祕辛，應該會寧願自行掌控你的錢。這樣一來，你的防衛能力就會上升，而且會比華爾街人士更加提高警覺，畢竟他們是處在利益衝突的環境裡，所以有時候根本身不由己，想警戒也警戒不了。

雖然美國股票因股息與資本增值的雙重帶動，創造了傑出的長期股票報酬，但美國卻也製造了比其他國家更多的投資狂熱，更多的短線花招，以及更多白領階級貪瀆行爲，最終更衍生了高達數十億甚至數百億美元的股票損失，這個損失金額比其他任何國家的記錄都高，唯有當年日本泡沫幻滅（目前還在持續當中）所衍生的損失能出其右。市場上有很多股票根本不値得我們去操作，另外，還有很多股票目前正在作頭，這些股票可能對你的財富造成極大的危險。

對我來說，掌握頭部的歷程就像是參加一段冗長且迂迴的火車之旅，我努力想探測火車引擎何時會出狀況並導致火車脫軌。我們知道所有火車都有目的地，不過我們也接受火車偶爾會出軌的道理。這一章的內容就是要讓你盡可能從股票上獲得最多好處，我不希望你一直等到股票脫軌或從一座斷橋筆直落下時，還傻愣愣的不知道要採取行動。有時候你必須適時跳車才能存活下去。這樣做一點也不爲過，而且如果你明知股價將大跌但卻按兵不動，那就簡直其蠢無比了。不過，即使這是一種常識，但我卻**不**認爲華爾街人士懂得這個常識。

對華爾街來說，「賣出」就好像是個難以啓口的下流字眼，他們也不認爲有所謂的頭部存在，華爾街人士認爲頭部不過是一種暫時性的衰竭，到最後，股價還是會再創新猷。我剛進高盛公司時，我記得我問別人：「我要何時叫客戶賣出？退出計畫是什麼？」當時那些有經驗的老鳥通常都會說：「當股票被降低評等時就應該賣出」。不過每次等到調降評等時，火車早已脫軌。華爾街的賣出流程非常奇怪，尤其如果這些華爾街機構裡的其他部門正在向可能被降低評等的公司爭取業務時，情況會更詭異。相較於操作股票的利潤，上述企金業務的利益可大多了，即使紐約州檢察總長伊利歐特．史匹哲認眞、誠實且努力的查核這個流程，但只要投資銀行業務和研究部門依舊歸屬在同一個企業的屋簷下，這個情況注定會再發生。反正，華爾街不太可能提供很多正確的賣出建議，就算有，通常都是爲時已晚的建議。事實上，有非常多教科書和分析師可以告訴你何時該買進，但卻很少有人教你何時該賣出。我堅決主張「賣出」與「知道何時該賣出」比知道何時該買進更重要。過去七年裡，標準普爾五百指數的複合年報酬率是五％，而在這段期間內，卻有很多股票讓投資人虧了大錢，這就是「賣出」的重要性所在。我花了大多數時間鑽研很多技術線圖的書籍，企圖從中找到一些型態，同時找出一些會重複發生的警訊，幫助投資人提早在頭部發生前退場。我希望能找出一個或一組共通性，讓投資人瞭解哪些股票太危險，不該介入，哪些股票將在短期內出現拋物線型態漲幅，以及漲得快、跌得更凶的股票等。我之所以秉持這個想法，背後的原因是：不管是iVillage、第一商業或eBay，只要知道何時該出場，就不該拒絕進場獲取利益。你可以持有熱門股，讓這些股票爲你創造高額報酬，不過，你也必須在這些股票被「燒焦」前及時出場。

如果能掌握頭部，你就可以擁抱比較多股票，包括風險較高但報酬也較高的股票，這些股票所創造的利潤遠超過一般人的想像。如果你好好磨練自己的賣出技巧，就可以坐擁冷門股可能創造的四到五倍大漲走勢。即使這些股票最後跌到〇元，只要你及時出場，都不會構成傷害。即使這種操作彈性讓很多人討厭我，認爲我不應該這樣搖擺不定，但這個彈性卻讓我賺了不少錢。掌握頭部就像是煮菜一樣，你可以把菜煮到熟，如果你在菜沒有熟以前就裝盤，沒有人會喜歡吃，但你終究隨時可以把菜再放回鍋子裡煮；不過一旦菜燒焦了，一切就完蛋了，菜就被破壞掉了。如果你學會了如何不要讓菜燒焦（如何掌握頭部），爲何要一直把菜留在鍋裡等待燒焦（意指死守部位，最後虧錢）？爲什麼要接受這種不必要的懲罰？我的投資建議絕對比大多數投資書籍的建議好。每次我察覺股票已過熱，就會即時將豐厚的獲利入袋爲安，這種經驗不勝枚舉；即便其他人質疑：「等等，我記得你說過你喜歡這檔股票，所以你現在不能賣。」但我還是會賣股票。我的觀點是：就算我曾經喜歡過這些股票，也不會放任美味餐點被放在鍋子裡燒焦，因爲那樣實在太蠢了。這是股票，股票和食物一樣，有可能在一瞬間蒸發於無形，隨時都可能由好變糟。

對股票愈執著的人愈可能忽略大環境瞬息萬變的情勢，如果我們太大意，這些變化有可能會嚴重打擊我們的持股。在這場遊戲當中，意識型態的支撐性並不可靠，意識型態愈強，反而虧愈多錢。這是一個需要彈性的事業，你必須做到前一分鐘還愛著一檔股票，但下一分鐘卻開始恨它，因爲股票發行公司的基本面情況總是瞬息萬變。如果你認爲這個事業必須堅守立場，無論事實如何演變都不動搖，那麼你最後一定會一貧如洗。這不是管理資金應有的態度，不管是你的錢或其他人的錢！

關於這個掌握頭部的流程，我還要給你其他警語。首先，這一章要討論的並不是如何掌握市場頭部，本章所要說明的主題是：該在何時賣出個股，儘管我對整體市場的頭部和賣出時機已有定論，我承認標準普爾五百過去和未來都一樣會出現頭部，這些頭部的延續時間將比較長，也比較鞏固。然而，我始終相信賭場的大門永遠都不會關，如果你願意個案處理，一定比一次全部出場來得好，一次全部出場的方式只有在二〇〇〇年三月的第三週管用。當然，我認爲我們的下半輩子裡，還是有可能再出現那種變調的市場泡沫。不過，我比較擔心的是那種「長期多頭後變長期空頭，實質上來說不過是在原地踏步」的情況。我並不認爲把聖經的隱喩和賭場風格的論據混爲一談有何不妥。而且現在你應該已經瞭解，我認爲把股票市場比喻爲賭場其實還太過牽強，因爲牌桌遊戲的規則和規定可是比股市嚴格多了。如果賭場讓你押注在一個空殼主體（在股票市場裡，這種情況屢見不鮮），那麼賭場本身一定會受到嚴重的傷害，而且賭場行業根本不會允許這種事情發生。即便是非法的ＮＦＬ賭博也一樣，我甚至認爲這種非法賭博還比一般人認爲「公平」的股票市場更誠實，比較不會以不正當手段作弊。

第二，我不是技術派的人，我認爲線圖型態無從判斷頭部。技術派的人經常掌握到很多頭部，對他們來說，好像處處都是頭部。這些頭部對我來說並沒有太大意義。事實上，我從業生涯裡最嚴重的錯誤之一，就是根據一個「典型」的頭部結構放空基因科技公司的股票，這是一個非常有名的技術分析師告訴我的，他說每次出現這種型態，大幅下跌的機率達九十九%。但很慘的是，隔了一個星期，基因科技得到一個非常棒的收購提議。於是，我只好回補這些股票，那時股價已漲了七十%。這次的虧損經驗實在令人難受、難堪，而且代價非常高！我爲了這個「熱門情報」咒罵了那個技術分析師一頓，但他卻尖聲說道：「線圖確實顯示股價將會下跌啊！」見鬼的線圖！見鬼的線圖派！不過，克瑞莫太太例外，她會把種種因素整合在一起做綜合考量；而且她認爲線圖**不能**作爲最後的判斷依據，**只能**用來作爲構思的參考。

我所談論的也不是股票暫時性波動所形成的短期回檔（你可以避開這種短線回檔）。如果你遵守我的投資組合管理規則——「多頭、空頭與豬頭」座右銘，適時在股票上漲時少量獲利了結，那麼你就不須太在意這些短線的頭部（也就是假頭部）。只不過，你一定要很快在較低且更讚的水準再重新把資金投入同一檔標的。目前的低稅賦和低交易成本環境有利於採取這種行動。這種方法不僅重要，對一個得了「買進且長期持有」病害的世界來說，這個方法更稱得上是穩健的作法。

假頭部的眞正危險是：你可能因假頭部而賣掉一些優質股票。這種股票可遇不可求，所以只要漲勢持續，你都應該將之視爲珍寶，不要爲了一些不怎麼樣的股票而輕易放棄這些好股票。有時候我們要花上幾個月的時間才能找到一檔眞正的優質概念股。除非你擁有和我一

樣多的「備胎」（稍後將會解釋），否則不能輕易放棄這些好標的

我寫這一段的原因是，有時候我們難免不幸必須放棄一些我們所瞭解且熱愛的股票。由於世事多變，所以如果股票或公司本身的情況已經變糟或即將變糟，而且知道的人還不多，那麼你應該收回資金，另外尋找機會。以下因素是導致「買進且長期持有」策略失敗的主要原因，當這些因素出現時，頭部就會逐漸成形，在這種情況下，你必須假設若你堅持繼續前進，火車終將出軌。

## 一、競爭

這種最常見的頭部證明了爲何必須持續掌握企業的日常營運情況，爲什麼不能「買進且長期持有」，而必須勤做功課，這種頭部是「競爭」所衍生的頭部，意思就是有其他公司介入，破壞了你的持股公司的業務。如果你一直保持警戒，而且同時監控持股公司與其整個產業的情況，那麼一旦競爭情勢轉趨白熱化時，你一定不會沒有感覺。當然，這就是我要求你一個星期必須花一小時在每一檔持股的主要原因，唯有這樣才能掌握相關的產業動態。在我所研究過的頭部當中，有七十%的頭部都和競爭問題有關，這是最首要的影響因素。一般來說，企業本身不見得能察覺競爭問題的來到。假設你現在持有一個銷售利潤率極高、且未來幾年營運展望看不到一片烏雲的企業，該公司展望一片光明的主要原因是它的市佔率極高，競爭

者全都臣服在它的腳下。不過，此時突然有一個新業者加入，這個新競爭者願意用更低的利潤率生產和你的持股公司一樣的產品、提供相同的服務或銷售相同的商品。到最後，這個新競爭（通常是企業）將對你的持股公司造成破壞，即便你的持股公司只管專注在現有競爭者（都在掌控中），假裝前述情況不會發生或甚至不知道競爭者已經虎視眈眈，也不可能不受傷害。

現在讓我們來看看我一生所曾經歷的最大頭部，那是聯邦外科（United State Surgical，代號ＵＳＳ）的頭部。市場上每個有頭有臉的人物都曾在一九九〇年代持有過該檔股票。當時，持有這個外科用品公司的股票似乎是一種通則，因爲該公司的業務看不到極限，不但沒有競爭者，市場潛力更是無限龐大。該公司擁有創新的專利科技縫合器，這項產品可以取代傳統的縫合針。因此，聯邦外科的商機實在非常龐大，大到不知如何形容，所以，當時它成爲一檔**絕對不能不買的**股票。

在一九九〇年代，我曾擔任某個基金的受託人，這檔基金有八%的資產是投資在該公司股票。後來由於該公司股票持續大幅增值，所以它佔基金資產的比重持續上升。於是我開始擔心基金受這檔股票的影響會愈來愈大，便要求賣出一些該公司股票，因爲我擔心我們會變成「豬頭」。我要求他們適度獲利了結，但有接近兩年的時間，他們都沒有採取行動。雖然我認爲這檔股票實在太高了，可是股價偏偏沒有任何發展頭部的跡象，並持續上漲。我最後被踢出該基金的董事會，其中一部分原因正是我太不認同這檔美妙的股票，我認爲它不可能永遠漲上去。但當時看起來，它確實好像要漲到天上去一樣。

當時每個人都愛死了這檔股票，它當然也成爲全美國最多人持有的股票之一。以大量生產型產品的製造商而言，該公司的毛利率確實是我見過最高的一個。但就在此時，我卻發現製造「護創膠布」和眾多醫院與外科用品的嬌生公司（Johnson & Johnson），決定不再讓聯邦外科繼續在手術室耀武揚威。嬌生公司的經營階層決定向聯邦外科宣戰。即使當時華爾街所有人都認定，聯邦外科不可能被擠出美國醫院的手術室，但嬌生公司依舊做此決定。批判嬌生公司但支持聯邦外科的人認爲，嬌生公司自認能取代聯邦外科的想法過於魯莽，更遑論實際行動。嬌生公司和聯邦外科有一個重大差異，聯邦外科的縫合器利潤率很高，而嬌生公司的護創膠布和其他醫療用品的利潤率卻很低。嬌生公司從護創膠布賺到的錢不多，而聯邦外科卻從縫合器賺到非常多錢。如果嬌生公司眞的成功，它的利潤率就會升高，因爲它的產品組合裡將增加一項高毛利產品——縫合器。

當嬌生公司宣布要跨入聯邦外科公司的業務後，後者的股價是一百二十美元。每個負責聯邦外科的分析師都漠視嬌生的威脅，其實，大多數聯邦外科的分析師根本沒有研究嬌生的股票。其他人則認爲，牛皮的嬌生公司根本不可能追上像飛毛腿般的聯邦外科公司。我知道這一點都不重要，因爲即使嬌生只用聯邦外科半價的價格銷售縫合器，它的利潤率都將上升，而一旦如此，對聯邦外科來說，利潤降低將是遲早的事，股價當然也會下跌。我比較過這兩家公司的利潤率後，隨即判斷聯邦外科公司的好日子已經過去，它完蛋了！所以，我放空了所有我能空得到的聯邦外科股票。

當嬌生公司以更低價的縫合器打入市場時，聯邦外科的股價快速從一百二十美元跌到八十美元。到那時，否定嬌生公司的聯邦外科追隨者才開始談論到手術室裡的價格競爭問題。瞧！誰說聯邦外科只會漲不會跌？那些人全受傷了！

當聯邦外科公司的利潤率因價格戰而大幅下降等消息傳出後，該公司股價一夜之間暴跌到三十美元。原本跟在聯邦外科後面的小跟屁蟲，全都沒有注意到嬌生緩緩進逼的威脅。如果你只追蹤聯邦外科的情況，就會像他們一樣完全無招架之力。我在二十五美元左右回補了聯邦外科的股票，不過，其實我應該再等等的，因爲最後該公司股價跌到更低點，他們變得筋疲力盡且徬徨無措，最後更屈服於被收購的命運。

關於競爭情勢的研判，首要原則是：當你持有一檔處於長期大多頭的股票時，隨時都要假設有人會介入，並導致你的持股公司的產品利潤率降低。當一個整體毛利率低於持股公司的堅定競爭者介入同一個地盤時，就是「落跑」的訊號，躲藏不是辦法。這種模式在各個產業（從科技業到衛生棉業）都不斷重演。自古至今，從來沒有一個只擁有一到二個高毛利產品的公司，可以應付得了資本結構好且利潤率較低的競爭者。由於這種競爭者通常是像默克、

IBM或甲骨文、寶鹼或嬌生等之流，它們的利潤率雖低於所有專業型的中小企業，但卻是全球性的商業巨獸，所以你必須充分體認到，一檔曾經不可一世且動能充沛的股票，隨時都可能是下一個過度超漲的股票。事實上，二〇〇〇年時，有很多知名、基礎雄厚但利潤率低的科技公司，對很多只有單一高利潤率產品的小型專業網路公司造成嚴重打擊，而這正是造成二〇〇〇年許多個股頭部的重要導因。當時市場上有很多從一百美元甚至二百美元跌到〇元的股票，這些股票的跌勢迅速且猛烈，而如果你只觀察這些小型企業的情況，不注意整體產業發展，一定不會知道應該適時出場。Viant 和 Scient 等許多市值一度高達數十億美元的顧問公司，在IBM和EDS介入它們的市場後，快速走向破產的命運。另外，Tampax 這個了不起的單一品牌公司，在寶鹼和嬌生公司的產品先後問世後，馬上就被擠到一邊去，因爲該公司的利潤率從此一蹶不振，而後兩者的利潤率則提高。這些小型企業和他們的華爾街小跟屁蟲都沒有察覺火車的節奏已失控，理當要及時跳車，因爲後續將會發生很多可怕的意外。簡單說，當你耳聞有新競爭者介入時，無論如何都必須心存警惕。自從超微（AMD）以更具競爭力的價格積極介入市場後，英特爾的股價表現就一直顯得落後。同樣的，微軟自二〇〇三年到二〇〇四年期間起股價表現相對弱勢，也是因爲 Linux 提供者紅帽公司（Red Hat）的競爭所致，這個現象一直到微軟改變股利政策之後才得以扭轉。這些情況都會形成頭部嗎？我們不敢確定，不過，無論如何，**絕對不能**低估競爭情勢對股價的殺傷力，即使傷害不是立即性的，也必須謹慎。

## 二、曖昧含糊

每當企業經營階層對具體問題表現得很曖昧含糊，每當經營階層告訴你不要太擔心營運數字，或說他們比較關心長期的遠景，不希望受限於現階段的估計值或預測值時，請賣掉股票吧！沒有什麼事比企業營運數字更重要，不是心理感覺好一點或寬宏大量就可以賺錢。企業經營並非自由藝術領域的瞎扯閒談，而是達成數字與否的問題。一旦經營階層在接受訪問（無論是什麼樣的訪問）時態度曖昧含糊，最好趁高出場，這就是最經典的頭部訊號。不過，唯有下苦工謹慎解讀持股公司的情況，才能掌握這種型態的頭部。你必須找出企業經營階層接受訪問的資料，如果他們有上電視，則觀察他們是否老談一些不實惠的花言巧語，是否有忠於事實。

我利用這個分析企業經營階層是否含糊以對的方法，發現了桑賓公司（Sunbeam）的頭部。這個公司的股價表現曾風光一時，但當它作頭後，股價馬上大幅下挫，導致很多持有該股票的價值與成長型基金資產也跟著嚴重縮水。

桑賓公司那個遭罷黜的前任執行長艾爾·丹列普（Al Dunlap），在該公司股價持續上漲的期間來過我的辦公室，當時的他才四十五歲左右。他經常上電視，例如 *Squawk Box* 節目，他對公司未來的營運估計值一向表現得斬釘截鐵，不僅堅定且非常正面。有一次，在上過電視後，他決定順道到我辦公室拜訪。他進來時戴著一副太陽眼鏡。沒錯，千萬不要相信一個會在室內戴太陽眼鏡的人，尤其我的操作室光線並不是很亮，因爲我很討厭光線反射在機器上的感覺。他說想和我及我當時的合夥人傑夫・伯科維茲 (Jeff Berkowitz) 談談該公司的一些新產品，那主要是給小狗用的心臟監控器。他告訴我們：我不會騙你們，寵物市場眞的非常大。伯科維茲說，這聽起來很棒，不過公司這一季的表現如何？丹列普用一種蔑視的眼神瞥了他一眼，接著繼續叨絮著小狗心臟監控器的話題。於是，傑夫又重複問了同一個問題，丹列普還是不理會他，又開始講一個只要四個零件就可以組成的新款瓦斯烤肉架，以前這種產品需要使用三十個零件。他說，這樣組裝起來容易多了。於是我開始描述幾個星期前，我在佛坦諾夫 (Fortunoff) 禮品店買了一個烤肉架，我說花了多少時間組裝，結果散了一地的零件，到組裝完成時，竟然不能用云云。而伯科維茲在做什麼？他一邊聽我說，一邊點頭附和。接著他問丹列普：「烤肉架的營收怎麼樣？」丹列普隨即批評沃爾瑪和 Kmart 想多進一點桑賓產品都做不到(意思就是供不應求)。傑夫不願意放棄，繼續追問他該公司的實際銷售資料。以前丹列普根本不等我們提出問題，就會直接告訴我們答案。傑夫又追問：「現在的銷售情況好不好？」沒錯，就是這樣，丹列普終於沈不住氣了，他轉向我，問我究竟他還要忍受多久這樣的爛問題。我向傑夫使了個眼色，傑夫走出辦公室，賣掉所有桑賓的持股。

如果一個人每次在談論業務時一向都很樂觀，那麼一旦他突然不再談論這些數字，而且不再誇耀他的業務，反而一心一意要談什麼小狗心臟監視器，那麼代表他的業務一定變糟了。果然，一年以後桑賓宣告破產。

企業打迷糊仗的徵兆還有哪些呢？以前一直都很願意對你描繪未來遠景的公司，突然連指點個方向都不願意，或者乾脆告訴你業務無法預測時，就要小心了。這一定是頭部，因爲該公司股票買方和所有權人之所以會持有這檔股票，主要就是因爲它的前景是可以預期的，但如今卻不再是如此，他們將開始賣股票。另一種形式的打迷糊仗是：公司不再像以前一樣，願意提供營收明細給你，尤其如果該公司表示由於競爭考量，所以不便給你這個數字時。奇異公司是我所知道最具競爭力的公司，它會給你任何資料，不願給資料的人眞該感到慚愧！

有時候，打迷糊仗是爲了虛張聲勢，管理賭場的「王牌」高階主管史考特·布特拉（Scott Butera）曾信誓旦旦的說，該公司將不會破產，要我們不要太擔心數字問題，這讓當時股價僅僅二美元的「王牌」賭場顯得值得一買。不過，該公司後來宣告破產，股價一舉跌到三十七美分。而你當然不用擔心，因爲你知道沒有提出明確數字的虛張聲勢作法，意味著股票將作頭，所以應該早就賣出股票了。

打迷糊仗和新競爭一樣，如果你願意多加注意，一定會發現這些現象，這些現象是評斷一個企業的標準。如果你不聽取企業營運說明會內容、不閱讀企業受訪文章等，又如何知道新競爭者是否介入，又如何知道企業經營階層是否在打迷糊仗呢？技術線圖絕對不會告訴你這些！唯有提高警覺，才能在企業經營階層變得「高深莫測」且股票頭部出現之前，全身而退。

## 三、過度擴張

所有因素對企業夢想的打擊都不會比過度擴張來得更大。我在本書不斷強調「成長」是最重要的，但如果你無法利用有機的方式創造成長，最後就必須用「購買」或「服用類固醇」的方式創造成長。瞭解企業何時過度擴張或擴張過快（如同類固醇對人體的作用），你就能在火車出軌前精準掌握頭部。

可惜，本質上來說，過度擴張本就很難分析。我們很難掌握到「過度擴張」的蛛絲馬跡，因爲華爾街機構根本就不想讓你掌握到這些事證。華爾街會掩飾過度成長的問題，理由是華爾街喜歡購併和快速擴張的企業，因爲這兩者是創造高度成長的主要方法。購併可以創造立即性的成長，不過也可能立即衍生很多問題。瘋狂展店或瘋狂進行辦公室擴充，將會導致年輕管理者的注意力和金錢遭到濫用。除非企業願意用常識去判斷，同時運用聰明才智，和共同基金與避險基金那些「成長聖戰者」對抗，否則無論是購併或快速擴張，都將對核心企業形成災難性的影響。

企業經常爲了取悅分析師而進行購併活動，這些分析師通常都會和他們公司裡負責收購與合併業務的部門密切合作，私相授受。投資機構從事購併業務所賺的錢遠比其他業務賺得多，不過，找上華爾街機構的那些不諳世故的企業經營階層並不瞭解這個眞相。他們只想著要取悅分析師，而分析師則滿腦子想得到由他們的公司高階經營者所控制的紅利和薪資，至於這些高階經營者想的就是賺取這種企業購併業務手續費。投資銀行部門希望能代辦這些業務，所有業務！如果一個企業的營運數字成長速度低於華爾街所預期，就必須設法去「買」一些經營數字，否則就只好屈服於被調降投資評等的命運；對一個沒有經驗的年輕經營團隊來說，一旦公司股票被調降評等，就很難恢復原本的水準，所以，企業都拚了命維持成長率。

不過，購併的整合絕不容易，其中的負擔非常沈重，即使專家都會搞砸。分析師經常在企業完成收購後，「盡職」的提高該企業的營運預估數字，一開始，股價當然也隨之上漲。我幾乎每次都會在此時賣出股票，因爲就大多數的個案來說，購併後的整合都不順暢，而且一旦整合出現問題，營運數字也會跟著下降。

如果分析師調高企業營運數字估計值（促使股價上漲），但你卻一直遲遲無法出手，那麼應該參考什麼賣出訊號呢？我會告訴你如何掌握賣出時機。只要聽到企業經營階層談論到「整合問題」，如「整合問題導致這兩個主體的結合腳步落後」等話題，就應該盡快出場，不要遲疑。所有購併交易多少都會產生整合問題，這是天經地義的。如果整合問題對營運數字的影響，已經達到經營階層不得不承認的地步，相信我，問題一定已經到了無可挽回的地步了。

有些企業爲了追求成長，不惜任何代價要進行收購，這種行爲毀了曾經不可一世的美國電話電報公司（AT&T）。當年該公司的前任執行長麥可・阿姆斯壯（Michael Armstrong）覺得公司太牛皮，營運成長速度不足以取悅華爾街分析師（因爲這些分析師是以該公司的競爭者MCI世界通訊公司所提供的假造與灌水數字，來作爲衡量美國電話電報公司成長性的基準）。於是，阿姆斯壯接受很多虛情假意的銀行業者和分析師的建議，花大錢進行收購活動，目的只爲提高公司的成長率。當然，整合問題並不像想像中那麼簡單，負債成本也高得令公司難以承受，最後，該公司因嚴重的負債壓力而幾近崩潰。根據頭部掌握者的觀察，造成該公司崩潰的訊號是——積極到令人不敢相信的收購策略，該公司的收購腳步快到沒有任何經營者有能力承受。恩隆的情況也一樣，該公司進行許多購併和交易，一切只爲了掩飾他們缺乏成長性，以及經營階層無能創造更好產品或事業線來爲營運加分的眞相。並非所有公司都可以成爲快速成長的企業。要把一個原本成長緩慢的企業改造成快速成長企業，幾乎可說是不可能的任務，不要上當了。

如果你不相信我，請回想一下當年美國線上時代華納（AOL Time Warner）的情況。我們現在才終於明白，美國線上當年之所以收購時代華納，是由於該公司的成長性大幅趨緩。掩飾營運嚴重趨緩的唯一方法，就是去買另一家公司，讓所有人、所有存疑者無法察覺眞正的情勢。這是一個非常高明的計畫，如果你在美國線上完成這個收購交易時賣出它的股票，也就是當所有人都熱烈討論「一加一等於三」的話題時賣出股票，你應該鎖住了非常高額的利潤。當然，以〇・五加一來說，如果你爲了得到〇・五而支付了超過其實際價值數倍的代價，那麼〇・五加一甚至不會超過一。當初所有持有美國線上股票的到現在都還是虧錢，而我相信還要虧好幾年。結論是：唯有糟糕至極的企業才會那麼渴求和其他企業結合。

當然，市場上也是有一些企業非常睿智的完成收購交易，對這些企業來說，收購案當然非成長的終點。例如寶鹼利用幾次收購案，成功的提升了公司的盈餘成果，奇異公司也一樣。不過，在這兩個案例中，一般都認爲被收購的企業對原有核心事業確實有**加分**作用，而不只是一宗接一宗要讓所有人昏頭轉向的合併案。奇異和寶鹼都是基礎非常雄厚的企業，合併與收購原本就是他們企業結構的一環。它們並非那些急著併入新業務到目前的產品線，以便取悅外界的失血成長型企業。另外，我追蹤寶鹼和奇異這兩個大公司非常多年了，從未發生過整合問題。

企業不僅會因爲頻頻收購而陷入過度擴張的窘境，另一個情況是過度展店。零售業者爲了取悅華爾街，長年都必須負擔「一定要成長」的沈重壓力。這些零售商經常一次開過多分店，目的只爲了迎合喜歡他們股票的分析師。如果一個零售商展店家數多到和原本的店面數量不成正比，我覺得最好是先跑再說，其他以後再談。那種擴張速度會導致經營階層無力維持原本的品質控管。這是一種敗象，而不是榮景。所以，當一個企業達到極端高成長狀態時，我會比較同店銷售數字（而不是總銷售數字），觀察該公司是否敗象已露。當一個零售商的業務快速成長，絕對不能以總銷售額來衡量它的營運情況，因爲這種業者的展店速度過快，總銷售額當然也很快增加。要判斷現有業務是否因擴張而受到扭曲，應該觀察一般所熟知的「同店銷售量」指標。

此外，如果你決定持有零售業的股票，我要求你一定要經常到這些店面去走一走。我以前曾經利用參訪分店和監控企業是否爲取悅華爾街而過度擴張的方式，掌握到整修五金公司（Restoration Hardware）的頭部。雖然我曾是該公司的最大擁護者之一，但當我在它位於修西爾（Short Hills）的購物中心被大吼過以後，我開始認眞研究這個公司，結果掌握到一個絕佳的放空契機。

附帶一提，這些過度擴張的公司幾乎都未能復原，所以當企業展開這種無法衡量的擴張速度後，我堅持一定要趕快退出，因爲一旦企業這種突破式擴張腳步趨緩，其股價就會形成大頭部，沒有一個例外。另外，千萬不要想在底部建立這些股票的部位，因爲這些股票通常不會見底。尤其如果企業是採取「席捲式」的擴張方式，不斷以發行母公司股票的方式來買（購併）一些小型企業，就必須更加謹慎。一旦它的盈餘降溫、股票下跌，就再也無法回復先前的動能。用常理判斷也知道，世界上不會有任何一個小型企業會輕易用那麼低的價格，拱手讓出他們辛苦創立的事業（所以，願意屈服於被收購命運的小型企業可能都是陷阱），但華爾街卻充斥一堆不懂這個基本原理的破產公司。

## 四、政府出其不意的打擊

利用《紐約時報》的頭版可以掌握到比商業版更多的頭部，原因是聯邦與地方政府的政策對企業的傷害，可能比競爭者更大，甚至可能導致企業盈餘永久性降低。華爾街分析師原本應當向我們這些（需要他們意見的）凡夫俗子提出企業眞正問題的警訊，但奇怪的是，他們卻不怎麼留意政府的命令。這些控制企業少量股權的大型投資機構，過度偏重來自內部盈餘成長性的動向，以至於沒有注意到可能來自任何一個行政單位的嚴重負面影響。

舉個例子，一九九〇年代末期最了不起、最有抵抗不景氣能力的股票，是家庭照護公司的股票。由於美國人口快速老年化，所以這些股票的動能強大。所有主要投資機構都積極擁抱這個人口老化題材，每個人也都假設政府將會繼續幫老年人負擔多數的家庭照護費用。畢竟採取這種政治立場的人最受民眾歡迎，而且很多州的投票權確實掌握在老年人手上，人們終究只會爲自己的荷包投票。所以，在一九九〇年代末期，這些股票的本益比持續竄升，一切看起來似乎很合邏輯。

當時最紅的股票應該首推創世紀醫療事業（Genesis Health Ventures），該公司是東岸的一個大型家庭照護連鎖店，它不斷以發行股票的方式收購一些小型的家庭照護中心；而隨著這個題材持續加溫，該公司的股價也日益飆漲。不過，柯林頓（Clinton）總統在二十世紀即將結束之際，爲避免政府財政又回歸到赤字狀態，決定緊縮健康醫療成本支出。聯邦政府苦思後，決定修改對家庭照護業者的核退給付費率。這個產業的公司並未預見到這個發展，分析師當然也一樣。不過，當政府決議一出，這個殺傷力強大的消息馬上就上了《紐約時報》的頭版。我最近查閱了第一聲公司的注記（也就是那個時期的分析師評論），並**沒有任何一個人**針對這些頭版文章背後所隱藏的重大意義，提出任何警訊。所有人都沒注意到這個問題，核退給付費率的改變是史上最具殺傷力的新聞之一，不過，這些企業的所有權人和他們的死黨分析師，卻渾然不知大禍臨頭的消息早就被刊在報紙上，股價當然也文風不動。當核退給付費率修改時，這些企業馬上從最好的作多標的變成最好的放空標的；該產業的領頭羊和標竿——創世紀醫療事業——在一年內就宣告破產，在該公司破產前一刻，很多分析報告竟還對該公司股票維持「買進」建議。

要如何掌握這種頭部？最好的方法就是養成閱讀《紐約時報》、《華爾街日報》、《今日美國》和《華盛頓郵報》頭版新聞的習慣，不能只看商業版。我每天早上要做的第一件事就是利用網路閱讀這些報紙的頭版新聞。我會把我的持股名稱輸入這些網站的搜尋列，看看有沒有相關的新聞報導。我絕對不會劃地自限在商業版，因爲這樣實在太蠢了。

在創世紀公司崩盤的那段期間，我和一個曾把公司賣給創世紀醫療事業的親戚談了一下。當時，該公司的股價跌了十美元，而每個分析師都建議我進場買進，所以我詢問了那個親戚的意見，他只是簡單回答我：「你難道不看報紙嗎？這個公司的業務已經完蛋了。」我告訴他，那是不可能的，因爲該公司不斷表示一切都沒問題，不須擔心。他說，這些話是說給分析師聽的，他們不希望分析師透露公司的實際情況，不過其實他們早已失去活力。當核退給付費率修改後，這個買進且長期持有家庭照護股票的風潮形成了一個大頭部，而且從此都未能回到先前的顛峰。

相同的，網路時代最成功的網路公司之一DoubleClick的市值快速竄升到數十億美元，其膨脹速度是所有網路公司當中的佼佼者。該公司研判，要創造顛峰，就必須介入能完全掌握顧客詳細資料的業務，於是它花了幾十億美元取得阿巴卡斯（Abacus）行銷公司的主導權，因爲阿巴卡斯公司擁有非常龐大的用戶資料庫。但這項交易完成後不久，政府馬上就質疑該服務將侵犯顧客的隱私權。最後，DoubleClick因此沖銷了數十億美元的虧損，一切都只因該公司誤判了「路人皆知」的政治震撼效果。和其他案例一樣，分析師還是聽信了DoubleClick員工那些自鳴得意的看法，這些人根本不知道大禍臨頭，甚至迄今都還搞不清楚狀況。

我也曾經被政府這種突如其來的政策打擊過，那是二○○四年的事，當時我買了佛瑞斯特實驗室（Forest Labs）的股票，它是個藥品公司。從目前看來，當時該公司的股價確實形成了一個非常明顯的頭部。我犯了什麼錯？答案是：我沒有把食品藥物管理局（FDA）和國會的意圖當一回事，他們決議要聚焦在可能導致年輕小孩自殺率升高的抗憂鬱劑上，但這個領域是佛瑞斯特實驗室旗艦藥品Lexapro的主要成長來源。當時，分析師也不認爲會有負面發展。這則新聞出現在頭版上時，該公司股價還在七十多美元。一直到該公司股價下跌了三十美元以後，分析師們才開始檢討這些問題的可能影響。但對我來說，一切都爲時已晚。這是我從避險基金退休以來最大的一筆虧損。

## 五、零售業的頭部

零售業的頭部很容易掌握。有些人認爲只要衡量同店銷售（也就是進行立足點平等的比較）情況，就能掌握這些股票的頭部。如果某個店面第一年的銷貨收入是一百萬美元，第二年是九十萬美元，那代表這個分店的同店銷售量下降了十%。我喜歡用這個指標來衡量還在快速成長的零售商，但如果是較成熟的零售商，我就會採用不同的驗證方式。以淡旺季較明顯的企業來說，雖然同店銷售情況很重要，但這些數字卻未必能有效預言實際頭部，導致持有零售業股票的投資人經常因誤判頭部而受傷，所以你必須相當謹慎，不要只因爲某個公司（尤其是服飾業）某個月的營運不理想就出場。

當一個零售業公司在每一個州都開設分店後，眞正的頭部才會出現，因爲一旦每個州都有分店後，代表公司繼續擴張的空間變小了，每一個零售商都不例外，Gap、沃爾瑪、柯爾、家庭補給站、Limited 或玩具反斗城（Toys R Us）等公司在全美各州開設分店後，都曾經遇到瓶頸。我喜歡在零售業的成長循環初期買進它們的股票，因爲此時這些公司才正要從區域性廠商蛻變成全國性廠商，它們還可以在很多州展店，而且如果他們的經營概念眞的很有潛力，還可以趁其同店銷售量降低的時候加碼買進。不過一旦這類公司在所有地點都展店完畢後，它們就正式成爲眞正的大型全國性零售商，這時候，我就不想繼續持有這些股票了——就持有零售業股票來說，這是一個很好的模式，我用這種模式持有過每個重要零售商的股票，而且都在賺到最大利潤後才出場。當這些零售商在全美國每個角落的購物中心都開分店後，我就不會再回頭買它們的股票。一定要小心，分析師通常不喜歡在零售商積極展店的過程中出場，他們不會認同我的「全國化」驗證方式。但我非常淸楚，這個方式**從未失敗過**。

## 六、時髦熱門股的頭部

我不會責怪任何一個追捧時髦熱門股的投資人。從銳跑、Palm 到 Research in Motion 等公司的股價表現，都曾亮麗得令人難以置信。不管是在任何時段，市場上一定會有某些產品因備受美國消費者靑睞，而陷入供給短缺的狀態。你可以在這類企業的股票上漲過程中，適時賺取可觀的財富。不過當它們的產品供給量逐漸追上需求量時，不管是持有製造 iPod 的蘋果電腦，或製造有氧運動鞋的銳跑公司，都必須賣出，而且不要再回頭。

要如何掌握時髦風潮的頭部？你必須監控銷售這些產品的商店，同時聽取企業的營運成果說明會。我過去曾經成功的在 Palm、Filas、Guess 牛仔褲和 Keds 等時髦熱門股的頭部，賣出它們的股票，我的作法很簡單，不過是聽取以上產品銷售商的營運成果發表會內容，再從中找出蛛絲馬跡。注意，我並不是聽取上述產品製造商的說明會，因爲這些廠商根本不知道頭部已經浮現。只要銷售商表示無法取得足夠產品來銷售，我就會判斷一切都沒有問題，股價將繼續上漲。不過一旦銷售商表示他們已能取得滿足所有需求的產品，我就會不計價錢賣出供應商的股票。道理很簡單。只是，如果你想要「玩」時髦熱門股，但又沒有時間聽取這些時髦產品銷售商（包括電子產品銷售商的 Best Buy、Radio Shack 或服飾銷售商的潘尼百貨或 Federated 等）的營運成果簡報，那麼你鐵定會像撞上擋風玻璃的蟲子一樣，血肉模糊。一定要勤做額外的功課，聽聽產品製造商經營階層以外的人怎麼說，這樣你就不會在頭部出現後，還傻傻的繼續持有這些股票，落得虧大錢的下場。尤其這種時髦熱門股的潛在獲利空間雖然通常很大，但也經常猶如曇花一現，唯有密切注意產品銷售點情況的人，才能獲得最大利益。

## 七、以極低價在次級市場發行股票

最容易掌握的頭部之一是：企業在股票大漲一段時間後，以極低價在次級市場發行股票，這絕對是頭部訊號。當企業以遠低於上一次承銷價賣出股票時，就是非常大的一個警訊，因爲頭部即將出現——你的獲利即將化爲烏有。

在一九九〇年代的某一段時間，Iomega 公司曾造就了一股崇拜風潮。投資人認爲由於該公司的 Zip 磁碟機是一種專利，所以該產品的供給將很吃緊。這些崇拜者極端「崇拜」該公司的股票。雖然我不崇拜任何股票，但我也體認到，可以利用這股崇拜風潮來爲自己獲取超額利益。當時很多投資人和朋友都指責我，他們認爲這個公司不過是個失寵又過時的垃圾，不值得介入，但我並不以爲意——那又怎麼樣，反正當時該公司股票的供給很吃緊，放空這檔股票的人根本就是自尋死路。我心中暗自決定，除非該公司以極低價在次級市場發行股票，否則我就不出場。如果公司以極低價在次級市場發行股票，代表公司內部人願意用遠低於前次銷售價的價格請承銷商賣股票，一旦發生這種情況，當然必須出場，而且永遠不許回頭。理由是內部人知道大勢已去才會低價賣出股票。眞正睿智的機構買家不會對這種股票感興趣。看吧，一旦軋空情勢漸漸緩和，股票的線型馬上轉空，機構投資人隨即倒出持股，而股票則就此「宣告不治」。Iomega 的情況正是如此。這檔股票從一美元漲到五十美元，接下來跌到四十美元，就在此時，該公司以三十五美元在次級市場賣出股票。沒錯，我並沒有在五十美元出場，不過我及時在三十五美元把股票賣給了當時爲撐盤而掛進買單的愚蠢承銷商。那次操作算得上是一支全壘打。經過幾個月後，該公司股票就被三振出局了。

在一九九九年十月到二〇〇〇年十月間，有很多公司以低價在次級市場出售股票，那正好是市場作頭的期間。當時幾乎每一個重要的網路公司都以極低價在次級市場發行股票，數量多到好像對著一個滿是魚的桶子裡射魚一樣，命中機率非常高。你可以一直持有這些股票到承銷案推出爲止，但當承銷案一公布，就應該馬上甩掉它們。我在二〇〇〇年的績效之所以那麼好，主要是因爲我放空了每一個以極低價在次級市場銷售股票的公司，這種頭部最容易判斷了。

如果你仍不瞭解這種頭部，而且不知道這個行動（當企業以低價在次級市場賣出股票時立即出場）對你有多麼重要，請看看以下有關ＤＩＧＩ的故事。

如果要找一檔股票來作爲我的避險基金在那幾年狂熱歲月的代表，那應該非ＤＳＣ通訊公司莫屬，它的股票代號是ＤＩＧＩ。我們從二十五美元買進這檔股票，一直抱到七十五美元，當時我們每天都享受到這種暴利的快感。我們愛死了ＤＩＧＩ！當時傑夫・伯科維茲才剛從高盛公司的研究部門（他負責科技股）離開，加入我們的行列，而我太太則主管交易事宜。當時，如果我們的持股當中有股票大漲，我太太就會領著我們一起歌頌那一檔股票。她在前一個公司任職時，經常和同事在辦公室吟誦或播放音樂，偶爾也會敲敲小鼓來紓解壓力。她把這個習慣帶到我們的辦公室。她的吟誦聽起來好像混合了吉卜齡（Kipling）的「剛果之王」和格列高利聖詠（Gregorian Chant）版的佛羅里達州賽米諾（Seminole）啦啦隊口號（在重要比賽時對討厭的敵手所呼喊的口號）。每次當這檔讓人充滿希望的股票上漲一美元以上，她就會開始吟唱「迪基、迪基、迪基」（DIGI的發音），一直到股票多漲個幾美元為止。她一直認為股價的上漲和吟唱的神奇力量之間，存在著直接的關係。當然，帶動股價上漲的眞正原因是DIGI的成長性，只不過有時候股票這個行業似乎存在一種奇怪的因果循環。

在當時，整個市場的節奏都因DIGI盈餘估計值上調而顯得非常樂觀，盈餘才是推升股價的主要因素。該公司不是頻頻發布盈餘估計值向上調整的新聞，就是發表取得Baby Bell等公司和外國企業訂單（新接訂單也代表盈餘將增加）的好消息。

當時，好像每一天都有DIGI的發燒消息，對華爾街來說，這檔股票就好像電話產業的全才。該公司的業務包羅萬象，包括光纖到迴路、家庭電視節目、付費電視等，應有盡有。這個公司好像等於朗訊、思科和北電的結合體，而當時這些股票在華爾街的聲望都很高。

當然這檔股票和所有其他熱門股一樣，也吸引了空頭的注意，但隨著股價天天上漲，每天都有上千個空頭因此而受挫。我們每天都緊盯著螢幕，看著這檔妙不可言的股票持續向上竄升，從十美元漲到二十美元，再到三十美元。而隨著該股票外盤價的頻頻升高，我們則忙著猜測今天又有哪一檔放空基金將被DIGI燒成灰燼。有關軋空、可能被購併、盈餘估計值上調以及取得新合約等消息，持續推升股價，在上漲的過程中，我們也持續加碼這一檔股票，心中暗自期望股價能永遠漲不停。當時，我們實質上根本像是一檔DIGI基金。

接下來，突然有一天，高盛公司爲該公司內部人申請在次級市場賣出股票，該公司內部人已經很久沒有這麼做。有時候，企業的大股東會一次在市場上出售一大批股票，那一次，高盛就是負責協助該公司內部人在市場上出售大批股票。那一次內部人出售的股數相當多，多到能滿足所有對該公司股票有興趣且願意買進的人。這些籌碼供給量和其他次級市場承銷案一樣，都遠超過市場的需求；這筆交易的數量也大到足以塡滿很多放空者對該股票的回補需求（市場上的籌碼供給原本非常吃緊，根本借不到股票。因爲很多基金認定這檔股票將下跌而放空，但最後卻因手上沒有持股，又借不到股票而無法完成交割），這次的次級市場承銷量極大，它緩和了軋空的情勢，而當時推升股價的主要原因就是軋空。

突然之間，DIGI的股票就好像從堅不可摧的直布羅陀岩山變成脆弱的紙牌屋。當那一大批承銷股票完成訂價時，股票表現得異常疲軟。承銷價遠低於市場上的內盤價，所以即使股價已經遠低於前一天的價格，但市況看起來仍舊相當不穩定。

當這筆承銷案的訂價完成後，我太太轉向我，並說：「DIGI已經**完蛋了**。」我告訴她，不要這麼可笑，這檔股票的走勢那麼穩健，而且公司還繼續接獲大訂單，我甚至知道某些很確定的訂單消息，所以我堅持應該繼續進場炒作DIGI的題材。她向我點點頭，笑了笑，並賣掉我們持有的全部股票，一共幾十萬股。她直接用內盤價賣出，當時內盤價的買單相當多。她的作法就好像要從此把DIGI踢出我們的生命中一般。我極端憤怒，因為我明知道這個公司將會有一些好的發展。不過，她卻只管笑著。

後來，DIGI的股價根本沒守住那個價位，因為其他人也跟著倒出股票。其他和凱倫抱持相同見解的人都認為，這種以低價在次級市場賣出股票的公司將會讓投資組合著火。後來，股價急速向下跌，而且顯得疲弱不堪。那時才不過晌午時分。我虛弱到感覺自己好像少了條腿似的，當時我不是很能瞭解凱倫的原則，我甚至認為應該把股票買回來。畢竟，要到哪裡去找像這樣一個前景大好的公司？我要求買回這些股票，但她斷然拒絕，她認為要等到股價止跌以後再說。

接下來幾天，股價持續下跌，一個星期以後，DIGI失掉一筆我認為鐵定可以爭取到的合約，那筆合約被當時的美國電話電報公司製造部門——也就是後來的朗訊——搶走了。對朗訊的這類業務來說，這筆合約是第一筆大訂單，所以該公司不惜一切代價，只為得到這筆業務。

從此以後，DIGI的股價一直都無法復原，到下一季結束時，該公司甚至還無法達成其盈餘估計值。股價連續維持長達六季的低迷走勢，一直到阿爾卡特（Alcatel）開始在底部吸納該公司股票以後，股價才逐漸從極低檔回升。

如果你只注意分析師的行動（當時幾乎每個分析師都熱愛ＤＩＧＩ，他們一直到阿爾卡特買進ＤＩＧＩ股票的前不久，才紛紛調降ＤＩＧＩ的評等）、只專注在該公司的發展，或者你愛上這檔股票，並決定要採取買進且長期持有策略，那麼你一定會把全部的利潤全部吐回去，甚至還要倒虧一點錢。

不過如果你遵守我這個簡單的原則，在企業以極低價辦理次級市場承銷時賣出股票，就可以帶著你的獲利，開心的全身而退。畢竟企業採取這種低價售股的作法，必定有不爲人知的神祕理由，而市場很快就會查出這些理由。

## 八、會計造假行爲

最後，另一個不辯自明的頭部是會計假帳頭部。企業捏造數字的原因是由於他們無法達成這些數字。當一個企業無法達成其預估目標而訴諸欺詐遊戲時，**一定**要賣掉它們的股票，曾經發生這種情況的股票包括泰科（Tyco）、卡迪諾醫療公司（Cardinal Health）、必治妥施貴寶（Bristol-Myers）、恩隆和 Schering-Plough 等。完全沒有任何藉口或理由繼續持有這種股票。我在我的報價機器上，貼著一張寫有「會計違法行爲等於賣出」的紙條。在沙賓法案通過後，我以爲法院對這個議題的態度已經夠強硬了，所以，企業應該不至於笨到繼續玩這些把戲，於是我把這張紙條撕了下來。不過我完全錯估了企業的狡詐。因爲才撕下紙條一個星期，股價七美元的北電就宣布該公司查出了一些不法行爲。我當時完全沒有設防，繼續按兵不動，沒有賣出持股。可是該公司股價迅速跌到三美元，而我到現在都收不回當初所投資的錢。

當企業出現假帳問題時，千萬不要繼續持有該公司的股票，絕對不行。山頓公司（Cendant）在第一次公布該公司會計報告有問題以後，股價就不曾回到原先的水平。當這些把戲浮上檯面後，企業就等於接受了死亡之吻。此時一定要馬上殺出持股，什麼都別問。當然，你也許會因爲這種不假思索的行動而錯賣一些股票，但如果企業眞的涉及會計假帳問題，股價絕對不可能回到原先的高點，就過去的記錄而言，絕對不會。

## 九、荷蘭隧道餐車式的頭部

整個市場就像我先前描述的晚餐店煎鍋一樣。當市場變得火熱時，一定要退出，否則就會被燙傷。有時候，你可能會因此而錯失一些繼續上漲的好股票，不過，這個作法通常能讓人及時在頭部出場，或至少減碼一些已經作頭的股票。當然，這種頭部和其他頭部不太一樣，我們必須用「觀察」和「感覺」的方式來掌握這種頭部，因爲這種頭部很難用特定指標來衡量。不過，當市場趨於火熱、標準普爾擺盪指標達到正五以上，且看多比率又超過五十%時，你最好相信股票即將「燒焦」（我是透過麥格羅希爾公司〔McGraw-Hill〕旗下的標準普爾事業部所發展的專利擺盪指標，來追蹤市場超漲或超跌的現象（這是付費服務）。荷蘭隧道餐車式的頭部出現後，市場經常會下跌七%至十%，才會逐漸恢復。不過，在這種極端火熱的期間裡，市場上作頭且從此無力回天的股票數量將會多到讓你感到不可置信。千萬不要讓你的投資組合隨著這些股票被燒焦。

我在二○○○年退出市場後受到非常嚴厲的批評，因為在此之前的幾個星期，我還非常偏多。不過頭部就是這樣，在抵達高峰的前一刻，一切都極為美好，每個人都想繼續留在市場裡，因為唯有留在市場裡的人才能獲得可觀的利潤。不過，當時機一過，如果你還眷戀不去，就會陷入極端危險的情境。不要害怕改變心意，當溫度過高時，**一定**要趕快退場，以策安全。

# 10

# 專爲投機者設計的尖端策略

## 選擇權與放空股票

股票是一種算術，
而股票背後的邏輯則是一種心理，
不是難懂的量子物理學。
買賣股票和買賣房子並無不同。
如果你買進股票後，股票順利上漲，你就會賺錢，
但如果股票下跌，就會虧本。
不過，身爲實踐者的我
還另外會使用兩種和證券有關的操作方法，
這兩種作法特別難以理解與執行，
那是：選擇權與放空股票。

在理財生涯的多數時間裡，我一直都扮演著兩種角色：一個是實踐家，一個則是即時的解說員——向那些嘗試學習自己理財的人解釋我的作法。我試著用言語來說明這個流程，目的是希望你不會被投資的相關數學或科學觀念給搞得昏頭轉向。我總是盡量用簡單的方式來表達，但這個行業的其他人喜歡把投資操作搞得很難懂。他們喜歡用一些刻意迷惑人的作法，淨說一些華爾街式的胡言亂語，好像有意無意且極盡全力的要讓人感到頭昏眼花。從我還是個小業務員時，我就懂得這些把戲了；如果我要貪圖短線的小利，隨時都可以利用那些不懂華爾街運作模式的人來爲自己謀福利。但相對的，最有知識且對金錢事務最嫻熟的人，反而會得到華爾街的最好對待，他們所獲得的利益絕對遠超過不懂的人。

只要受過五年級以上學校教育，就能懂得我要解釋的內容：股票是一種算術，而股票背後的邏輯則是一種心理，不是難懂的量子物理學。買賣股票和買賣房子並無不同。如果你買進股票後，股票順利上漲，你就會賺錢，但如果股票下跌，就會虧本。不過，身爲實踐者的我，還會使用兩種和證券有關的操作方法，這兩種作法特別難以理解與執行，那是：選擇權與放空股票。我很難用簡單的方式來解釋這兩者的意思，以五年級的程度來說，我找不到任何可以讓這兩者更容易令人理解的語言。不過，你還是必須學習這兩種工具。爲什麼你不能利用極頂尖玩家們所使用的各種工具和方法來爲自己牟利？就只因爲這些工具複雜又難懂嗎？其實，如果運用得當，即使你只是個新手，這些工具都讓你受用無窮，因爲不論環境如何，這些工具都非常有助於建立制勝的投資組合。

「放空」這項工具很難理解，而且還潛藏一些危險。放空之所以難以理解，主要係因它是指賣出一些你所未持有的股票（或其他金融商品）。其他任何行業並不存在這種交易模式，例如，你不可能賣一瓶你未擁有的檸檬汁，不可能賣掉一幢你未擁有的房子，也不可能賣一部你所沒有的車子，所以，你一定很難理解要怎麼賣出一些你所未持有的股票。要怎麼把你所未持有的股票交給買方？要怎麼找到一個願意給你股票的人，讓你就算沒有股票也可以賣出？另外，在放空以前，必須先向券商借這些股票，你感覺如何？

讓我們先仔細看看這當中的假說。假設你認爲英特爾的股價太高，你認爲該公司的股價將下跌，而你希望能透過這個下跌走勢來獲利。當你在放空股票時，你必須向營業員說：「我要放空一千股的英特爾股票。」於是，營業員將會先幫你借到這些股票，把股票存入你的帳戶，接下來幫你從帳戶中把股票賣掉。賣掉這一千股英特爾股票的錢甚至可以直接撥進你的帳戶。如果在你放空以後，股價下跌，那麼你就賺錢了，這和買進後股票上漲所產生的效果是一體兩面的。當然，如果你放空英特爾後，股價反而上漲，那麼你就會虧錢。

把原本放空的股票買回來稱爲「回補」空單。當然，在下單時也必須對營業員說清楚你的意圖。假設你在二十美元的價位放空了一千股的英特爾股票，它後來跌到十六美元。於是，你告訴營業員：「我要回補英特爾的空單，我想買回一千股的英特爾。」如果你順利以這個價格補回股票，就會賺四千美元。但如果英特爾的股價上漲呢？在這種情況下，你也可以回補，只不過會產生虧損。舉個例子，你必須對營業員說：「我要用二十四美元回補我在二十美元放空的一千股英特爾股票。」這筆交易將使你虧損四千美元。如果放空股票後被套牢，你可以繼續和英特爾作戰，甚至加碼放空；當然，你也可以放手隨它漲，這一切都在於你自己。不過一定要小心，如果股價持續上漲，可能會虧很多錢。另外，除非你回補這筆交易，否則虧損或利潤都不算實現。

放空是有危險的，因為股票最多只會跌到〇元，但就理論來說，股票卻可能漲到無限高價。這種不對稱風險報酬關係非常可怕，在這個前提下，一旦股價不斷上漲，你有可能賠上數百萬美元；相對的，即使發行股票的公司破產，股價最多也只會跌到〇元（即便有些爛股會讓人覺得它們應該跌到負值），所以你能賺的錢其實有限。

當你持有一檔股票，而股價卻下跌，那真的是很難熬；相對的，如果你放空一檔股票後，但它卻上漲，那更是一種酷刑。放空一檔已經有很多人放空的股票就好比財務自殺，因為券商可能無法在市場上找到任何一股股票來借給你（原因是股票已經被借光了）。由於賣方絕對不能不交割，所以券商必須到公開市場上找到股票來交割給買方。券商狂亂搜購股票的作法將產生一種擠壓效果，這種效果將讓多頭賺大錢，但卻導致放空者產生巨大的虧損，這種走勢被稱為「軋空」（short squeeze）。當市場上大部分的流動籌碼（也就是可以自由交易的股票）

都被用來放空，一旦新空頭加入後未事先借到股票就先直接放空，就可能導致股價直線上漲。事實上，不先借到股票就直接放空是違法的，一定要先借到股票才行。不過，有很多爛營業員爲了賺佣金而擅自讓客戶先放空，再設法去借股票，另外，還有很多愚蠢的顧客不事先告訴營業員自己是要放空。當「無恥」碰上「無知」，導致不應該執行的股票放空交易被執行，就會在市場上產生一種易燃的組合。通常軋空走勢會發生在最會騙人的股票上，你原本以爲自己對基本面的觀點是正確的，殊不知卻被放空機制給背叛了。對大多數投資人來說，放空股票的流程難度甚高，承擔的風險也太大，因爲一旦被放空的股票飆到天上去，投資人虧掉的不止是原本存在帳戶裡的保證金金額（還要增補保證金）。尤其放空多數人眼中的騙子公司特別危險，因爲眞正爛透了的公司通常早就被很多放空者鎖定了。所以，你偶爾應該會目睹一些違反常理的情況，眼睜睜看著某些幾乎已不存在，或從頭到尾都是個空殼公司的股票飆漲十美元、十五美元甚至二十美元。所以，在放空股票以前一定要特別謹慎，如果你不希望承擔過多壓力，也想事先設定最高可接受的虧損金額，應該先試試利用賣出選擇權來藉由股價的下跌獲利。

選擇權的意義很難解釋得清楚，我不知道有誰能用簡單的方法來解釋這些複雜工具。我只能告訴你，這些工具的困難程度遠超過一般投資人的知識範圍。選擇權有其專業術語，「買權」是指買進普通股的一種權利，不過不是義務。而「賣權」則是指**賣出**普通股的權利，這也不是義務。選擇權的操作規則也和股票大異其趣；一旦選擇權到期時呈現「價平」狀態，你必須決定是否要在到期時執行或賣出。如果使用不當，選擇權的風險會變得極端高。

既然那麼難懂，爲什麼要介紹選擇權？原因有很多，首先是你幾乎已做好自行管理投資組合的準備，也想利用我先前傳授給你的一些操作訣竅來獲取較高報酬；但是，我又不放心讓你在尚未徹底瞭解所有可用武器以前輕率上戰場。你買這本書的主要目的之一，不就是要學習如何更加妥善管理自己的資金，成爲更好的投資人或好客戶嗎？沒有人會像你那麼關心自己的錢。另外，要成爲一個睿智的投資人，也必須熟悉所有方便與不方便的策略，唯有如此，你才有充足的知識可以評估營業員，判斷他是否適合你。你必須保留主控權，不要讓任何可能不利於你或引導你做錯事的人主控一切。我在這方面已經得到過很多教訓，很多爛營業員和爛基金經理人會利用客戶的無知和恐懼，來壓榨客戶。如果你不懂選擇權，我相信你一定會被某個看穿你的無知的人給欺騙，他會利用你的無知來圖利。此外，選擇權終究是股票分析的一部分，它的操作雖然需要高深技巧，但卻非常好用。投資人在介入股票市場以前，至少應該先概略瞭解別人是怎麼「玩」的。

我瞭解選擇權可能會對你的投資衍生一些威脅，我認識一些很有經驗的普通股操作者，他們操作普通股的經驗長達幾十年，不過他們卻硬是不瞭解什麼是賣權，什麼是買權，更不能理解爲何每個人都知道如何使用這些工具。選擇權是很複雜的「紙張」（也稱爲衍生性金融商品），這些紙張讓你可以用少量的資金來獲取高額的利益。當你認爲一檔股票或指數將會在短期內上漲，可以買進買權；當你認爲一檔股票或指數將快速下跌，可買進賣權。買進的方式是這樣的：「我要買進英特爾的買權」或「我要買進英特爾的賣權」。接下來營業員就會給你一份即將在未來各個月份內到期且不同履約價的選擇權清單。他會問你想買多少，每一單位的選擇權等於一百股普通股（先別擔心，我會舉一些例子來做說明）。賣權和買權在報表上的呈現方式和普通股一樣，不過，選擇權不會讓你擁有什麼樣的權利，因爲絕大多數的買權和賣權到期後都會變得一文不值，這意味選擇權的所有人和持有人有可能虧掉當初投入的資金。當然，你也可以永遠**都不要**使用賣權或買權。如果你要利用股價上漲賺錢，只要買進普通股或一籃子的普通股；如果你認爲市場將下跌，你大可以賣掉普通股或甚至所有股票。舉個例子，我太太一直都不懂選擇權，她曾經責難過我，如果我眞的認爲市場將下跌，何必以買進賣權的方式來爲我的持股「買保險」（如果我買「價平」的賣權，代表我將來可以用目前價格賣掉股票；如果我買進「價外」賣權，代表將來可以用低於目前價格的價位賣掉股票）？她告訴我，股票不是房子，橫豎都不能住在裡面（一直抱著不放），所以何必爲一個不能住的東西買保險？我覺得她的建議倒是滿中肯的。

這些日子以來，由於媒體工作的一些義務，所以我不能使用賣權或買權。如果我認爲一檔股票即將下跌，我會直接賣掉股票，我不會買進賣權來保護這些股票。不過，當年我初出茅廬，還是個小投資人時，曾經使用賣權和買權爲自己創造非常可觀的成果，直到成爲約五億美元的避險基金經理人，我還是繼續使用這兩項工具。多年來的經驗讓我體會到選擇權是把小錢變大錢的神奇方法。當年我非常善於利用風險報酬關係來獲利，那時的我愛極了利用買權賺更多錢的方式（相較於買普通股），儘管風險高一點，我都甘之如飴。另外，我也愛極了賣權的概念，利用賣權作空股票就不須擔心被軋空的問題（市場之所以會出現軋空走勢，是因爲看空的人太多了，以致券商無法找到任何籌碼來借給放空者）。

我花了比其他章節更多的時間來思索這一章要怎麼寫，因爲我知道對一些非專業的投資人來說，我在專業操作生涯末期所從事的一些金融操作確實太難，而且要花太多時間去經營。不過，我還是得把這些觀念傳授給你，這樣你才會瞭解市場的運作模式，一旦你突然有一個很棒的預感，覺得值得爲這個預感投機一下時，至少也知道該怎麼做。我過去有過無數這種預感，我也一直很感謝推出選擇權的人，讓我可以利用這些工具的力量來賺錢。我將詳細說明選擇權的運作方式以及選擇權和買賣普通股有何不同，這樣你才會瞭解選擇權的神奇力量。接下來，我會說明幾個尖端的選擇權運用策略，用保守的方式讓你的資金和最棒的預感爲你賺取最大的槓桿利益。

如前所述，選擇權有兩種，一種是買權，一種是賣權。買進選擇權是在將來以一個預定價格買進特定數量股票的權利，不過不是義務。賣出選擇權是未來以預定價格賣出股票的一種權利，不過也非義務。買進買權的原因是我們認爲一檔股票或市場即將出現大行情。買進賣權的原因則是認爲一檔股票即將大跌，希望藉由這種崩盤走勢獲利，不要眼睜睜看著自己的財富縮水。我們可以買進個股或指數的買權或賣權。如果你不看好那斯達克的走勢，可以買進QQQ（那斯達克一百指數）的賣權。如果你認爲道瓊指數將上漲，可以買進道瓊指數的買權。如果你認爲標準普爾五百指數最近將上漲，可以買進它的買權。如果你擔心市場即將大跌，可以買進標準普爾的賣權。

買進買權或賣權的方式和買進一般股票的方式一樣，差異只在於當你買進賣權或買權時，你是對股票的方向下注，而不是買進股票本身。在買進選擇權以前，必須先判斷押注期間，也就是你認爲行情將上漲或下跌多久的期間。你不能說：「我要買進一個永遠不會到期的賣權」或「我要買一個永遠不會到期的買權」，因爲這些選擇權代表的是有交割日期的合約。另外，你必須預測股票將上漲或下跌到什麼水準，換句話說，你不能說：「我要買英特爾的買權」，你必須說：「我要買進一檔可以讓我在未來八個月內賺到十美元的英特爾買權」。如果現在是二月，英特爾的股價是二十美元，你的營業員或電子螢幕將會給你一份清單，上面列出這個期間的買權清單。他可能會建議你買進「十月的二十美元買權」，這句話所代表的意思是：要等到那一年的十月，你才可能獲得增值的利益。「二十美元」代表履約價，也就是如果到十月的第三週（所有選擇權都是在每個月的第三週到期），英特爾的股價高於二十美元，你就可以用履約價買進英特爾股票。現在讓我們繼續看這個假設。

目前是二月，而英特爾的股價是二十美元。讓我們買一些英特爾十月到期的二十美元買權。你拿起電話，對營業員說：「我要買一些英特爾十月到期的二十美元買權」。接下來，營業員將會查閱他的選擇權監視器（每個營業員都有這樣一個監視器，如果你要的話，也可以安裝一個），假定營業員發現這個買權目前的內盤價是一・七五美元，外盤價是二・○美元（內盤與外盤價代表你可以分別用這些價格賣出或買進一檔十月到期的二十美元買權）。假設你買了十個單位，你的成本是每一單位選擇權二・○美元。每一單位選擇權可以用二十美元買進一百股的普通股。這個算術不難，因爲只要先把二美元乘以一百，接下來再把二美元乘以一百的結果乘以你買進的買權單位數。所以，十單位的買權的成本是二千美元（二乘一百乘十等於二千）。想瞭解這個流程絕無捷徑，你必須知道二美元的價格是計算總支付金額的起點。如果你還是不懂，請和營業員一起解決這個問題。

假設十月時，英特爾股票上漲到二十五美元。你當初以二美元買進的十月二十美元的英特爾買權，現在價值五美元。爲什麼？只要將股價減去履約價，就會知道選擇權到期時的價值。恭喜，你當初付了二千美元，現在這些選擇權價值五千美元，你因爲「賭」英特爾會上漲而賺了三千美元。

不過，假設你認爲在這段期間內，英特爾將下跌，而非上漲，那麼你可能應該買進英特爾十月到期的二十美元賣權。假設以二月二十美元的股價來說，十月的賣權可能價值二美元，而你以二千美元買進了十個單位，每一單位的賣權都可以讓你賣出一百股的英特爾股票。如果到十月時，英特爾的股價下跌到十五美元，只要將收盤價減去履約價，就可以算出你賺多少錢。二十減十五等於五。你以每單位二美元、總價二千美元的代價買進的賣權，現在值五千美元。恭喜你，你因爲「賭」英特爾將下跌而賺了三千美元。

那麼，賣權和買權的價格由誰來決定？答案是：成千上萬的選擇權買方和賣方，另外，有些機構會藉由賣出賣權與買權的方式賺取額外的收入。舉個例子，散戶和類似我以前所管理的避險基金，會買進這些選擇權來擴大押注的效果，以小博大，用小錢賺大錢。決定賣權和買權價格的因素主要是供給和需求，其原理和市場上的股票價格一樣。如果你只想買進少量的買權或賣權，可以直接透過電腦螢幕瞭解價格；若你想買進超過十手選擇權，可以向你的營業員諮詢，因爲螢幕市場的規模太小，可能吃不下這麼大的交易單。

選擇權非常方便，而且多數人都使用過這項工具，只不過不曾利用過選擇權來買賣股票罷了。當我們在進行房地產投機交易時，經常會要求取得一個可以買某些事物的選擇權。即使我們最後沒有買進該選擇權所代表的土地，一樣會付費來取得這些選擇權。另外，在買保險時，我們就是買了個賣權。我們用小錢來保障大錢。當然，我們並不希望保險賣權是成功的，但若果眞成功，我們會認爲自己得到這些是幸運的。就基本型態來說，保險賣權、房地產買權和股票選擇權很類似。

讓我們用人們比較熟悉的房地產買權的例子來做說明，因爲這種選擇權比較接近你所瞭解的選擇權，這樣比較容易瞭解箇中的道理。假定你住在一個交通極爲繁忙的州際高速公路旁的小鎮。你有預感在未來一到二年內，聯邦政府將會在離你住家不遠的地方增造一個出口匝道。你也發現每次政府在某地建造出口匝道後，零售商將認爲這些地點適合開設新店，而湧向這些地點。你本身並非房地產開發商，而且沒有意願開發土地。你甚至可能買不起土地，事實上，你根本買不起。不過，你又不甘心放棄這個機會。想當然，你應該會打電話給房地產開發商，問他是否有銷售二年後可以購買這塊土地的選擇權。這樣一來，如果政府單位提出興建匝道的計畫，你就可以執行這個選擇權，並以超乎所有人想像的高價把土地賣給標靶百貨（Target）或沃爾瑪。假定這塊土地目前的售價爲三十萬美元，但你手上卻沒有那麼多錢，不過你應該有辦法拿出這三十萬美元的特定百分比的資金（金額視你的協商結果而定），假定是一年一萬美元，二年後，你就有權以三十萬美元買這塊地皮。如果你順利取得這個選擇權合約，高速公路出口匝道的興建計畫也通過，那麼你就可以執行這個選擇權，而且不需要投入三十萬美元，直接以三百萬美元（這是假設金額）把地皮賣給沃爾瑪。只要執行選擇權並賣掉土地，你就可以獲得驚人的高額利潤。

我剛開始就是基於「沒有足夠資金」的理由，開始介入買進選擇權的。當時我手上沒有足夠資金可以用來買很多我想買的普通股，但只要投入小小的資金，就可以取得在未來某時間以固定價格買進這些普通股的權利，接下來，我可以賣出選擇權，或者直接執行選擇權，稍後再賣出執行選擇權所取得的普通股。讓我們來看一個實際的操作例子，你就會瞭解我如何利用買進選擇權，以合法的方式賺大錢。

當我還是任職於高盛公司的菜鳥投資者時，我一直想瞭解究竟一個製藥公司是否會因爲「擁有重要新藥」而變得更值得投資。在一九八六年秋天，默克公司投注很多心力在一項降低膽固醇的新藥。該公司的科學家判斷，如果能以藥物方式來降低人體內的膽固醇，就可以讓數以百萬計的人免於因心臟病問題而受創。儘管現在這些藥品已經成爲全球最普遍的藥品之一，但當時多數負責製藥公司的分析師都不怎麼認同這種降低膽固醇藥品的題材。他們認爲這個市場不大。但是我的一個投資人是個心臟病科醫師，他對已服用降低膽固醇藥品的病患統計結果感到非常興奮。他預感這些藥品將很快爲默克賺取數十億美元的收入。我和華爾街人士詳細討論，想瞭解將有多少人口會服用這種新藥，但沒有一個分析師認爲這項藥品會創造二億美元以上的年度銷售額。當我發現這個數字遠低於我的醫師朋友的看法時，我覺得我可能幸運掌握到一些能大幅推升優質製藥公司默克的營運數字的因素。

當時我開始進行自己的投資規劃。默克的成交價是一股八十美元，我想買一百股，所以我必須支付八千美元。以這麼少的股數來說，這筆總股款是很高的，尤其我其實並不是很在乎是不是眞的持有股票（和出口匝道那個例子的道理相同），我只是想獲得股票增值的利益罷了，我希望能賺到股價從八十美元往上漲的增值利益。

如果我買了一個可以享受默克增值利益的權利，**光是**擁有默克的增值利益，而不要持有默克的股票，這樣可行嗎？我認爲默克的股價會像那塊未開發地皮的價格一樣快速上漲，但我是否能找到一個人願意讓我擁有賺取默克增值利益的選擇權？由於我知道藥品將在何時上市，而且這些藥品將立即對默克的銷售額產生重大影響，並進一步推升該公司的股價，在這種情況下，我有沒有更好的方法從中取得利益？

這是最貼切的買權範例。

於是，我自然而然的要求我的營業員設法幫我找到履約價高於八十美元的所有買權。現在，眞正有趣的才剛開始。他告訴我：「我可以賣給你一個合約，一旦股價上漲到七十五美元以上，超出該價格以上的全部增值利益都歸你；另外，我還有其他合約，當股價上漲到八十五美元、九十五美元或一百美元，超出部分的增值利益也屬於你，你想要哪一種？」

此時你必須知道每個選擇的成本是多少，還有，你可以分別買到幾個單位。你必須知道哪一個選擇權最具價值，也就是說，能以最小金額賺到最大的利益，而且虧本的機率最小。讓我們用一段虛擬對話來歸納這些問題的答案，我曾用這種方式向數以百計的顧客解釋過這個問題。

新手選擇權客戶說：「我想買八十美元起跳的買權。」

代表營業員的我說：「你希望這個合約的到期日是何時？」

由於考量到新藥上市的時間，所以顧客說：「我希望這個選擇權至少要到明年二月以後才到期。」

接下來，我會在目前最大的選擇權交易所（建議以這種交易所爲起步）搜尋默克的買權清單，並說：「我們應該看看到二月的第三個星期才到期的默克買權。」意思就是，我們應該考慮買進默克二月到期的八十美元買權，也就是履約價八十美元的默克買權。如果你接受的話，就可以獲得到二月的第三個星期五爲止，默克股價超過八十美元以上的增值利益。

顧客問：「成本是多少？」

在提及價格以前，我會告訴顧客，每一檔買權都代表以八十美元價格買進一百股股票的權利而非義務，所以我的報價將是某個金額乘以一百。我知道這聽起來會讓人昏頭轉向，不過一手買權並不等於一股股票，而是等於一百股。所以，我會說：「每一買權的價格爲五美元，所以要買一手買權，必須付出五百美元的成本。」

現在，顧客會想，慢著，如果我買進一手買權，默克的股價到二月的第三個星期漲到八十五美元，我會得到什麼利益？」

我會告訴你，利益不怎麼樣。因爲你爲了取得在八十美元買進一百股默克股票的權利而付出了五百美元，除非默克的股價漲到八十五美元以上，否則你並不會賺錢，也就是說，你爲這個買權付出了五美元的代價，加上八十美元的履約價，總投入成本等於八十五美元。因此除非股價漲到八十五美元以上，否則你只不過等於押了五美元去賺五美元一樣。

於是，顧客又問了：「那麼，八十五美元以上全部增值利益全都歸我的買權呢？價格怎麼樣？」

我會說：「那些合約的單位價格是三美元，意思就是，你必須付出三百美元的代價才可以賺到股價增值到八十五美元以上的全部利益。所以，除非股價上漲到八十八美元以上，否則你不會賺錢。」（這只是大略的數字，重點是要讓你能夠理解當中的概念。）

通常你會認爲這樣太貴了，你可能不想把所有現金拿來冒險，而且眼睜睜看著默克上漲五美元或八美元，卻還是賺不到一毛錢；你可能寧願省下這五百美元或三百美元，直接買股票。不過，你當然很快就會注意到這個問題：三百美元或甚至五百美元買不到多少股的默克。如果你投資三百美元，只能買到三股的默克股票，而當它上漲五美元，你也不過賺到十五美元，這實在很微不足道。如果你投資五百美元，可以買到六股，但也不過賺三十美元。

不過，假設這個顧客和我一樣，堅定認爲這種新藥將創造可觀的效益，並推測到二月時，默克的股價將上漲到一百美元。於是這個顧客回過頭來說：「我有八千美元可以投資默克的買權，請你告訴我該怎麼做。我認爲到二月時，股價將遠超過一百美元。」

這時，我將會測試這個顧客的信心。如果他堅持到底，那麼我會說：「好吧，你很有信心，讓我們看看履約價九十美元的默克買權。這些買權的價格是每手合約一美元，意思就是如果你花一百美元，就可以享受一百股默克股票超過九十美元以上的所有增值利益。你可以用那八千美元去買一百股的默克股票，或者以八千美元買進八十手的默克九十美元買權。」（記住，每一手買權必須乘以一百，因為每一手買權代表一百股。所以一手買權的成本是一百美元，而八千美元可以買到八十手）。如果你買了八十手買權就等於掌握了八千股默克在九十美元以上的增值利益，每一手買權代表一百股默克股票。」

所以，現在讓我們來對照這兩個選擇：以八千美元買進一百股默克普通股，和以八千美元買進八十手二月到期的九十美元買權。

如果默克的股價文風不動，在未來四個月都一直維持在八十美元左右，那會怎麼樣？在這種情況下，買進普通股的人不會受任何影響，他依舊擁有這八千美元，而且期間可能還會收到默克的股息，因為企業只發放股息給普通股股東，不發給選擇權持有人。而選擇權持有人又是什麼情況呢？他會虧掉這八千美元，這是很糟的一筆交易，九十美元的默克買權已經毫無價值。

如果默克的股價上漲到八十五美元呢？以八千美元投資普通股的人賺到了五百美元，還不算差，這個投資報酬率不錯。而買選擇權的人呢？他還是虧本，虧掉了全部的八千美元。

如果默克的股價上漲到九十美元呢？現在以八千美元投資普通股的人賺到了每股十美元的利益，資金報酬率是十%，總比不賺錢好。而買選擇權的人呢？他又虧本了，八千美元全虧掉了。當股價漲到九十美元，以九十美元買進該公司股票的權利值多少錢？答案是〇。

到目前為止的所有情況下，買進選擇權的人就像個呆瓜、一個低能兒、一個輸家。而普通股持有人則是一流的贏家。

不過，如果默克的股價上漲到一百美元，又是什麼情況呢？

換選擇權持有人**賺大錢**了。

你擁有默克在九十美元以上的增值利益，你賺了十美元，而你總共持有八十手買權，也就是控制了八千股。所以，你總共賺了八千股乘以十美元，也就是八萬美元。當然，你不需要買進普通股，只要在股價達到一百美元時執行這個買權，並賣掉普通股即可。

就是這樣。現在，你告訴你的營業員要執行八十手的默克買權，同時告訴營業員，馬上賣出八千股的默克，因為當你執行買權，券商帳戶將會存入八千股的普通股到你的帳戶，你必須把它賣掉，因為你沒有錢眞的買這些股票（這需要投入八十萬美元的資金，八千股，每股一百美元）。

這和前一個房地產例子一樣，你把土地賣給沃爾瑪，但不須辦理土地過戶事宜，因為你根本買不起這塊地皮。不過這不重要，因為你在執行選擇權的同時，就已經賣出了土地。

你買進八千股默克從九十美元漲到一百美元的增值利益，這是增值十美元。所以，你的八千美元將變成八萬美元（十美元乘以八千股，因爲這八十手買權每手掌握了一百股股票的增值利益，所以八十手乘以一百股，就等於八千股）。

而買進普通股的股東又賺多少錢呢？他以八十美元買了一百股默克。當股價上漲到一百美元，他賺了二十美元，而二十美元乘以一百等於二千美元。他投資八千美元，賺了二千美元。而你這個選擇權買家一樣投入八千美元，但資產卻增值到八萬美元，一樣投資八千美元，但你賺了七萬二千美元。

現在你應該開始感興趣了吧？

讓我告訴你，我在那個實例賺了多少錢。我一共投入八萬美元買該公司股票的買權，而最後這些錢增值十倍。也因如此，我賺到了足夠的錢，辭掉工作，另外開始管理避險基金，我知道我有可能會虧掉八萬美元，不過我認爲這當中的報酬值得我去冒這個風險。

我知道以上描述聽起來很簡單，而當股票大漲，當然就更簡單了。只不過多數股票並不會有這麼好的表現。多數人被所謂的「價外」買權淘汰出局。不過如果你很好奇，那麼一旦你知道某些特殊且值得一賭的事情，我希望你盡快考慮採用買權。

現在，讓我們來看看賣權。

假設默克的股價上漲到一百美元，而你認爲美國政府將允許加拿大以四分之一的價格銷售默克的這個降膽固醇用藥 Mevacor，這個政策對默克來說將是個災難，而你認爲一旦定案，默克將下跌二十美元。如果你持有默克的普通股，你當然會賣出這些股票。不過你也可能會想放空默克，也就是押寶它會跌。此時你可以打電話給營業員：「我認爲默克會跌，因爲公司正面臨一些變局，你有沒有什麼建議？」

我會告訴你：「你可以賣出一些你手上沒有的默克，並從中獲利。我看看是不是能借到一些股票讓你放空。假定你在一百美元**放空**一千股的默克股票，一旦股價下跌二十點，你就可以買回這些股數，並賺得二萬美元的利潤。這是不錯的交易，放空的效果就是這樣。」

不過，我可能會很快再加上一些警語：如果你的看法錯了，你可能會虧錢。更糟的是，如果默克股價上漲，你可能會虧掉無限多的錢。假定默克上漲十美元，你就等於欠那個借你股票的人十美元。這樣一來，你就虧掉了一萬美元。如果默克上漲二十美元，那麼你就虧二萬美元。

沒有任何顧客會喜歡這種風險。所以你可以要求營業員提供一份賣權清單，賣權讓你有權利以各種不同價格賣出股票，不過你並無賣出義務。而我（假扮營業員）會找出清單，讓你知道我有哪些賣權可以賣給你，假設這些賣權的設計是一旦股價低於一百美元、九十五美元或九十美元（價格視你的需求，可以更低），你就可以獲取所有跌價利益。

一百美元的賣權成本是五美元，九十五美元的賣權是三美元，而九十美元賣權的成本是一美元。當然，我們要利用和買權相反的方式來做算術。如果你買默克的一百美元賣權，而股價下跌五美元，你不會有賺賠。因爲賣權的成本和股價跌幅相同。如果你買九十五美元的賣權，而股價跌到九十美元，那麼你會賺一點點錢。如果你買進九十美元的賣權，而股價下跌到八十美元，那麼每一手賣權可以賺十美元。

好，現在就來試試看，讓我們來買九十美元的賣權。投資金額一樣，你以這八千美元買進八十手履約價爲九十美元的賣權，這些賣權讓你有權利擁有八千股默克股價跌破九十美元後的所有跌價利益，八十手的賣權乘以一百，等於八千股。如果股價跌到九十美元就止跌，那你就是白做工，不過如果股價重挫到八十美元，你就等於在九十美元的價格賣掉約當八千股的股票，當股價跌到八十美元，你就賺了十美元乘以八千股，也就是八萬美元。

現在，讓我們來和放空者做個比較。放空者在一百美元的價位放空一千股的普通股，如果默克跌到八十美元，每股就會賺二十美元，總獲利是二萬美元。還不賴。不過爲了賺這二萬美元，他必須承擔股價上漲超過一百美元的**風險**；而如果默克飆漲，他的報酬和風險就會變得不成正比，因爲獲利只有二萬美元，但虧損卻無限大。

不過，賣權的持有人卻可以有效限制投資風險，他的虧損金額不可能超過八千美元，而如果股價跌到八十美元，他透過八十手賣權所控制的八千股賺到八萬美元（每股十美元），也就是說，他的潛在獲利是八萬美元，而潛在虧損是八美千元，這種風險報酬比率實在驚人！

以上有關賣權和買權的兩個例子顯示，一旦做對了，選擇權的力量非常大。這些例子也告訴你，就算做錯了，也不會虧很多錢。所以當你知道可能有大行情時（無論是多頭或空頭行情），最好是利用賣權或買權來獲利。不過，如果沒有大行情，最好操作普通股就好。根據我的經驗，有九十九％的日常情勢都無法形成大行情，也就是說，在九十九％的情況下，最好是操作普通股。也因如此，我不會花太多時間告訴你，更高深且更危險的買權與賣權操作方法。我們要把時間留給其他議題。

什麼樣的股票可以放空？所有你認爲將會下跌、不會上漲的股票。我不是在耍猴戲，我喜歡從作多或作空的觀點來觀察或談論每一檔股票。以前，當我在避險基金公司的同事建議我作多某檔股票時，我會用放空者的角度來看待這檔股票，相反亦然。我認爲一定要能同時檢視兩個面向，才是重要的，對於應該作多或作空，千萬不要流於武斷。基於我個人的這個習慣，我認爲你需要的不只是一份「適合放空的股票」清單，你更需要一組能剔除不應放空的股票規則。我太太發展了一套這樣的基本宗旨，我將在此與你分享。記住，把這些宗旨寫下來貼在你的監視器旁，無論如何都不要違反這些宗旨。我相信就統計數字來說，如果你要放空，那你就注定會虧本。這些規則讓我得以少虧數千萬美元。由於凱倫講話總是簡單明瞭，所以你一定能瞭解這些宗旨的意義。

首先是《商業週刊》(*Business Week*) 封面規則。凱倫經常會問我,「你認爲這個星期五上《商業週刊》封面的公司是世界上最了不起的公司嗎?」這是個簡單的原則,也是救命恩人。不要妄想在好公司短期間出現麻煩時去放空,世界上沒有什麼決策比放空好公司更糟的了。舉個例子,我曾經放空默克,但三天後,卻發現默克上了《商業週刊》的封面故事,而且那是一篇吸引人的文章。如果你放空的公司好到足以上《商業週刊》的封面,請放棄。即使你的論據十分有道理,也請你放棄。總之就是不應該放空好公司。

第二,這個公司會不會被購併?如果會,凱倫就會說:「你自己去做,不過請用賣權。」在我的職業生涯當中,我曾經放空過三個被購併的公司,每個公司被購併的價格都遠高於市價,這三個公司是ＮＣＲ、Systemix和基因科技。我自認有充分理由可以放空這每一家公司,前兩個公司的基本面其糟無比,不過收購者到後來才發現這些問題。第三個公司則是形成非常完美的頭肩頂(一種技術分析術語,意思就是股票即將翻轉下跌),不過我猜 Hoffmann-La Roche 對此根本不在意,因爲該公司的部分投標價竟遠高於我的放空價格。我必須承認,在以上三個例子裡,我本當聯想到這些公司可能會被購併的,因爲這三個企業都是處於一個正在進行調整的產業。我根本就不應該放空這些公司的股票,這一點的代價高達數百萬美元。如果存在被購併的可能性,應該把放空策略調整爲特殊賣權策略,或者完全不要賭。

第三，絕對不要因價值面問題而放空。絕對不要因爲你認爲某檔股票太超漲而去放空它。超漲的股票絕對會變得更超漲。我從不關心高通電訊（Qualcomm）的本益比是多少，也不關心你是否認爲雅虎或谷歌的價值評比是否過於荒謬。有些股票雖然沒有盈餘，但卻可以成交在五十美元，這一點都不重要。絕對不要只因爲本益比的考量，而在一個不理性的頭部放空股票。因爲市場上**絕對**有很多共同基金會持續用它們的買盤推升股價，讓股價一直停留在高檔，倒楣的一定是你。這是我太太眼中的大師麥可・史丹哈德（Michael Steinhardt）傳授給她的祕訣，但他自己卻一再違反這個原則。他因放空超漲的股票而虧不少錢。

爲什麼這種放空方法不管用？理由是什麼？事實上，如果你現在回頭去看那些以前很多看似過度超漲的股票，你會發現這些股票現在變得非常便宜。舉個例子，在eBay和雅虎價格分別爲四十幾美元和十幾美元時，如果以它們的未來盈餘情況來看，這兩檔股票其實顯得相當便宜，長期投資人不會太在意近期的本益比考量，他們比較重視長期的發展。他們認爲這些股票最終將逐漸成長，直到它們的本益比不再顯得過高爲止。如同凱倫常說的，至少這些長線投資人比放空這些股票的人聰明。

當然，長期的發展經常不盡如人意，但這並不重要。你必須考慮到一個事實：其他投資人可能認爲這些公司的長期發展潛力很大。所以，你不能只因爲認定一檔股票「超漲」而賭它一定會下跌，你必須要有更好、更嚴謹的理由。光是「超漲」不足以構成放空的理由，你需要一個足以讓一檔飛快成長的股票變成眞正「超漲」股票的催化劑，必須連最堅定的支持者都認同這個催化劑將導致公司出現巨幅反轉才行。你需要一些數字、報告或可能導致企業利潤率受到嚴重打擊的競爭者。如果沒有具體又客觀的理由足以扭轉買方的意願，那麼你必須切記，當股價上漲，一定會吸引很多技術派的追隨者。這些追隨者將會持續追價，直到企業基本面出現變化，導致股票眞正超漲爲止。如果你不知道有什麼因素會導致企業基本面反轉，就不要放空，因爲你可能等不到翻轉的那一天就被淘汰了。

第四，如果你看空，請多利用賣權，不要借股票來放空。使用賣權就不須承擔回補的壓力，賣權可以限制損失金額，最大的損失金額就是賣權的價值，不會因爲股票直線上漲而受傷。很多很優秀的放空者在一九九〇年代因放空普通股而被淘汰出局，因爲股票會無限上漲，至少會大漲，很多網路公司在崩盤前都曾經大漲。如果你很確定一個公司的情況將走下坡，但不知道何時才會發生，那麼最好是買進比較久以後才到期的深度價外賣權。多付這些錢一定值得。這樣一來，你就不會被像勁量兔寶寶那麼持久的公司，如 Research in Motion 或 eBay 或高通電訊等長期走多的股票給淘汰出局。我必須不斷重申，很多人因拒絕支付賣權的權利金而慘遭軋空，但其實權利金至少可以限制你的虧損金額。你絕對不會希望因爲放空股票而被市場淘汰，不過我很多朋友卻都陷入這種困境，千萬不要讓放空的行爲搞垮你。

第五，千萬不要人云亦云，追隨一大堆人的腳步去放空某些股票。如果你發現很多人同時都在放空某一檔你也有放空的股票，那你就完了。如果我決定放空某一檔股票，凱倫會問我：「有沒有其他人放空這檔股票？」如果我回答「是」，她通常會反對我放空。她堅持我們必須根據自己的研究結果來判斷是否放空股票，而不是根據外人提供的研究資訊。因爲如果根據外部資訊，市場上可能已經有大戶放空該股票，一旦這些大戶失去耐性，開始回補股票，其他放空者就會受到嚴重打擊。一檔股票的放空者愈多，代表市場尚可借得的股票愈少，被迫回補的可能性也就愈高。

第六，也是最重要的一點：放空股票一點都不「酷」。放空不是什麼會讓人快樂或有成就感的事，凱倫是爲了生存才放空。當你的判斷正確時，放空會讓人感到所有胃腸都糾結在一起，雖然很痛苦，但如果判斷正確，報酬將相當可觀；不過如果你的判斷錯誤，放空卻會讓你心煩意亂、痛苦不堪。放空沒什麼好說嘴的，很多避險基金的經理人喜歡炫耀自己的放空事蹟，他們好像認爲放空股票的人才是比較有深度且很敏銳的思想家。其實不然，我太太經常說：「放空和作多是一樣的，只不過在放空時，你根本無法量化潛在虧損金額。」

如果你還是不敬畏軋空的力量，不知道被軋空的滋味有多難受，我可以告訴你一個親身經歷，這是我從業生涯早期發生的事，這個教訓讓我瞭解到該怎麼做會比較好，也讓我知道最好不要放空可能被購併的股票。

在我進入這個行業以前，我記得我一直對報紙上所登的「空頭回補促使股價大漲」字眼百思不解。對我來說，所有買盤都是眞正的買盤，所以究竟空頭回補的買盤和一般買盤有何不同呢？我一直無法相信一檔大型股可能因軋空走勢而大漲，或者應該說，我無法理解爲何積極的放空者會導致市場籌碼供需變得嚴重失衡。

在我開始投入操作業務一段時間後的某一天，我遇到一個分析師，他告訴我，他認爲Noxell公司（原本是一個獨立的企業，但目前已成爲寶鹼旗下的子公司）的季報可能會讓人大失所望。身爲一個年輕的避險基金操作者，我急切的想展現我的放空色彩。我們不是應該和企業站在相反的立場嗎？當時的Noxell是一個昂貴的那斯達克股票，看起來好像已經走向衰敗一途。我在做完必要的功課後，開始積極放空該公司的股票。我放空股票的方式大致和作多的方式一樣，先放空一小部分，接下來等待股價上漲一點，到比較好的價格（很荒謬）再繼續加碼空單。我在五十美元左右放空了一萬股，接下來，我決定每上漲〇・五美元就再放空一萬股。市場很「賞臉」，兩天後，該公司的股價達到五十四美元，我放空了八萬多股。

情況發展至此，我又去找那個讓我決定放空的分析師，一再盤問他的觀點。那個分析師依舊堅信該公司這一季的情況將很糟，於是，我打電話給華爾街的其他分析師，包括建議買進Noxell的分析師，連他們都好像對這個化妝品公司的銷售與獲利情況有點擔心。於是，我放空更多股票，但隨著我持續加碼空單，該股票也持續上漲。後來，股價上漲到五十八美元，比我開始放空的價位高八美元！那時我已經放空了十五萬股。我當時管理的資金不到一億美元，以這個規模來說，這些放空部位其實有點讓人擔心，我幾乎變成 Noxell 放空基金了。

當然，那個週末起，我不再用 Noxema 藥用舒適刮鬍乳液（Noxell 的產品）來刮鬍子。每次我看過資產負債表和那個龐大部位，都會感覺自己好像做錯什麼事，並因此而直冒冷汗。當時我已經非常恐慌，不過我卻固守自己的紀律，在股票持續上漲的過程中繼續加碼放空，後來甚至每上漲〇．五美元，我就加空二萬股，因爲我必須提高我的平均放空價格（唯有股價低於這個平均放空價格，我才會賺錢）。我認爲沒有理由會不出現獲利回吐賣壓，而一旦這種賣壓出現，股價就會下跌，讓我有機會回補一部分的部位。我是以作多的方式來放空，我會在低點回補，並在股價反彈時繼續放空。這樣一來，我才會覺得我有空間可以藉由這種漲跌波動走勢獲利，不過這檔股票卻一直不跌，在整個放空的過程中，股價甚至連跌個〇．五美元都沒有。

在我停用 Noxema 產品的那個週末過後的星期二，該公司股票突然大漲到六十美元，比我開始放空的價格整整高出了十美元。我暗自咒罵分析師，不過我還是打電話給這個產業裡的每個人，想知道究竟有什麼正面的消息會讓 Noxell 的股價這樣上漲。我說：「我放空了這檔該死的股票，我希望知道究竟是出了什麼問題？」當時，沒有人知道股票上漲的原因，每個人甚至都還鼓勵我加空一些部位，因爲實在找不出該公司股票大漲的理由。

隔天，該公司股價又續漲到六十三美元，那時，我改向大型券商的營業員詢問，看看究竟是怎麼回事，也拚命打電話給 Noxell 所有造市者的老闆，問問他們是否聽到什麼風聲。當我絕望的打著這些電話的同時，該公司股價突破六十四美元，直達六十五美元。

最後，我幾乎崩潰，於是我打電話給當時的凱倫‧貝克費區，也就是後來成爲我太太的凱倫‧克瑞莫（當時我想都沒想過會有這個發展），我要求她去查查究竟 Noxell 有什麼消息。我實在很不好意思告訴她，她男朋友放空了這檔股票。不過，我知道如果沒有她的協助，我不可能釐清這一切問題。凱倫善加利用她的空頭人脈網，這些放空者平日無所事事，每天談的就是誰放空了什麼股票，這些放空行爲又會招致什麼結果等。這些人知道哪些空頭因放空哪些股票而失敗，有些放空者甚至是敗在他們手上的。她告訴我的消息讓我到今日都會打寒顫，也讓我永遠都記得放空的可怕。她說了我這輩子絕對忘不了的一席話：「有個避險基金小丑放空了不少 Noxell 股票，現在作手之間流傳著寶鹼將以九十美元收購 Noxell 的股票，信者恆信。他必須屈服並回補股票，他們要逼迫這個人回補，否則就等著關門大吉。你可以乘機搭一段順風車！」

顯然這個避險基金小丑就是我。

我想，糟糕了，有人要逼迫我關門大吉。我實在無法繼續忍受這個痛苦，一秒都不行。我近乎瘋狂的打電話給一個大型交易公司，告訴他們我要回補二十五萬股的 Noxell。當時股價是六十四美元，我願意以六十九美元回補所有股票，只要可以解除我的痛苦，我心甘情願這麼做。

一個小時以後，我因我自己的集體軋空戰而虧掉了這輩子最大的一筆錢。Noxell 漲到六十九美元，而克瑞莫則變得一貧如洗。沒錯，我以六十九美元補掉所有空單。我覺得鬆了一大口氣，現在，我終於能呼吸了，我也能繼續用刮鬍乳液了，只不過虧損金額卻非常可觀。

我被壓垮了。

更糟的是，就在我回補不久後，Noxell 提報了非常令人失望的盈餘報告，比我原先放空時所預期的更糟糕。該公司股價急跌到我當初所認定的「絕佳放空價格」，大約是在五十出頭的價位。我被一群作手徹底玩弄，他們發動了一次沒有實際買盤但卻非常成功的軋空走勢，而我卻是唯一一個上鉤者。對放空者來說，這種「意外」是家常便飯。經過這次事件，我也經常接到一些人打電話來告訴我，又有些低能的避險基金放空了我喜歡的股票，這些作手每次都會鼓勵我修理一下這些避險基金，就像我因放空 Noxell 而被修理一樣。我承認我幹過這種事，反正這種錢很好賺。

後來，Noxell 確實被寶鹼收購了，這個謠言的確成眞，不過收購價格比我的回補價格低。所以，我其實是被一個假軋空走勢給修理了一頓。

你也許認爲這個市場根本不可能在意那樣一個選對放空目標的小避險基金；你也許會認爲股價的上漲一定是有正當理由或動機，絕對不會只是幾檔基金聯合起來修理一檔放空的基金那麼簡單。不過，其實市場運作模式並非如你所想像的那麼神聖。華爾街裡的每個人都用盡卑劣手段賺錢，甚至不惜害一個放空者被迫歇業，誰在乎呢？一旦交易兩方的邪惡勢力結合在一起，就可以決定成敗，這無關基本面的現實。

當時我應該怎麼做？很簡單，我應該買進較長期間的深度價內賣權，這樣我比較有時間和這筆交易周旋，一直到該公司公布財報爲止。在被 Noxell 打敗後，我一直都是採用上述作法。

# 結語

過去五年來，我們經歷了一個不平凡的金融擺盪，我們的心態從擁抱股市，爲永不停歇、持續創新高的股市指數喝采，最後竟演變成到唾棄股票，接受股票深不可測、無法管理或難以從股票賺錢。當年我們貪求股東自由，每個人都想建立自己的投資組合，自行監控與維護股票部位，大家都急切想從最熱門的趨勢中賺大錢。但現在卻有很多人認爲股票是一種騙人的把戲，一種只有有錢人和最有「關係」的人才玩得起的遊戲。整個一九九〇年代持續創新高，漲勢從沒停過的股票現在像是一潭死水，動也不動，讓已經習慣資產每年成長二十%的我們感到萬分不習慣。以前我們每天甚至每個小時都要查看一次投資組合，但現在不但把股票賣光，甚至連共同基金的報表都懶得打開來看。曾幾何時，我們以前極端信任的基金公司竟以低於淨值的價格，把基金賣給某些人，而我們認爲理當誠實分析的研究報告，最後竟成爲貪瀆的產物，因爲發行這些研究報告的機構將因此得到被報導公司的「回報」。而諷刺的是，曾讓我們非常信任的企業經營階層很快就會佔滿聯邦監獄的某一區牢房。我們停止繳款到401(k)，完全放棄嘗試探測哪些股票會漲，哪些股票又會跌到皮包骨。

我寫這本書的主要動機是要讓你瞭解一個重要的事實：即使是最糟糕的市場，隨時都還是有賺錢的機會，隨時都找得到多頭市場，隨時都會有股票上漲。我認爲現在這個鐘擺已經擺盪得太遙遠，所以，如果你到現在還不好好規劃你的資金，就會變得像當年的你一樣傻氣，每分鐘都急著透過網路查詢資產淨值的增減（過與不及）。如果你還是按兵不動，那麼你不但可能比以前的自己更蠢，甚至更危險，因爲退休時刻隨時都會到來，你的薪水絕對不夠用，而且也維持不了多久。另外，你不可能隨便賣掉房子但又不找個替代的窩。所以，除非大環境巨變，否則你根本享受不到房屋所代表的財富。

基於以上原因，我知道現在是該回市場的時候了。不過，由於這一次你將會採用本書所傳授的原則和常識，所以一定不會落得和這個世紀剛開始時一樣悲慘。事實上，你的成就將不會有終點。

不過，假定我對市場修正過度的見解是錯的，假設這個糟糕的雲霄飛車市場並沒有改變，只會不斷上上下下，把我們弄得暈頭轉向，最後不僅令人失望的又回到同一位置（簡單說，就是長期多頭後陷入長期空頭，長期空頭後又陷入長期多頭，到頭來只是在原地踏步），還害我們被整個擺盪流程嚇得驚恐萬分。但無論如何，我認爲我已經在本書說明過，乾草堆裡總是會找到一些針，相同的，市場上絕對能找到一些值得介入的族群。所以，在市場上的某處，一定存在一個多頭市場，你只不過需要一些能找到這些股票的工具罷了。

當然，我絕對不認爲這是很容易的事，我要求你一定要先做功課才能進場買股票，我堅持你一定要對自己的投資組合瞭若指掌。我要求如果你要買個股，就必須深入研究並持續追蹤，而如果你沒有時間或意願做這些事，一定要委託別人爲你做這些事。不過，毫無疑問的是，我知道你一定要成爲一個好投資人或好顧客，除此之外別無選擇。

家庭補給站有一句絕佳名言：「你可以做得到，而我們可以幫助你。」我認爲大多數的專業人士——包括你在電視上或報章雜誌上看到的那些人，都會歸納出另一個不同的結論：「你做不到，而我們不會幫助你。」有人從一九七九年迄今經歷過各式各樣恐怖的市場，但他的操作卻能賺錢，所以，我知道你也做得到，當然，我也非常樂意幫助你。我所採用的方法一直都能找到很好的飆股，也能剔除一些可能導致你的獲利（不管你賺多少錢）被一筆勾消的爛股，不過這個方法並不簡單，而且要花很多時間做研究工作，但這卻都是一些常識。我知道你以前的作法不正確，我也知道我將提供一些治療那些錯誤行爲的方法，但這些方法不是萬靈丹。

我絕不會認同多數人現在的作法，他們認爲一般人的績效不可能超越大盤，你可能也是他們那一派的。如果以運動來說，這就等於是說：沒有任何一個大學球員能進得了NBA或NFL，所以何必鼓勵他們？但我們自己心知肚明，還是有人做到了，我們都知道，不一定要擁有和那些球員一樣的天賦，也可以在這場遊戲當中獲勝。只要肯下苦工，落實一些規則和紀律，一樣能打敗市場。

教科書裡絕對找不到我的風格和方法，在我所認識的人當中，沒有一個人把投資操作分成退休規劃和裁決性規劃，在這當中，我允許你可以在裁決性資金方面盡量積極一點，但我要求退休資金投資規劃必須盡可能保守。在我所認識的人當中，沒有一個人敢擁抱投機、接受尋找低價股的觀念，也不會試著去掌握未被發掘也未被包裝的股票。即使這些尚未被發掘的股票最後無法成爲什麼了不起的股票，那又怎樣？重要的是過程中的利潤。只要你的投機持股不超過裁決性資金的二十％，就不會違反任何規則，導致你噩夢連連。但如果你在即將退休的幾年前（即將用到錢時），依舊把全部退休資金都投資在股票上，那麼你就白買也白讀了這本書。

那種會讓人隔夜致富的市場還會再現嗎？我們會再回到那個棒球場廣告板上隨時閃爍著股票收盤價、每個健康俱樂部都夜以繼日播放CNBC的時代嗎？我不認爲，我也不想這樣，因爲這樣的日子太安逸，我們會忘記應有的原則，最終則會因大意而虧掉我們所投資的錢。我喜歡比較刻苦的日子，我喜歡那種難以探測的市場。因爲如此一來，能掌握到好飆股的人就會比較少（競爭者就少）。在這個情況下，最棒的飆股不會急速受到推升，所以我們不需要一進場就馬上賣掉這些股票。不過，如果想保住利潤，遲早還是必須賣掉這些股票，這是早被我們遺忘的賣股票紀律。

所以，開始建立你的投資組合吧，記住，即使像我這種曾經管理數億美元的人都不會急於一時，千萬不要一次就做完所有事，也千萬不要覺得什麼價位一定安全，否則當市場大跌，你辛苦賺來的錢也會化爲烏有。這次請你慢慢來，把事情做對，小心謹慎，就像在買其他所有高單價物品一樣謹慎。請你把我所提出的規則當作日常守則，請把這些規則和紀律當作你在這個世界上僅存的朋友，因爲政府無法保護你，讓你免於被一些掠食者生吞活剝，幸好我們現在終於也體會到，支配著主街和華爾街企業董事會的正是這些掠食者。

你一定會犯錯，一定會虧點錢。也許你不會像這個行業裡的江湖郎中在投資說明會和書裡所吹噓的一樣，在一夜之間成爲億萬富翁，但你將會用一種眞正屬於專家的方法來進行你的投資，這些都是眞正打敗所有市場的專家，他們知道即使不是所有股票全面上漲的多頭市場，也一樣能賺大錢。我不敢要求你像我那麼熱愛股票，不過我一定要要求你多關心自己的錢。先從存錢開始，而且是從今天開始。這件事和人生其他很多事情不一樣，你絕不會後悔。我希望會有那麼一天，當其他所有人都認爲股票已經沒戲唱時，你驀然回首卻發現自己竟然賺了那麼多錢！

**國家圖書館出版品預行編目資料**

華爾街狂人致富投資法／Jim Cramer著；
陳儀譯.－－初版.－－
臺北市：大塊文化，2008.08
面；　公分.
譯自：Jim Cramer's real money:
sane investing in an insane world
ISBN 978-986-213-074-2（平裝）

1.股票投資　2.投資分析

563.53　　　　97013034

LOCUS

LOCUS

LOCUS

LOCUS